U0305930

高等学校计算机基础教育教材精选

Visual Basic
程序设计教程（第2版）

孙风芝 李瑞旭 编著

清华大学出版社
北京

内 容 简 介

本书依据 Visual Basic 课程教学大纲,结合作者多年的教学实践和编程开发的经验,系统地介绍 Visual Basic 程序设计语言与界面设计的相关知识,本书结构合理,重点突出,范例丰富有趣,内容由浅入深,循序渐进,理论与实践紧密结合。

本书共分 11 章,主要内容包括 Visual Basic 概述、简单的 Visual Basic 程序设计、Visual Basic 语言基础、Visual Basic 控制结构、数组、过程、常用控件、菜单及窗体设计、图形操作、文件操作和数据库应用基础。每一章最后配有大量习题,以巩固相关的基本概念和理论知识。

本书可作为大中专院校非计算机专业 Visual Basic 程序设计课程的教材,也可供学习 Visual Basic 程序设计语言的初学者使用。

图书在版编目(CIP)数据

Visual Basic 程序设计教程/孙风芝,李瑞旭编著. —2 版. —北京:清华大学出版社,2016
高等学校计算机基础教育教材精选
ISBN 978-7-302-42619-6

Ⅰ. ①V… Ⅱ. ①孙… ②李… Ⅲ. ①BASIC 语言-程序设计-高等学校-教材 Ⅳ. ①TP312

中国版本图书馆 CIP 数据核字(2016)第 005248 号

责任编辑:白立军　战晓雷
封面设计:傅瑞学
责任校对:白　蕾
责任印制:何　芊

出版发行:清华大学出版社
　　　　　网　　　址:http://www.tup.com.cn, http://www.wqbook.com
　　　　　地　　　址:北京清华大学学研大厦 A 座　　　　　邮　　编:100084
　　　　　社 总 机:010-62770175　　　　　　　　　　　　邮　　购:010-62786544
　　　　　投稿与读者服务:010-62776969, c-service@tup.tsinghua.edu.cn
　　　　　质量反馈:010-62772015, zhiliang@tup.tsinghua.edu.cn
　　　　　课件下载:http://www.tup.com.cn,010-62795954
印 刷 者:三河市君旺印务有限公司
装 订 者:三河市新茂装订有限公司
经　　销:全国新华书店
开　　本:185mm×260mm　印　张:21.75　　　　字　　数:504 千字
版　　次:2012 年 1 月第 1 版　2016 年 2 月第 2 版　印　次:2016 年 2 月第 1 次印刷
印　　数:1~2000
定　　价:39.00 元

产品编号:066463-01

前言

　　教育部高等学校计算机科学与技术教学指导委员会曾在 2006 年主持编写了《关于进一步加强高等学校计算机基础教学的意见》,指出"计算机程序设计基础是大学计算机基础教学系列中的核心课程,主要讲授程序设计语言的基本知识和程序设计的方法与技术,其内容以程序设计语言的语法知识和程序设计技术的基本方法为主"。因此,各大中专院校已把 Visual Basic 程序设计语言作为非计算机专业学生的入门语言。另外,现在每年两次的全国计算机等级考试(二级)吸引了大量的在校学生和社会上的计算机爱好者参与。因此 Visual Basic 语言既吸引了许多大中专院校学习程序设计语言的学生,也吸引了大量富有经验的程序员和计算机程序设计的爱好者。

　　针对零起点的读者,要在较少的时间内全面融会贯通 Visual Basic 的知识要点,掌握一门计算机程序设计的基本思路,必须有合适的教材,能够突出重点,由浅入深地介绍 Visual Basic 的相关知识。为满足大中专院校开设 Visual Basic 语言课程的要求,我们编写了此书。本书定位于入门教材,在内容选取上有两点原则:一是通过本教材让读者掌握 Visual Basic 语言的基本概念和知识,注重对学生基本技能的培养,书中的大量习题可以很好地加强理论知识和基础编程技巧的巩固;二是注重理论与实践相结合,教材中配有大量的实例,这些实例注重趣味性、实用性和典型性。

　　全书共分 11 章。第 1 章介绍 Visual Basic 的特点及集成开发环境;第 2 章介绍 Visual Basic 几个常用控件的属性、事件和方法;第 3 章介绍 Visual Basic 语言基础,主要是数据类型、常量、变量、运算符、表达式和函数;第 4 章介绍 Visual Basic 的控制结构,主要包括顺序结构、选择结构和循环结构;第 5 章介绍数组,主要包括数组的声明、数组的基本操作以及控件数组;第 6 章介绍函数过程和子过程;第 7 章介绍 Visual Basic 的常用控件,包括工具箱上的标准控件和 ActiveX 控件;第 8 章介绍菜单及窗体设计,为开发大型应用程序提供界面基础;第 9 章介绍利用 Visual Basic 的各种绘图工具、绘图方法绘制复杂的图形;第 10 章介绍文件的读写操作;第 11 章介绍如何使用数据控件的属性和方法完成与数据库的连接,实现数据库数据的增删改查等操作。

　　还有与本书配套的《Visual Basic 程序设计教程习题解析与实验指导》同期出版,在该书的第一部分对每章的习题进行了详细的解答;在该书的第二部分给出每章对应的操作实验,并配以详细的操作步骤。

　　本书还配有教学辅助课件,本书中的实例以及配套的习题解析与实验指导中的实验程序也有电子文档,使用本教材的学校如果需要,可与作者联系。

本书主要编写人员为孙风芝、李瑞旭，全书由孙风芝统稿。在本书的编写过程中，烟台大学计算机学院的老师和领导提出了许多宝贵意见，在此一并表示衷心感谢。此外，本书参考了大量文献资料，在此向有关作者深表感谢。

　　由于时间仓促，且编者水平有限，书中的内容和文字难免有不妥之处，恳请读者批评指正。我们的 E-mail 是 ytsfz@aliyun.com，邮件主题请注明"Visual Basic 程序设计教程"。

编　者

2015 年 11 月

目录

第 1 章 Visual Basic 概述

Visual Basic 应用程序的开发是在一个集成环境中进行的。本章通过一个简单的实例,介绍 Visual Basic 6.0 的特点、集成开发环境以及程序开发的过程,并介绍 Visual Basic 工程的组成及其环境设置。

1.1 Visual Basic 发展及特点

1.1.1 Visual Basic 发展简介

Visual Basic 是 Microsoft 公司开发的 Windows 应用程序开发工具,是在 BASIC 语言的基础上发展而来的,是一种可视化的编程语言,简称 VB。

BASIC 的全称是 Beginner's All-purpose Symbolic Instruction Code,意为"初学者通用符号指令代码"。BASIC 语言由十几条语句组成,简单易学,特别适合初学者学习。Visual 是可视化的意思,是一种图形用户界面(Graphic User Interface,GUI)的方法,在 GUI 中,用户只需通过鼠标的单击和拖曳就可以完成各种操作,而不必输入复杂的命令,使得非专业人员也可以开发出专业的 Windows 软件。

Visual Basic 是由美国 Microsoft 公司于 1991 年开发的一种可视化的、面向对象和采用事件驱动方式的结构化高级程序设计语言,可用于开发 Windows 环境下的各类应用程序。它继承了 BASIC 语言简单易学、效率高等优点,又增加了许多新的功能,其强大的功能可以与 Windows 专业开发工具 SDK 相媲美。Visual Basic 经历了从 1991 年的 1.0 版至 1998 年的 6.0 版的多次版本升级,自 5.0 版开始,Visual Basic 推出了中文版,并全面支持面向对象的大型程序设计语言。在推出 6.0 版时,Visual Basic 又在数据访问、控件、语言、向导及 Internet 支持等方面增加了许多新的功能。在 Visual Basic 环境下,利用事件驱动的编程机制、新颖易用的可视化设计工具,使用 Windows 内部的应用程序接口(API)函数、动态链接库(DLL)、对象的链接与嵌入(OLE)、开放式数据库连接(ODBC)等技术,可以高效、快速地开发 Windows 环境下功能强大、图形界面丰富的应用软件系统。

每次版本升级,Visual Basic 都提供了更多、功能更强的用户控件。在 Visual Basic 中引入了控件的概念,在 Windows 中控件的身影无处不在,如窗体、命令按钮、文本框、列表框和单选按钮等,Visual Basic 把这些控件模式化,并且每个控件可以通过若干属性来控制外观,响应用户的操作(事件)。

本书以 Visual Basic 6.0 中文版为蓝本。

1.1.2　Visual Basic 6.0 的特点

首先通过一个简单的程序实例来介绍 Visual Basic 的主要特点。

例 1.1　在 Visual Basic 开发环境中,设计一个窗体,窗体上有 1 个标签(Label),两个命令按钮(CommandButton)。启动窗体后,当单击"显示"按钮时,在窗体的标签上显示"Hello,Word!";当单击"结束"按钮时关闭窗体。

使用 Visual Basic 完成例 1.1 的操作要求,设计界面如图 1.1 所示,当运行 Visual Basic 工程后单击"显示"按钮,则得到图 1.2 所示的窗体界面。程序代码如图 1.3 所示。

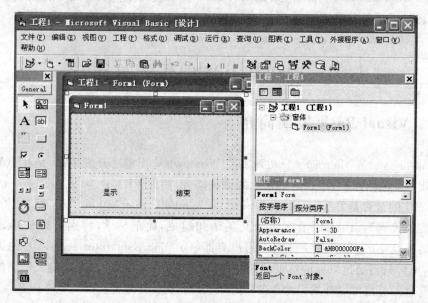

图 1.1　例 1.1 程序的设计界面

图 1.2　例 1.1 程序的运行界面

图 1.3　例 1.1 的程序代码

通过例 1.1,可以归纳出 Visual Basic 的以下主要特点。

(1) 具有面向对象的可视化设计工具。

在用传统的程序设计语言设计程序时,都是通过编写代码来设计用户界面,在设计过程中看不到界面的实际效果,必须编译运行后才能看到。如果对界面效果不满意,必须重新回到代码中去修改,有时候,这种编程—编译—修改的操作可能要反复多次,极大地影响了软件开发的效率。

使用 Visual Basic 开发应用程序,应用 Visual Basic 的面向对象的程序设计方法,把程序和数据封装起来视为一个对象,并为每个对象赋予应有的属性。开发人员不必为界面设计而编写大量程序代码,只需按设计要求的屏幕布局,用系统提供的工具在屏幕上画出各种控件,并对这些控件进行属性的设置;Visual Basic 自动产生界面设计代码,并将自动生成的界面代码封装起来。每个对象以图形方式显示在界面上,都是可视的。程序设计人员只需要编写实现程序功能的那部分代码即可,从而可以大大提高程序设计的效率。

(2) 事件驱动的编程机制。

当打开"我的电脑"或者操作 Office 应用软件时,用鼠标单击工具栏上的某一按钮就会完成一项相应的操作,单击某一菜单项也会执行相应的操作。这是因为这些对象(按钮或菜单项)触发了一个事件。所谓事件,就是对象上发生的事情。Visual Basic 通过对象上发生的事件来执行相应的事件代码。一个对象可能有多个事件,每个事件都可以通过一段程序来响应。例如,命令按钮是一个对象,命令按钮最常见的事件是单击(Click),当在命令按钮上发生 Click 事件时,就会执行 Click 事件所包含的代码,用来实现指定的操作。如果应用程序中有多个事件,执行程序时,根据发生事件的顺序不同,执行事件代码的顺序也不同。

(3) 结构化的程序设计语言。

结构化程序通常包括顺序结构、选择结构、循环结构。结构化的程序设计机制接近于自然语言和人类的逻辑思维方式,其语句简单易懂,代码呈模块化,结构清晰。另外 Visual Basic 还提供了大量的数据类型,提供了众多的内部函数,这些内部函数封装了大量的操作代码,编程人员只需调用这些内部函数即可,提高了编程效率。

(4) 简单易学易用的程序开发环境。

在 Visual Basic 开发环境中,最常用的窗口有窗体窗口、工具箱、工程资源管理器窗口、属性窗口和代码窗口等,这些窗口操作简单,用户只需根据要求完成设计界面、设置属性、编写代码和调试程序等几个步骤。

Visual Basic 是解释型语言,在输入代码的同时,解释系统将高级语言分解翻译成计算机可以识别的机器指令,并判断每个语句的语法错误。这种智能化的特点节省了编程人员调试的时间。在设计 Visual Basic 程序的过程中,随时可以运行程序,而在整个应用程序设计好之后,可以编译生成可执行文件(.EXE),脱离 Visual Basic 环境,直接在 Windows 环境下运行。

(5) 支持多种数据库系统的访问。

Visual Basic 系统具有强大的数据库管理功能。Visual Basic 6.0 提供了 ADO(ActiveX Data Object)技术,采用 OLE DB 的数据访问模式,该技术包括 ODBC(Open DataBase Connectivity)功能,它可以通过直接访问或者建立连接的方式使用并操作后台大型网络数据库,如 SQL Server、Oracle 等,也可以访问 Microsoft Access、Microsoft FoxPro、Microsoft Excel 等。这些数据库格式都可以用 Visual Basic 编辑和处理。

（6）Active 技术。

Active 是一套规范，符合这套规范的 EXE 就是 Active EXE，就像 OLE 和 COM 一样。

所谓 ActiveX 部件是指一些可执行的代码，比如一个 EXE、DLL 或 OCX 文件，它们在提供对象时遵循 ActiveX 的规范。通过 ActiveX 技术，程序员就能够把这些可复用的软件部件组装到应用程序或者服务程序中去了。

ActiveX 技术的核心也是 OLE。OLE 有 4 种基本应用：对象链接（object link）、对象嵌入（object embed）、OLE 自动化（OLE automation）和 OLE 控件（OLE control）。OLE 技术将每个应用程序都看做一个对象，将不同的对象链接起来，再嵌入到 Visual Basic 应用程序中，得到具有声音、图像和文字等信息的集合式文件。

1.2　Visual Basic 6.0 安装、启动和退出

1.2.1　安装

Visual Basic 6.0 可以在多种操作系统下运行，包括 Windows 95、Windows 98、Windows NT 4.0、Windows 2000 和 Windows XP 等，在这些操作系统环境下，用 Visual Basic 6.0 编译器可以生成 32 位应用程序。这样的应用程序在 32 位操作系统下运行，速度更快，更安全，并且更适合在多任务环境下运行。

硬件配置：586 以上处理器，16MB 以上的内存，100MB 以上的硬盘空闲空间等。

软件环境：Windows 95 或 Windows NT 4.0 以上版本的操作系统。

Visual Basic 6.0 系统可以单独放在一张光盘上，也可以是 Visual Studio 6.0（Visual C++、Visual FoxPro、Visual J++、Visual InterDev）套装软件中的一个成员，它可以和 Visual Studio 6.0 一起安装，也可以单独安装。打开光盘后，找到 Visual Basic 6.0 文件夹，在该文件夹中双击 Setup.exe，根据安装向导的提示进行安装。初学者可采用"典型安装"方式。Visual Basic 6.0 的联机帮助文件使用 MSDN（MicroSoft Developer Network）库文档的帮助方式，与 Visual Basic 6.0 系统不在同一张光盘上，在安装过程中，系统会提示插入 MSDN 盘。安装 MSDN 需要 67MB 空间。

Visual Basic 6.0 包括 3 个版本，分别是学习版、专业版和企业版。

（1）学习版：可用来开发 Windows 应用程序，主要是为初学者开发的。该版本包括所有的内部控件（标准控件）、网格（Grid）控件、Tab 对象以及数据绑定控件。

（2）专业版：该版本为专业编程人员提供了一整套用于软件开发的功能完备的工具，是为基于客户/服务器的应用程序而设计的。它包括学习版的全部功能，同时包括 ActiveX 控件、Internet 控件、Crystal Report Writer 和报表控件。

（3）企业版：可供专业编程人员创建更高级的分布式、高性能的客户/服务器或 Internet/Intranet 上的应用程序而设计的。该版本具有专业版的全部功能，同时具有自动化管理器、部件管理器、数据库管理工具和 Microsoft Visual SourceSafe 面向工程版的

控制系统等。

本书使用的是 Visual Basic 6.0 中文企业版。

1.2.2 启动

Visual Basic 6.0 的启动方法有多种，最常用的启动方法是通过"开始|程序|Microsoft Visual Studio 6.0| Microsoft Visual Basic 6.0| Microsoft Visual Basic 6.0 中文版"启动。

最快捷的启动方法是在桌面上创建一个快捷图标 ![图标]，双击该快捷图标。启动 Visual Basic 6.0 后，出现如图 1.4 所示的"新建工程"对话框。

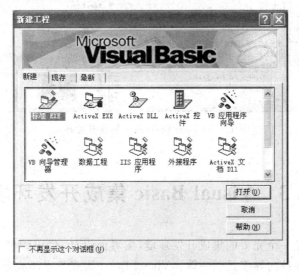

图 1.4 "新建工程"对话框

在该对话框中有 3 个选项卡。

（1）"新建"：建立新工程。其中"标准 EXE"用来建立一个标准的 EXE 工程，本书将只讨论这种工程类型。

（2）"现存"：选择和打开现有的工程。

（3）"最新"：列出最新的 Visual Basic 应用程序文件名列表，可从中选择要打开的文件名。

选择"新建"选项卡中的"标准 EXE"，单击"打开"按钮后，就可创建一个新的 Visual Basic 工程，出现如图 1.5 所示的 Visual Basic 6.0 集成开发环境。

1.2.3 退出

退出 Visual Basic 的方法通常有以下几种。

方法一：单击 Visual Basic 窗口右上角的关闭按钮。

方法二：执行菜单命令"文件|退出"。

方法三：按下 Alt＋Q 键。

退出 Visual Basic 时，如果新建立的程序或已修改过的原有程序没有存盘，系统将显示一个对话框，提示用户是否保存文件，用户作出应答后才能退出 Visual Basic。

图 1.5　Visual Basic 6.0 集成开发环境

1.3　Visual Basic 集成开发环境

　　Visual Basic 是一个完善的集成开发环境，集界面设计、代码编辑、编译运行、跟踪调试、联机帮助以及多种向导工具于一体。Visual Basic 集成开发环境界面由若干个部分组成，每个部分都是独立的小窗口，位置和大小可以自行设定，还可控制显示或隐藏。为了方便操作和保持界面的简洁美观，更多的组成部分在需要时才打开。

1.3.1　标题栏、菜单栏和工具栏

1. 标题栏

　　标题栏中的标题是"工程 1-Microsoft Visual Basic 6.0［设计］"，说明现在的集成开发环境是设计模式，如图 1.5 所示。Visual Basic 还有运行模式和中断模式，在不同的模式下，标题栏的中括号［　］内的文字发生相应的变化。Visual Basic 有 3 种工作模式。

　　（1）设计模式：在该模式下，用户可以设计与修改窗体界面，编写与修改事件代码。

　　（2）运行模式：在该模式下，应用程序被系统编译，这时不能编辑代码，也不能编辑窗体界面。

　　（3）中断模式（Break）：在该模式下，应用程序被暂时中止运行，这时可以编辑代码，但是不可修改界面。按 F5 键或单击▶（继续）按钮继续程序的运行；单击■（结束）按钮停

止程序的运行。

2. 菜单栏

在标题栏下方是集成环境的主菜单,即菜单栏。菜单栏中的菜单命令提供了开发、调试和保存应用程序所需要的工具。Visual Basic 6.0 中文版的菜单栏共有 13 个菜单项,即文件、编辑、视图、工程、格式、调试、运行、查询、图表、工具、外接程序、窗口以及帮助。下面分别说明这 13 个菜单项里各自所包含的主要菜单命令。

(1) 文件:主要包括对工程的新建、打开、添加、移动、保存、另存为、生成工程 1.EXE 等命令,以及显示最近操作过的工程文件。

(2) 编辑:主要包括恢复、撤销、剪切、复制、粘贴、移动、查找和替换等编辑命令。

(3) 视图:主要包括集成开发环境各个窗口的显示以及 4 种工具栏命令。

(4) 工程:主要包括添加窗体、添加 MDI 窗体、添加模块、部件(添加 ActiveX 控件)以及工程属性的设置等命令。

(5) 格式:主要包括对齐、统一尺寸、水平间距、垂直间距等窗体控件的格式化命令。

(6) 调试:主要包括逐语句、逐过程、添加监视、切换断点等关于程序调试和差错的命令。

(7) 运行:主要包括启动、全编译执行、中断、结束以及重新启动命令。

(8) 查询:这是 Visual Basic 6.0 新增加的菜单项,当使用数据库时用于设计 SQL 属性。

(9) 图表:这是 Visual Basic 6.0 新增加的菜单项,当使用数据库时用于编辑数据库的命令。

(10) 工具:主要包括添加过程、过程属性、菜单编辑器和选项等命令。

(11) 外接程序:主要包括可视化数据管理器和外接程序管理器等命令。

(12) 窗口:主要包括窗口的拆分、水平平铺、垂直平铺、层叠和排列图标等命令。

(13) 帮助:主要包括按照内容、索引等方式得到相关的帮助信息。

3. 工具栏

Visual Basic 提供了编辑、标准、窗体编辑器和调试 4 种工具栏,在默认情况下,集成开发环境中只显示标准工具栏,其他工具栏可以通过菜单命令"视图|工具栏"打开。每种工具栏都有固定式和浮动式两种形式,只要双击浮动式工具栏的标题栏,即可变为固定式工具栏。只要将鼠标指向固定式工具栏左边的两条灰色竖线,并按下鼠标左键拖动到其他位置,即可把固定式工具栏变为浮动式工具栏。标准工具栏如图 1.6 所示,工具栏中各个按钮的功能见表 1.1。

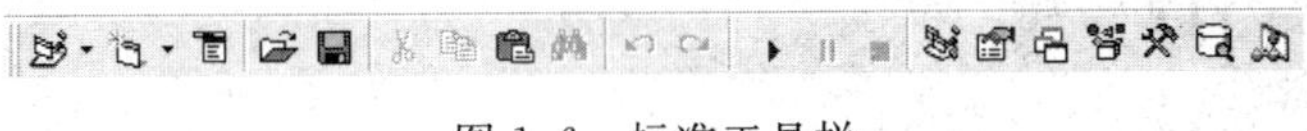

图 1.6 标准工具栏

表 1.1　标准工具栏按钮的功能

按钮图标	名　　称	功　　能
	添加工程	添加一个新的工程,相当于菜单命令"文件|添加工程"。单击该按钮右边的下拉按钮,可以选择添加工程类型
	添加窗体	添加一个新的窗体,相当于菜单命令"文件|添加窗体"。单击该按钮右边的下拉按钮,可以选择添加其他对象
	菜单编辑器	打开菜单编辑器,相当于菜单命令"工具|菜单编辑器"
	打开工程	打开一个已有的 Visual Basic 工程文件,相当于菜单命令"文件|打开工程"
	保存工程	保存当前的工程文件,相当于菜单命令"文件|保存工程"
	剪切	把当前选择的内容剪切到剪贴板,相当于菜单命令"编辑|剪切"
	复制	把当前选择的内容复制到剪贴板,相当于菜单命令"编辑|复制"
	粘贴	把剪贴板的内容复制到当前插入位置,相当于菜单命令"编辑|粘贴"
	查找	打开"查找"对话框,相当于菜单命令"编辑|查找"
	撤销	撤销前面的操作
	重做	恢复撤销的操作
	启动	运行当前工程,相当于菜单命令"运行|启动"
	中断	暂停程序的运行,相当于菜单命令"运行|中断";可以按 F5 键或单击 ▶ 按钮继续
	结束	结束应用程序的运行,回到设计窗口,相当于菜单命令"运行|结束"
	工程资源管理器	打开工程资源管理器,相当于菜单命令"视图|工程资源管理器"
	属性窗口	打开"属性"窗口,相当于菜单命令"视图|属性窗口"
	窗体布局窗口	打开"窗体布局"窗口,相当于菜单命令"视图|窗体布局窗口"
	对象浏览器	打开对象浏览器,相当于菜单命令"视图|对象浏览器"
	工具箱	打开工具箱,相当于菜单命令"视图|工具箱"
	数据视图窗口	打开"数据视图"窗口,相当于菜单命令"视图|数据视图窗口"
	控件管理器	打开可视组件管理器,添加相关文档或控件

标题栏、菜单栏和工具栏所在的窗口称为主窗口。除主窗口外,集成开发环境还包括窗体窗口、代码窗口、工具箱窗口、工程资源管理器窗口、属性窗口、立即窗口和窗体布局窗口。

1.3.2　窗体窗口

窗体窗口简称窗体(Form),是 Visual Basic 应用程序的主要构成部分,是应用程序最终面向用户的窗口,应用程序的运行结果最终在窗体中体现。启动 Visual Basic 之后,系

统自动建立一个名称为 Form1 的窗体(窗体名称由系统默认,如果有多个窗体,窗体名称默认为 Form1、Form2、Form3、⋯⋯)。窗体中布满了网格点,可以方便用户对齐窗体上的控件。如果想去掉网格点或者想改变网格点的间距,可以通过菜单命令"工具|选项"中的"通用"选项卡来调整。网格点的间距单位是缇(Twip),1 英寸=1440 缇。网格点默认的高度和宽度均为 120 缇。

单击窗体,在窗体周围出现 8 个尺寸控制柄,通过拖动右下方的 3 个实心控制柄可以调整窗体的大小。也可在属性窗口中通过设置窗口对象的 Width(宽度)和 Height(高度)属性来调整窗体对象的大小。

窗体默认大小为 4800×3600,单位是缇。一个应用程序至少有一个窗体窗口。窗体窗口如图 1.7 所示。

在设计应用程序时,窗体就像一块画板,在这块画板上可以画出组成应用程序的各个控件,各种图形、图像、数据、按钮等都是通过窗体或窗体中的控件显示出来的。程序员根据程序界面设计要求,从工具箱中选择所需要的工具,并在窗体上画出来,这样就完成了应用程序设计的第一步。

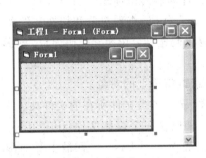

图 1.7 窗体窗口

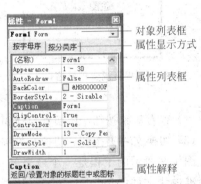

图 1.8 属性窗口

1.3.3 属性窗口

在 Visual Basic 中,窗体和控件被称为对象,每个对象都可以用一组属性来描述其特征,如大小、字体和颜色等,属性窗口就是用来设置窗体和窗体中的控件属性的。

属性窗口如图 1.8 所示。除窗口的标题栏外,属性窗口由 4 部分组成:对象列表框、属性显示方式、属性列表框和属性解释。

(1) 对象列表框:单击其右边的下拉按钮,可以显示所选窗体所包含的对象列表。其内容为应用程序中每个对象的名字及对象的类型。随着窗体中控件的增加,将把这些新增对象的有关信息加入到对象列表框中。

(2) 属性显示方式:有按字母顺序显示和按分类顺序显示两种。

(3) 属性列表框:列出所选对象在设计模式下可更改的属性以及默认值,属性列表框左边部分列出的是属性名称,右边部分列出的是对应的属性值。不同的对象具有不同的属性名称,在属性列表部分可以滚动显示当前选定对象的所有属性,以便观察或设置每项属性的当前值。属性值的变化将改变相应对象的特性。

有些属性值的取值有一定限制,必须从默认的属性值中选择;有些属性值必须由用户自行设置。在实际应用中,用户根据需要设置对象的部分属性,大部分属性使用默认值。

(4) 属性解释:当在属性列表框中选择某种属性时,在"属性解释"部分会显示该属性名称和属性含义。

1.3.4 工程资源管理器窗口

工程资源管理器窗口如图 1.9 所示。在该窗口中包含一个应用程序所需要的文件清单,它采用 Windows 资源管理器风格的界面,窗口中以树状列表形式显示当前工程的组成。工程资源管理器窗口中的文件可以分为 6 类,即窗体文件(.frm)、程序模块文件(.bas)、类模块文件(.cls)、工程文件(.vbp)、工程组文件(.vbp)和资源文件(.res)。

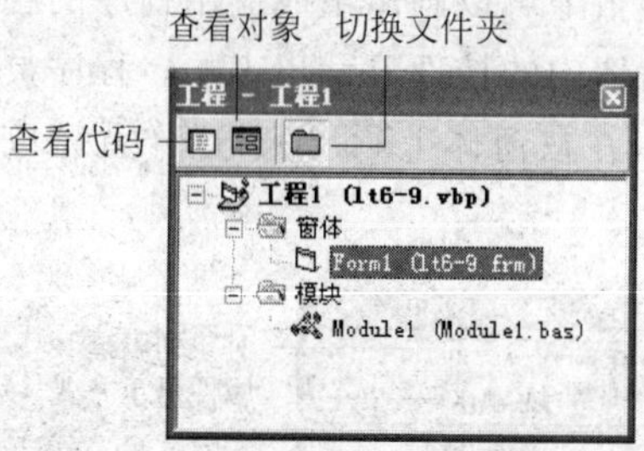

图 1.9 工程资源管理器窗口

工程资源管理器窗口标题栏的下方有 3 个快捷按钮,分别是查看代码、查看对象和切换文件夹。

(1) 查看代码按钮:切换到代码窗口,显示和编辑程序代码。

(2) 查看对象按钮:切换到窗体窗口,显示和编辑窗体上的对象。

(3) 切换文件夹按钮:切换文件夹的显示方式,显示各类文件所在的文件夹。

图 1.9 所示的工程是一个最简单的应用程序,只包含一个窗体文件(lt6-9.frm)和一个标准模块文件(Module1.bas)。这两类文件是组成 Visual Basic 工程最主要的两种类型文件。

窗体文件(.frm):每个窗体对应一个窗体文件,窗体及其控件属性、事件过程和程序代码等都存储在该窗体文件中。一个应用程序至少含有一个窗体文件。

标准模块文件(.bas):标准模块是一个纯代码性质的文件,它不属于任何一个窗体,主要用来声明全局变量和用户自定义的通用过程,可以被不同的窗体程序调用。

1.3.5 代码窗口

代码窗口如图 1.10 所示,专门用来显示和编写代码。每个窗体都有一个代码窗口。

代码窗口主要由以下部分构成。

(1) 对象列表框:单击右边的下拉按钮,可以显示选中窗体上所有对象的名称。其中"通用"表示与特定对象无关的通用代码,一般在此声明窗体级变量或用户自定义的过程。

(2) 过程列表框:单击右边的下拉按钮,可以显示对象列表框中对象的所有事件过程名称。

（3）代码框：编写和修改各个事件过程代码。

（4）过程查看按钮：只能显示所选的一个过程代码。

（5）全模块查看按钮：显示模块中的全部过程代码。

设计 Visual Basic 应用程序时，通常先设计窗体，然后再编写代码。设计完窗体后，打开代码窗口共有 4 种方法。

（1）双击窗体的任一部分切换到代码窗口。

（2）单击工程资源管理器中的查看代码按钮切换到代码窗口。

（3）选择菜单命令"视图|代码窗口"切换到代码窗口。

（4）按 F7 键切换到代码窗口。

编写事件过程代码时，用户只需在对象列表框中选择对象名，在过程列表框中选择事件过程名，系统会自动产生 2 行代码，作为选中对象的事件过程模板，用户在该模板内编写代码即可。

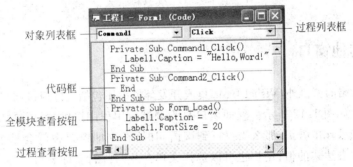

图 1.10　代码窗口

1.3.6　工具箱

工具箱如图 1.11 所示。工具箱由各种图标组成，这些图标称为对象或控件，利用这些工具图标，用户就可以在窗体上设计各种控件。

工具箱中的工具分为两类，一类称为内部控件或标准控件，另一类称为 ActiveX 控件（ActiveX 控件将在第 7 章介绍）。一般情况下，工具箱上有 20 个标准控件和 1 个指针，指针不是控件，它仅用于移动窗体和控件以及调整它们的大小。在设计阶段，工具箱总是出现的，可以单击工具箱的关闭按钮将其关闭。如果要显示工具箱，可以选择菜单命令"视图|工具箱"。

图 1.11 显示的是只有一个选项卡 General 的标准工具箱，用户还可以根据实际应用的需要往工具箱里添加选项卡，添加选项卡的方法是：在工具箱空白位置单击鼠标右键，选择快捷菜单中的"添加选项卡"命令，在弹出的对话框中输入新选项卡的名称。当一个新选项卡添加完成后，就可以从已有选项卡（包括 General 选项卡）里拖动所需控件到新建的选项卡里，也可以通过菜单命令"工程|部件"向新建选项卡里添加 ActiveX 控件。

指针(Point)　　　　　　　　图形框(PictureBox)
标签(Label)　　　　　　　　文本框(TextBox)
框架(Frame)　　　　　　　　命令按钮(CommandButton)
复选框(CheckBox)　　　　　单选按钮(OptionButton)
组合框(ComboBox)　　　　　列表框(ListBox)
水平滚动条(HScrollBar)　　　垂直滚动条(VScrollBar)
时钟(Timer)　　　　　　　　驱动器列表框(DriveListBox)
目录列表框(DirListBox)　　　文件列表框(FileListBox)
形状(Shape)　　　　　　　　直线(Line)
图像(Image)　　　　　　　　数据控制(Data)
对象链接与嵌入(OLE)

图 1.11　工具箱

1.3.7　其他窗口

除上面介绍的窗口外,Visual Basic 集成开发环境中还包括立即窗口和窗体布局窗口。

立即窗口如图 1.12 所示。立即窗口是为调试应用程序提供的,用户如果在程序代码中使用 Debug. Print 语句,那么当执行到该语句时,在立即窗口中就会显示 Debug. Print 语句所计算的表达式的值;用户也可以选择菜单命令"视图|立即窗口",弹出立即窗口,直接在立即窗口使用 Print 方法显示表达式的值,或者使用"?"显示表达式的值。

窗体布局窗口如图 1.13 所示。窗体布局窗口用于指定程序运行时窗体相对于显示屏幕的初始位置以及窗体之间的相对位置。用户只需要用鼠标拖动窗体布局窗口中 Form 的位置,就决定了该窗体运行时的初始位置。窗体布局窗口在多窗体应用程序中较为有用。

图 1.12　立即窗口

图 1.13　窗体布局窗口

1.4　创建 Visual Basic 应用程序的过程

前面介绍了 Visual Basic 集成开发环境以及各个窗口的作用,对开发环境的熟悉以及熟练切换各个窗口是编程的基础。要学好 Visual Basic,编写出高质量的代码,还需要了解并掌握程序设计方法、算法设计以及代码的编写等,这一部分难度较大,需要长期的学习和知识的积累。利用 Visual Basic 可以开发出功能复杂的应用程序,该语言最大的特点是能够以最快的速度和最高的效率开发出具有良好用户界面的应用程序。一般来讲,建立一个应用程序通常分下面 5 个步骤。

(1) 建立可视用户界面的对象。

(2) 设置可视界面对象属性。

(3) 确定对象事件过程及编写事件驱动代码。

(4) 运行和调试程序。

(5) 保存程序。

下面通过一个简单的实例来说明创建 Visual Basic 应用程序的 5 个步骤。

例 1.2 编写一个测试标准体重(已知身高)的程序,标准体重＝(身高－100)×0.9。窗体界面如图 1.14 所示。操作要求:当运行程序后,在"身高"对应的文本框里输入一个代表身高的数值,然后单击"测试"按钮,则根据题目给的计算公式计算出一个标准体重值,并在"体重"对应的文本框里显示出该值。单击"清屏"按钮则清除两个文本框中的内容。

1. 建立可视用户界面的对象

首先启动 Visual Basic,进入 Visual Basic 开发环境。屏幕上将显示一个默认名称为 Form1 的窗体,可以在这个窗体上设置用户界面。如果要建立新的窗体,可以通过菜单命令"工程|添加窗体"来实现。

根据图 1.14 可知,窗体上有两个标签(Label)、两个文本框(TextBox)和一个命令按钮(CommandButton)。标签用来显示提示文本信息,运行程序时标签上的文本不能修改;文本框用来显示或者输入信息;命令按钮用来执行有关操作。

向窗体上添加标签(Label)控件的方法是:单击工具箱中的 Label 图标,然后在窗体适当的位置按下鼠标左键拖动,松开鼠标左键就创建了一个名称为 Label1 的控件。其他控件用同样的方法向窗体中添加。建立好的窗体如图 1.15 所示。

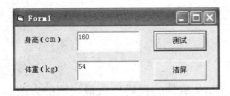

图 1.14　例 1.2 的运行界面

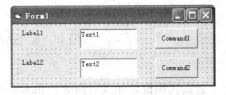

图 1.15　例 1.2 的设计窗体界面

2. 设置可视界面对象属性

窗体界面中各个控件对象的有关属性设置见表1.2。

控件对象属性的设置方法是:首先单击需要设置属性的控件,属性窗口会自动定位该控件对象,并在属性窗口中列出该控件的所有属性,从属性列表中找到需要设置或者修改的属性名称,在属性窗口右侧对应位置输入或者选择属性值即可,如图 1.16 所示。

表 1.2　例 1.2 的对象属性设置

控件名称(Name)	属性名及属性值	控件名称(Name)	属性名及属性值
Label1	Caption="身高(cm)"	Text2	Text=""
Label2	Caption="体重(kg)"	Command1	Caption="测试"
Text1	Text=""	Command1	Caption="清屏"

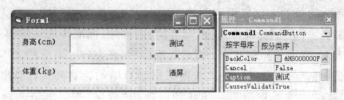

图 1.16　例 1.2 的对象属性设置

3. 确定对象事件过程及编写事件驱动代码

窗体的控件属性设计好之后,就要分析题目,判断用什么事件来驱动程序的执行,程序代码是针对某个对象事件编写的,每个事件对应一个事件过程。用鼠标单击(Click)或双击(DblClick)一个对象是经常用到的事件,不同的事件代码决定窗体界面有不同的执行效果,这是开发 Visual Basic 工程的关键。很显然,例 1.2 是通过单击名称为 Command1 的命令按钮来完成计算并显示结果的,所以事件过程是 Command1 的 Click 事件。单击名称为 Command2 的命令按钮实现清屏,所以事件过程是 Command2 的 Click 事件。

显示代码窗口(有 4 种方法,参见 1.3.5 节的相关内容),在代码窗口左边的对象列表框中选择 Command1 对象,然后在右边的过程列表框中选择 Click,系统自动产生事件过程模板:

```
Private Sub Command1_Click ()
    …                      // 用户编写的代码
End Sub
```

进入代码窗口并显示命令按钮 Command1_Click 事件的代码模板最快捷的方法是双击窗体上的 Command1 控件。代码窗口中的代码如图 1.17 所示。

4. 运行和调试程序

运行程序的目的有两个,一是输出结果,二是发现错误。在 Visual Basic 环境中,程序有两种运行模式,即编译模式和解释模式。

1) 编译模式

执行菜单命令"文件|生成…exe",显示如图 1.18 所示的对话框,在该对话框的"文件

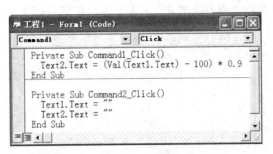

图 1.17 事件过程以及程序代码

名"文本框中输入文件名"体重测试.exe",然后单击"确定"按钮,即可生成一个名为"体重测试.exe"的可执行文件,该文件可以脱离 Visual Basic 环境,在 Windows 环境下运行。

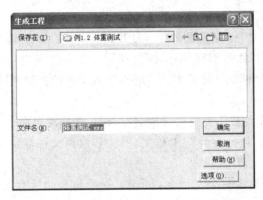

图 1.18 生成"体重测试.exe"文件对话框

编译模式是将源程序代码编译成二进制可执行文件,只要双击该可执行文件就可以立即运行,无需再编译,所以运行速度快。通常当应用程序完全调试成功,交付使用时采用此模式。

2) 解释模式

解释模式可以通过执行菜单命令"运行|启动",或者单击常用工具栏上的"启动"按钮,或者按 F5 键来实现。采用解释模式运行时,系统读取 Visual Basic 程序源代码,将其转换为机器代码,然后执行该机器代码。当退出程序的执行后,机器代码不被保存,所以如果需要再次执行该程序,必须再将代码解释一遍,运行速度比编译速度慢。在开发阶段由于需要比较频繁地调试程序,一般采用此模式。

5. 保存程序

在 Visual Basic 中,一个应用程序以工程文件的形式保存在磁盘上。在存盘时,一定要清楚文件保存的位置和文件名,系统默认位置是 VB98 目录。一个工程涉及多种类型的文件,例 1.2 需要保存两种类型的文件,即窗体文件和工程文件。

1) 保存窗体文件

选择菜单命令"文件|保存 Form1",打开"文件另存为"对话框,如图 1.19 所示。在该

对话框中选择保存路径以及保存文件名,窗体文件的扩展名默认为 frm。

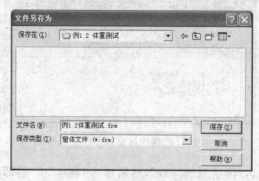

图 1.19 "文件另存为"对话框

2) 保存工程文件

选择菜单命令"文件|保存工程文件",打开"工程另存为"对话框,在该对话框中选择与窗体文件(例 1.2 的"体重测试.frm"保存在例 1.2 文件夹中)相同的路径,并在"文件名"中输入工程文件名"例 1.2 体重测试.vbp",工程文件的扩展名默认为 vbp。

提示:

(1) 第一次保存文件或需要对文件改名存盘时,选择菜单命令"文件|Form1 另存为"(窗体文件)和"文件|工程另存为"(工程文件)。若以原文件名保存,则选择"文件|保存Form1"和"文件|保存工程"。

(2) 存盘前,最好创建一个文件夹,将该工程所包含的所有文件都保存在此文件夹中,这样既可以看到该工程文件的组成,又便于文件的查找。

(3) 如果工程含有多个窗体、标准模块和类模块,通常先保存窗体文件和标准模块文件,再保存工程文件。但是在实际操作中为了提高效率,不必严格按上面介绍的步骤保存文件。

(4) 如果要打开一个 Visual Basic 工程文件,只要双击扩展名为 vbp 的工程文件即可。

1.5 Visual Basic 工程的组成和管理

当用户建立一个应用程序并完成文件的保存后,Visual Basic 就建立了一系列的文件,这些文件的有关信息都保存在被称为"工程"的文件中,每次保存工程,这些文件都被更新。一个工程文件通常由表 1.3 所示的几种类型的文件组成。

表 1.3 工程文件的组成

文件类型	说　　明
工程文件(.vbp)	该文件保存与工程文件有关的全部文件和对象
窗体文件(.frm)	包含窗体以及控件的属性设置;窗体级的变量、外部过程声明;事件过程、用户自定义过程

文件类型	说　明
二进制文件(.frx)	当窗体上控件的数据属性含有二进制值时,保存窗体文件时系统自动产生同名的.frx文件
标准模块文件(.bas)	该文件包含全局级(模块级)变量、全局级的函数和过程、用户自定义函数和过程
类模块文件(.cls)	用于创建含有方法和属性的用户自己的对象
ActiveX 控件(.ocx)	ActiveX 控件可以添加到工具箱中并在窗体上使用

Visual Basic 应用程序通常由 3 类模块组成,即窗体模块、标准模块和类模块。

1. 窗体模块

一个窗体对应一个窗体文件。一个应用程序包含一个或多个窗体文件(.frm),每个窗体模块分为两部分,一部分为用户界面窗体,另一部分为程序代码。

2. 标准模块

标准模块(.bas)完全由代码组成,这些代码不与具体的窗体或控件相关联。在标准模块中可以声明全局变量,可以定义函数过程和子过程。标准模块中的全局变量可以被工程中的任何模块调用,全局函数和过程可以被窗体模块中的任何事件调用。

3. 类模块

标准模块只包含代码,而类模块(.cls)既含有代码又含有数据。每个类模块定义了一个类,可以在窗体中定义类的对象,调用类模块中的过程。

1.5.1　工程文件的创建、打开和保存

启动 Visual Basic 应用程序,可以创建一个新的 Visual Basic 工程文件;双击一个扩展名为.vbp 的工程文件,可以打开一个已有的工程文件。工程文件的创建、打开和保存可以使用"文件"菜单中包含的相关命令,也可以使用常用工具栏对应的快捷按钮来实现。下面简单介绍"文件"菜单中的相关命令。

(1) 新建工程:系统会提示是否保存当前工作的工程文件;然后显示"新建工程"对话框,在"新建工程"对话框中选择"标准.exe"选项。

(2) 打开工程:系统会提示是否保存当前工作的工程文件;然后显示"打开工程"对话框,在该对话框中选择要打开的一个工程文件。

(3) 保存工程:当第一次保存工程时,系统自动显示"文件另存为"对话框,提示用户输入窗体文件名,然后系统再显示"工程另存为"对话框,提示用户输入工程文件名。

(4) 工程另存为:当工程文件改名保存或者更改保存位置时,使用该命令。

1.5.2 添加、删除和保存文件

一个简单的 Visual Basic 应用程序最少要有一个窗体文件，但是在实际应用程序设计中，要使用多个窗体、标准模块和类模块文件等，对于上述文件的添加，通常使用"工程"菜单里的"添加窗体"、"添加 MDI 窗体"、"添加模块"和"添加类模块"等命令；对于上述文件的保存，通常使用"文件"菜单里的相关命令。添加和删除文件也可以使用快捷菜单命令，如图 1.20 所示。

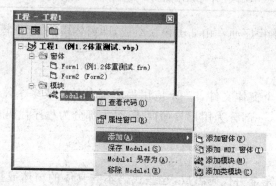

图 1.20　添加和删除文件的快捷菜单

1. 使用菜单命令添加、删除和保存文件的操作方法

添加窗体（模块）：选择菜单命令"工程|添加窗体"（或"工程|添加模块"），系统显示添加对话框，有"新建"和"现存"两种选择。

删除窗体（模块）：首先在工程资源管理器窗口选中要删除的窗体（模块），然后选择菜单命令"工程|移除 Form"（或"工程|移除 Module"）。

保存文件（窗体文件、模块文件和工程文件）：选择菜单命令"文件"，执行相应的保存命令。

2. 使用快捷菜单命令添加、删除和保存文件的操作方法

如果要进行添加操作，只需要在工程资源管理器窗口的任意位置右击鼠标，在弹出的快捷菜单中选择相应的菜单项即可。

如果要进行删除操作，则在工程资源管理器窗口中选择需要删除的对象，然后在该对象上右击鼠标，在快捷菜单中选择相应的菜单项即可。进行删除操作时，快捷菜单里的菜单项是动态变化的。

提示：

（1）从工程中移除文件与在工程之外删除文件的区别：从工程中移除文件，在保存工程时，Visual Basic 会自动更新此工程文件中的相应信息，但是此文件仍保存在磁盘上；在工程之外删除文件，Visual Basic 会自动更新此工程文件，因此当打开此工程时，将会显示一个错误信息，警告一个文件丢失。

（2）如果一个工程有多个窗体，而且它们都是并列关系，在程序运行时首先启动的那个窗体称为启动窗体，通常情况下第一个创建的窗体默认为启动窗体。如果要指定其他窗体为启动窗体，可以通过菜单命令"工程|工程属性"，打开"工程属性"对话框，在"通用"选项卡的"启动对象"下拉列表框中选择启动窗体名称，如图1.21所示。

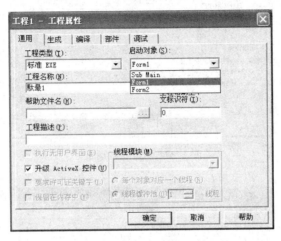

图1.21 "工程属性"对话框

（3）窗体名与窗体文件名的区别：窗体名是窗体的Name属性，是在代码中引用该窗体的唯一标识符，要求在同一工程中不能存在两个相同的窗体名；窗体文件（*.frm）存放在磁盘上，该文件包含窗体上的所有控件的属性和代码，要求同一文件夹下不能有两个相同的窗体文件名。

1.5.3 Visual Basic 工程环境设置

不同的程序开发人员对开发环境可能有不同的要求，通过Visual Basic提供的菜单命令"工具|选项"来设置符合自己要求的程序开发环境。"选项"对话框如图1.22所示。本节主要介绍"编辑器"、"编辑器格式"和"通用"这3个选项卡。

1. "编辑器"选项卡

"编辑器"选项卡指定了代码窗口和工程窗口的设置值，有关功能如下。

（1）"自动语法检测"：如果选中该项功能，当用户输入完一条命令按回车键时，Visual Basic系统自动对此命令行代码进行语法检查。当出现语法错误时，就会弹出一个警告信息窗口，如图1.23所示。出错的代码行以红色显示。如果取消该项功能，就不会出现警告信息窗口。

（2）"要求变量声明"：对于一个有良好习惯的编程人员，编写的代码要便于人们阅读和理解，同时代码书写要规范。选中该复选框后，新建的程序在模块文件的顶部自动加入Option Explicit的声明，如图1.24所示。当程序中使用未经声明的变量，或对已声明的变量再次使用时输入错误的情况下，程序运行时会报错。

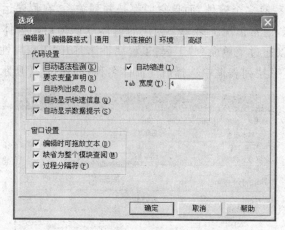

图 1.22 "选项"对话框

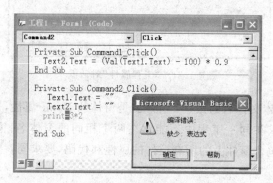

图 1.23 自动语法检查

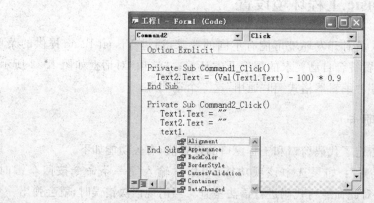

图 1.24 要求变量声明和自动列出成员

（3）"自动列出成员"：当用户在程序中输入窗体上某个控件名称和句点之后，系统自动列出该控件在运行模式下可用的属性和方法。如图 1.24 所示，用户只要在列表框中用键盘上的向下或向上方向键定位选择所需的内容，按空格键或双击鼠标均可。该选项对于输入代码不熟练的人员非常实用，可以提高编程效率。

（4）"自动显示快速信息"：选中此复选框后，当输入的程序代码中含有函数名或过程名时,系统自动列出该函数或该过程所包含的所有参数信息,以提示用户正确地使用。图 1.25 显示的是 Mid()函数的提示信息。

(5)"缺省为整个模块查阅":选中此功能或在代码窗口的左下角单击第二个按钮,可看到程序的所有过程。若选中"过程分隔符",则各个过程间以分隔线隔开,效果如图 1.25 所示。若不选中该项,一次只能显示一个过程。

2. "编辑器格式"选项卡

在此选项卡里可以设置代码窗口中字体的字型、颜色、大小和背景色等,如图 1.26 所示。

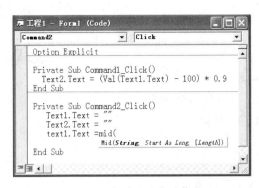

图 1.25 自动显示快速信息

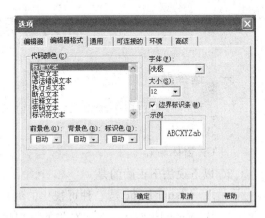

图 1.26 "编辑器格式"选项卡

3. "通用"选项卡

"通用"选项卡如图 1.27 所示,有关功能如下。

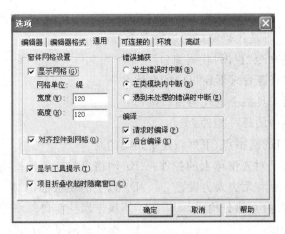

图 1.27 "通用"选项卡

(1)"窗体网格设置":在设计时决定窗体网格的外观。可以通过"宽度"和"高度"设置值来改变窗体网格的间距。网格单位默认为缇(Twip)。

（2）"对齐控件到网格"：选中该复选框后，设计窗体时，如果要移动控件的位置，则自动将控件的外部边缘定位在网格线上。

（3）"显示工具提示"：在 Visual Basic 开发环境中，当鼠标移动到工具栏和工具箱上时，为其上的各项显示文字提示。

（4）"错误捕获"：决定在 Visual Basic 开发环境中怎样处理错误，并为所有后面的 Visual Basic 实例设置默认的错误捕获状态。一般选用默认的"在类模块内中断"，系统会将出错的程序代码行标记出来，这对于程序的查错和改错较为方便。

（5）"编译"：决定如何编译应用程序，一般将两个复选框全部选中。

习　题　一

一、选择题

1. _____窗口用于决定运行时窗口的初始位置。
   - A. 窗体
   - B. 工程资源管理器
   - C. 窗体布局
   - D. 工具箱

2. 以下说法不正确的是_____。
   - A. Visual Basic 是一种可视化的编程工具
   - B. Visual Basic 是面向对象的结构化程序设计语言
   - C. Visual Basic 采用事件驱动的编程机制
   - D. Visual Basic 是面向过程的结构化程序设计语言

3. Visual Basic 有 3 种工作模式，下面不属于 Visual Basic 工作模式的是_____模式。
   - A. 设计
   - B. 运行
   - C. 中断
   - D. 视图

4. 下列_____不是代码窗口的切换方法。
   - A. 选择菜单命令"视图|代码窗口"
   - B. 双击工程资源管理器窗口中的窗体名
   - C. 单击常用工具栏上的代码窗口按钮
   - D. 双击窗体中的任一控件

5. 关于窗体窗口的网格点，下列叙述中正确的是_____。
   - A. 网格点便于对齐窗体上的控件
   - B. 网格点起到美观作用
   - C. 网格点的距离无法人为设置
   - D. 以上的说法都不对

6. 属性窗口通常由 4 部分构成，_____不属于属性窗口。
   - A. 对象列表框
   - B. 属性显示排列方式
   - C. 属性列表框
   - D. 查看对象按钮

7. 在 Visual Basic 集成环境创建应用程序时，除了工具箱、属性窗口和窗体窗口外，还有必不可少的是_____。

A. 窗体布局窗口   B. 立即窗口

C. 监视窗口   D. 代码窗口

8. 工具箱有_____个图形图标。

    A. 20　　　　　　B. 21　　　　　　C. 22　　　　　　D. 无数

9. Visual Basic 程序有两种运行模式,分别是_____。

A. 解释模式和中断模式   B. 编译模式和中断模式

C. 设计模式和运行模式   D. 解释模式和编译模式

10. Visual Basic 6.0 开发应用程序不适宜的操作系统是_____。

A. Windows 9x   B. Windows NT

C. Windows XP   D. Windows 32

11. 当一个工程含有多个窗体时,其中的启动窗体是_____。

A. 启动 Visual Basic 时建立的窗体   B. 第一个添加的窗体

C. 最后一个添加的窗体   D. 在"工程属性"对话框中指定的窗体

12. 在设计应用程序时,通过_____窗口可以查看到应用程序工程的所有组成部分。

    A. 代码　　　　　B. 窗体　　　　　C. 属性　　　　　D. 工程资源管理器

二、简答题

1. Visual Basic 6.0 有学习版、专业版和企业版,怎样知道开发环境安装的是哪个版本?

2. 简述 Visual Basic 6.0 的功能特点。

3. Visual Basic 开发环境主要由哪几个窗口组成? 如何切换各个窗口?

4. 详细叙述打开代码窗口的 4 种方法。

5. 简述建立一个 Visual Basic 应用程序的过程。

6. 简述 Visual Basic 工程的 3 种工作模式。

7. 简述 Visual Basic 应用程序设计的步骤。

8. 简述 Visual Basic 工程的组成。

第 2 章 简单的 Visual Basic 程序设计

本章首先介绍对象的属性、事件和方法的概念,重点介绍窗体、标签、文本框和命令按钮等几个常用控件的主要属性、事件和方法,并通过实例进一步了解这些控件的应用。通过本章的学习,使学习者对 Visual Basic 可视化界面的设计有一个基本的了解。

2.1 对象的概念

Visual Basic 是一种面向对象的程序设计语言,具有可视化的用户界面,界面由若干个对象组成,这些对象在 Visual Basic 中称为控件对象,这些控件对象可以是系统预定义的,也可以是用户自己创建的。本书主要介绍预定义控件对象,预定义控件对象为开发应用程序提供了方便。

2.1.1 对象和类

1. 对象

在面向对象的程序设计中,"对象"就是现实世界中的某个具体的物理实体,也可以是某一类概念实例。比如我们日常所接触的一台电视、一本书、一张桌子、一辆汽车、一种语言以及一种管理方式等都是一个对象。

对象是具有属性和操作(方法)的实体。比如一辆汽车,它的重量、颜色、尺寸和品牌等都可以作为对象的属性;而行驶和鸣笛等这些可执行的操作可以作为对象的方法。

对象有一个唯一的标识名以区别于其他对象。

2. 类

类是一组具有相同数据结构和相同操作对象的集合。类是对一系列具有相同性质的对象的抽象,是对对象共同特征的描述。比如,每一辆汽车是一个对象,对所有汽车的共同特征和行为的抽象就形成了汽车这个类。类是创建对象实例的模板,对象则是类的一个实例,如某一辆别克牌的汽车就是"汽车类"的一个实例。

在面向对象程序设计中,类包含所创建对象属性的数据,以及对这些数据进行操作的方法定义。封装和隐藏是类的重要特性,它将数据的结构和对数据的操作封装在一起,实现了类的外部特性与类内部的隔离。

3. Visual Basic 中的类和对象

Visual Basic 中的类可以分为 3 种,第一种是由系统设计、用户直接使用的标准控件;第二种是 ActiveX 控件;第三种是可插入对象。本书仅涉及前两种。

前面介绍了窗体和工具箱,窗体和控件就是 Visual Basic 中预定义的标准控件类。通过将控件类实例化,可以得到真正的控件对象,也就是在窗体上画一个控件时,就将控件类实例化为对象,即创建了一个控件对象,简称控件。比如用工具箱中的文本框控件在窗体上画一个文本框 Text1,画好的控件 Text1 继承了 TextBox 类的所有属性和方法,Text1 控件在窗体上移动、缩放等操作是由系统预先规定好的,控件的外部特征可以根据需要修改属性,它具有移动光标到 Text1 的方法,还具有通过快捷键对文本内容进行复制、移动和删除等操作的功能。

窗体是一个特例,它既是类也是对象。当向一个工程添加一个新窗体时,实质就由窗体类创建了一个窗体对象。除窗体和控件外,Visual Basic 还提供了其他一些系统对象,例如打印机(Printer)、剪贴板(Clipboard)、屏幕(Screen)和应用程序(App)等。

2.1.2 Visual Basic 控件对象的建立和编辑

1. Visual Basic 对象的建立

在窗体上创建控件对象的步骤如下。

(1) 用鼠标单击工具箱上要建立对象的控件图标。

(2) 将鼠标移动到窗体适当的位置,按下鼠标左键拖动到合适的大小后释放鼠标。

建立对象最快捷的方法是直接在工具箱上双击所需的控件图标,则立即在窗体中央出现一个大小为默认值的对象。

在窗体上建立的每个对象都有一个唯一的名字,如 Form1、Label1、Command1 等,用户可以在属性窗口通过设置 Name(名称)来给对象重新命名,名字必须以字母或汉字开头,由字母、汉字和数字组成,名字以见名知意为原则。通过名字就可以在程序代码中引用该对象。Visual Basic 对象的建立如图 2.1 所示。

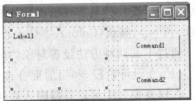

图 2.1 在窗体上创建 Visual Basic 对象

2. Visual Basic 对象的选定

单个对象的选定:用鼠标指向某个对象,单击可以选定单个控件对象。

多个对象的选定:先选定一个对象,然后按住 Ctrl 键,再单击其他控件对象。

3. Visual Basic 对象的移动、复制和删除

当对象被选定之后,选中对象的四周出现 8 个选择柄。

(1) 移动:按下鼠标左键拖动对象可以移动对象的位置。

(2) 改变大小:把鼠标指针移动到选择柄的位置,按下鼠标左键拖动选择柄,可以改变对象的大小。

(3) 删除:按 Del 键可以删除对象;或者右击鼠标,在弹出的快捷菜单里选择"删除"命令。

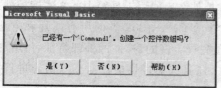

图 2.2　创建控件数组提示框

(4) 复制:单击工具栏里的"复制"按钮(或者右击鼠标,在弹出的快捷菜单里选择"复制"命令),再单击"粘贴"按钮。这时会出现如图 2.2 所示的询问是否要创建控件数组的提示框,单击"否"按钮,就复制了名称不同的另一个对象。

提示:建议使用工具箱直接创建控件,不要使用"复制"和"粘贴"的方法。

2.1.3　Visual Basic 对象的属性、事件和方法

对象是具有特殊属性(数据)和方法(行为方式)的实体。建立一个对象后,其操作通过与该对象有关的属性、事件和方法来描述。在面向对象程序设计中把对象的属性、事件和方法称为对象的三要素。

1. 对象的属性

属性是对象的特性,不同的对象具有不同的属性,对象中的数据就保存在属性中,属性决定了界面控件具有什么样的外观和功能。例如,控件常见的属性有名称(Name)、标题(Caption)、颜色(Color)、字体大小(FontSize)以及是否可见(Visible)等。

通过下面两种方法设置对象的属性。

(1) 在设计阶段,利用前面介绍的属性窗口,在属性列表框中为具体的对象设置属性。在属性窗口中可以直接输入属性值,也可以从系统定义的属性值中选择。

(2) 在程序运行阶段,通过复制语句为具体的对象设置属性。其格式为

[对象名.]属性名称=属性值

例如,假定窗体上有一个标签控件,名称为 Label1,它的属性之一是 Caption,该属性的含义是在标签中显示指定的内容。例如,要求在标签中显示"你好,世界!",在程序代码中的书写形式为

```
Label1.Caption="你好,世界!"
```

提示:大部分属性既可在设计阶段设置,也可在程序运行阶段设置,这种属性称为可读/可写属性。有一些属性只能在设计阶段通过属性窗口设置,而不能通过程序代码设

置,这类属性称为只读属性。

2. 对象的事件

Visual Basic 采用事件驱动编程机制,所谓事件(Event),就是由 Visual Basic 预先设置好的、能够被对象识别的动作。例如,Click(单击)、DblClick(双击)、Load(装入)、MouseMove(鼠标移动)和 KeyPress(按键)等。在 Visual Basic 中,不同的对象能够识别的事件也不一样。

当在对象上发生了事件后,应用程序就会执行一段代码处理这个事件,执行代码的过程就是事件过程(Event Procedure)。Visual Basic 程序设计的主要工作就是为对象编写事件过程代码。一个对象可以拥有多个事件过程;当用户对一个对象发出一个动作时,可能同时在该对象上发生了多个事件。例如,当单击鼠标时,同时发生了 Click、MouseDown 和 MouseUp 事件,写程序时,并不要求对这些事件一一编写代码,只要对感兴趣的事件过程编码。没有编码的为空事件过程,系统也就不处理该事件过程。

事件过程的一般格式如下:

Private Sub 对象名称_事件名称()
    ...   **//用户编写的事件过程代码**

End Sub

例如,单击 Command1 命令按钮,完成标准体重的计算并在 Text2 中显示结果,则响应的事件过程如下:

```
Private Sub Command1_Click ()
    Text2.Text= (Val (Text1.Text)-100) * 0.9
End Sub
```

事件发生后,执行此事件的事件过程,事件过程执行完后,系统再次等待某事件的发生,这就是事件驱动程序设计方式。事件驱动应用程序的执行步骤如下。

(1) 启动应用程序,加载并显示窗体。

(2) 窗体(或窗体上的控件)等待事件发生。

(3) 如果相应的事件过程中存在代码,则执行该代码。

(4) 应用程序等待下一个事件发生。

3. 对象的方法

在面向对象程序设计中,系统为程序设计人员提供了一种特殊的过程和函数,这些过程和函数所包含的数据代码被封装起来,用户可以按照规定的格式直接使用,这些特殊的过程和函数称为方法。不同的对象拥有不同的方法,一个对象可以拥有多个方法,一个方法可以被多个对象使用。方法是面向对象的,所以在调用时一定要有对象。方法的调用格式如下:

   [对象名 .] 方法名 [参数列表]

在上面的格式中,带[ ]的部分表示可选项,可以根据实际需要使用或省略。其中"对象名"如果省略,则表示当前对象,一般指窗体。对于不同对象,"参数列表"所包含的内容和含义也不同。例如:

```
Text1.SetFocus              '将光标定位在 Text1 文本框中
Form1.Print "Hello, Word!"  '在 Form1 窗体上打印"Hello,Word!"
```

2.2　窗体和基本控件对象及其属性、事件和方法

本节简要介绍对象的常用属性,详细介绍窗体和几个常用控件的三要素,即属性、事件和方法。在第 7 章还会介绍一些常用控件和 ActiveX 控件。

2.2.1　常用属性

每个对象具有自己的属性,属性决定了该对象的外观,例如控件的大小、颜色、位置和名称等。不同的对象有许多相同的属性,有些属性不是所有对象都具有的。常用属性即通用属性,表示大部分控件具有的属性。控件的属性分两类:可读/可写属性和只读属性。可读/可写属性可以在属性窗口中设置,也可以在代码窗口中设置;而只读属性只能在属性窗口中设置。下面按照字母顺序介绍几个常用属性。

1. Alignment 属性

该属性决定控件上显示文本的对齐方式。属性值有以下 3 个。

0:文本左对齐(Left Justify)。

1:文本右对齐(Right Justify)。

2:文本居中(Center)。

2. AutoSize 属性

该属性决定控件是否自动调整大小。属性值有以下两种:

True:控件自动调整大小。

False:保持原设计时的大小,若文本太长则自动剪裁掉。

3. BackColor 属性

该属性用来设置文本或图形的背景色。用户可以在属性窗口中选定 BackColor 属性,然后单击右边的下拉按钮,弹出如图 2.3 所示的调色板,在调色板中选择所需颜色。也可以使用命令代码设置颜色,操作方法是

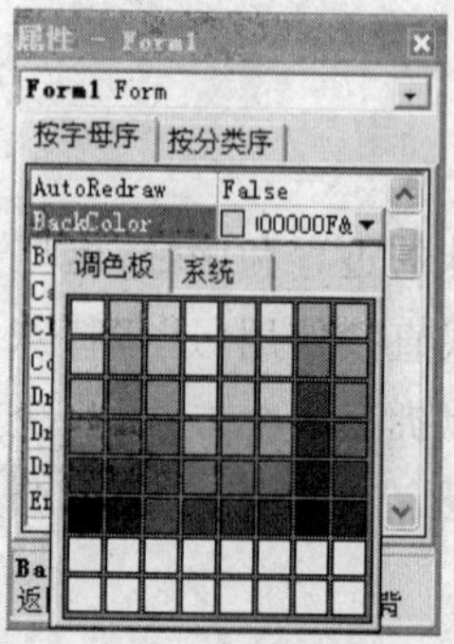

vb+颜色英文单词

图 2.3　调色板

例如：

```
Label1.BackColor=vbYellow          'Label1 控件背景色为黄色
```

4. BorderStyle 属性

该属性用于设置控件边框的样式。属性值有以下两个。

0：控件四周没有边框（None）。

1：控件四周带有单边框（Fixed Single）。

5. Caption 属性

该属性决定了控件上显示的内容。例如：

```
Command1.Caption="清屏"          '在 Command1 上显示"清屏"
```

6. Enabled 属性

该属性决定了控件是否可操作。属性值有以下两个。

True：允许用户操作该控件，并对该操作做出响应。

False：禁止用户操作该控件，运行程序时，该控件呈现灰色。

例如：

```
Command1.Enabled=True
```

7. Font 属性

Font 属性用来设置输出字符的各种特性，包括 FontName（字体名字）、FontSize（字体大小）、FontBold（粗体字）、FontItalic（斜体字）、FontStrikethru（删除线）和 FontUnderline（下划线）。其中后面 4 个属性取逻辑值 True 或 False。在窗体上设置 Font 系列属性之后，在其后建立的该窗体上的控件均自动服从该 Font 系列属性，除非各个控件重新设置。例如：

```
Command1.FontName="黑体"          'Command1 控件的文字以黑体字显示
Command1.FontUnderline=True       'Command1 控件的文字加下划线显示
```

8. ForeColor 属性

该属性用来设置或者返回控件的前景色，即正文颜色。用户可以在属性窗口的调色板中直接选择所需颜色，也可以使用命令代码设置颜色，操作方法是

vb+颜色英文单词

例如：

```
Label1.Caption="Hello,World!"          'Label1 上显示文字"Hello,World!"
```

```
Label1.ForeColor=vbRed                      'Label1 上显示的文字呈红色
```

9. Height 和 Width 属性

Height 和 Width 属性决定了控件的高度和宽度,即控件的大小,单位是缇(Twip)。例如:

```
Command1.Height=880
Command1.Width=1900
```

10. Left 和 Top 属性

Left 和 Top 属性决定控件在窗体上的位置,单位是缇(Twip)。其中 Left 表示控件到窗体左边框的距离,Top 表示控件到窗体顶部的距离。例如,在窗体上画一个命令按钮,其Height 和 Width 属性、Left 和 Top 属性的含义如图 2.4 所示。

对于窗体控件,Left 表示窗体左边界到屏幕左边的距离。Top 表示窗体顶部到屏幕顶部的距离。

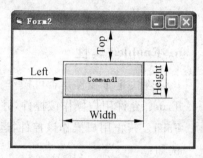

图 2.4　Height、Width、Left 和 Top
属性的含义

11. MousePointer 属性

该属性决定在运行程序时,当移动鼠标指针到对象上时鼠标指针显示的类型。属性取值范围为 0～15,值若为 99 则为用户自定义图标。

12. MouseIcon 属性

该属性用来设置鼠标图标,文件类型为.ico 或.cur。图标库在 Graphics 目录下。
该属性必须在 MousePointer 属性设置为 99 时使用。
加载 MouseIcon 图标有两种方法:
(1) 从属性窗口的属性列表中选择 MouseIcon 属性,然后单击右边的按钮,在弹出的"加载图标"对话框中选择一个图标文件。
(2) 在代码窗口中使用 LoadPicture()函数加载。LoadPicture()函数的格式如下:

对象名.MouseIcon=LoadPicture ("加载 Ico 图片的完整路径")

例如:

```
Command1.MousePointer=99
Command1.MouseIcon=LoadPicture ("D:\图片\Ico\CNFNOT.ICO")
```

执行上面两行命令,当鼠标移到 Command1 上时,得到图 2.5 所示的鼠标图标效果

（LoadPicture（）函数的格式详见 3.4.8 节的相关内容）。

13. Name 属性

每个控件都有一个唯一的 Name 属性，用来标识该控件对象，所有控件在创建时 Visual Basic 会自动提供一个默认的名字，如 Text1、Command1 和 Form1 等。在窗体上选中对象，可以在属性窗口"（名称）"栏修改 Name 属性。Name 是只读属性，只能在属性窗口中设置。

图 2.5　鼠标图标

14. TabIndex 属性

该属性决定了程序运行中按 Tab 键时焦点在各个控件上移动的顺序。所谓焦点，就是控件接受鼠标或键盘输入的能力。当控件具有焦点时，可以接受用户的输入。

例如，当按 Tab 键将光标定位到 Text1 控件上，Text1 控件即具有了焦点，就可以接受从键盘的输入。当按 Tab 键将光标定位到 Command1 控件上，Command1 控件即具有了焦点（有一个虚线框），就可以接受键盘按键。

在默认情况下，各个控件的 TabIndex 属性值按照添加控件的顺序自动给出，第一个添加的控件的 TabIndex 值为 0，第二个添加的控件的 TabIndex 值为 1，以此类推。默认的 TabIndex 顺序可以通过属性窗口或使用代码更改。但是如果窗体上有不可见或不可操作的控件，以及不能接受焦点的控件（如框架 Frame、标签 Label 等），这些控件的 TabIndex 属性仍然有效，只是切换时跳过这些控件。

15. Visible 属性

该属性决定控件是否可见。属性值有以下两个：

True：程序运行时，该控件可见。

False：程序运行时，该控件隐藏。

提示：只有在运行程序时，该属性才起作用。也就是说，在设计阶段，即使把窗体或控件的 Visible 属性设置为 False，窗体或控件也仍然可见，在程序运行后才隐藏。

当控件为窗体时，如果 Visible 的属性值为 True，其作用与 Show 方法相同；类似地，如果 Visible 的属性值为 False，其作用与 Hide 方法相同（详见第 7 章的介绍）。

例 2.1　通用属性的综合应用。窗体上有 4 个对象，每个对象使用默认的名称。操作要求如下：

（1）运行程序时，窗体的标题栏显示"属性综合应用"。

（2）带有单边框的标签字体大小为 20 号字，显示的文本是"世界，你好！"，文本居中对齐，文字颜色为绿色，背景颜色为黄色。

（3）命令按钮字体大小均为 20 号字。运行程序后，Command1 上显示"确定"，当鼠标指针移到 Command1 上时，鼠标指针变为十字；Command2 上显示"取消"，显示的文字为斜体，加删除线，并且不可操作。

程序运行后的效果图如图 2.6 所示。

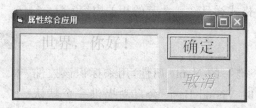

图 2.6　通用属性综合应用

本例各控件的属性可以在属性窗口中完成设置,也可以编写代码完成设置。根据操作要求得出各个对象的属性取值见表 2.1。

表 2.1　例 2.1 控件名称及其属性值

控件名称(Name)	属性名称及其属性值
Form1	Caption= "属性综合应用"
Label1	Caption = "世界,你好!",FontSize = 20,BorderStyle=1,ForeColor = vbGreen,Alignment=2,BackColor = vbYellow
Command1	Caption= "确定",FontSize = 20,MousePointer = 2
Command2	Caption= "取消",FontSize = 20,FontItalic = True,FontStrikethru = True,Enabled = False

代码实现如下:

```
Private Sub Form_Load ()
    Form1.Caption="属性综合应用"
    Command1.FontSize=20
    Command1.Caption="确定"
    Command1.MousePointer=2
    Command2.Caption="取消"
    Command2.FontSize=20
    Command2.FontItalic=True
    Command2.FontStrikethru=True
    Command2.Enabled=False
    Label1.Caption="世界,你好!"
    Label1.Alignment=2
    Label1.FontSize=20
    Label1.ForeColor=vbGreen
    Label1.BackColor=vbYellow
    Label1.BorderStyle=1
End Sub
```

2.2.2　窗体

一个应用程序最少需要一个窗体,创建 Visual Basic 应用程序的第一步就是创建窗体以及窗体上的控件。窗体是一个容器,可以利用工具箱在窗体上画出各种控件。窗体结构与 Windows 下的窗口十分类似,Visual Basic 中的窗体也有控制菜单、标题栏、最大化按钮、还原按钮、最小化按钮、关闭按钮以及边框,如图 2.7 所示。窗体的大部分属性既可以在属性窗口中设置,也可以通过代码设置。只有少量属性只能在属性窗口中设置。

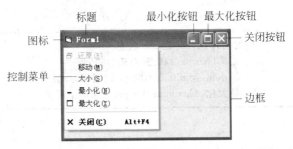

图 2.7　窗体外观

1. 窗体的主要属性

窗体的属性决定了窗体的外观和操作,其常用属性见表 2.2。

表 2.2　窗体的常用属性及其说明

属性名	说　　明
Name、Caption、Height、Width、Left、Top、Font、ForeColor、BackColor、Visible 等	详见 2.2.1 节
AutoRedraw	控制屏幕图像的重画。 True:当一个窗体被激活时,将自动重画窗体上的所有图形; False:当一个窗体被激活时,将不重画窗体上的所有图形。默认值为 False
BorderStyle	确定窗体边框的类型。只读属性
ControlBox	设置窗体是否含有控制菜单。 True:窗口左上角显示一个控制框(默认值); False:窗口左上角没有控制框
Icon	设置窗体最小化时的图标。适合的文件类型为.ico
MaxButton、MinButton	这两个属性用来设置窗体右上角是否有最大化和最小化按钮。 True:有最大化(最小化)按钮; False:无最大化(最小化)按钮
Picture	设置窗体中显示的图片。图片文件格式包括.ico、.bmp、.wmf、.gif 和.jpg 等

属性名	说　明
StartUpPosition	确定窗体控件启动的起始位置。 0：手动； 1：所有者中心； 2：屏幕中心； 3：窗口(默认值)
WindowState	设置窗体执行时的显示状态。 0：正常(Normal)状态，有窗口边界； 1：最小化(Minimized)状态，以图标方式运行； 2：最大化(Maximized)状态，充满整个屏幕

说明：

(1) BorderStyle 属性共有 6 个预定义值，见表 2.3。

表 2.3　窗体 BorderStyle 属性值

属　性　值	含　义
0—None	窗体四周无边框，无法移动及改变大小
1—Fixed Single	窗体为单线边框，可移动，不可改变大小，无最大化和最小化按钮
2—Sizable	窗体为双线边框，可移动并可改变大小。默认值
3—Fixed Dialog	窗体为固定对话框，不可改变大小
4—Fixed ToolWindow	窗体外观与工具条相似，有关闭按钮，不可改变大小
5—Sizable ToolWindow	窗体外观与工具条相似，有关闭按钮，可改变大小

当 BorderStyle 属性设为除 2 以外的值时，系统将 MaxButton 和 MinButton 属性自动设置为 False。

(2) Icon 属性和 Picture 属性都有两种加载方法。

方法一：可以从属性窗口的属性列表中选择 Icon 属性或 Picture 属性，然后单击属性列表右边的按钮，在弹出的"加载图标"对话框中选择一个图标文件。

方法二：在代码窗口中使用 LoadPicture() 函数加载。

例 2.2　窗体属性综合练习。操作要求如下：

(1) 窗体标题为"窗体属性综合练习"。

(2) 启动窗体后，窗体为单线边框。

(3) 窗体高度为 2500，宽度为 3500。

(4) 加载名称为 FACE05.ICO 的图标文件。

(5) 窗体背景色为黄色，24 号字体大小，显示"欢迎使用 VB6.0"。

分析操作要求，得到窗体属性值的设置，见表 2.4。

表 2.4　例 2.2 窗体属性名及属性值设置

属性名	属性值	属性名	属性值
Caption	窗体属性综合练习	Picture	FACE05.ICO
BorderStyle	1	BackColor	vbYellow
Height	2500	FontSize	24
Width	3500		

程序代码如下：

```
Private Sub Form_Load ()
    Form1.Caption="窗体属性综合练习"
    Form1.Width=3500
    Form1.Height=2500
    Form1.Icon=LoadPicture (App.Path+ "\FACE05.ICO")
    Form1.BackColor=vbYellow
    Form1.FontSize=24
    Form1.AutoRedraw=True
    Form1.Print "欢迎使用 VB6.0"
End Sub
```

提示：

（1）本例可以在属性窗口中完成属性的设置。得到最后的运行结果与执行代码的结果相同，如图 2.8 所示。

（2）本例中只有 BorderStyle 为只读属性，只能在属性窗口中设置。另外，由于是在 Load 事件中用 Print 方法输出字符，所以要将窗体的 AutoRedraw 设置为 True。

（3）App.Path 表示 FACE05.ICO 文件与应用程序在同一个文件夹中。若运行时无 FACE05.ICO 文件，用户可以通过查找文件的方法来查找其他.ico 文件加载。

图 2.8　例 2.2 的运行结果

2. 窗体事件

窗体事件较多，其中最常见的事件有 Click（单击）、DblClick（双击）、Load（装载窗体）、UnLoad（卸载窗体）、Activate（激活窗体）和 Deactivate（取消激活）等。表 2.5 给出了窗体常用事件及其说明。

表 2.5　窗体的常用事件及其说明

事件名	说　明
Initialize	窗体创建状态开始的标志，窗体创建时最先执行的代码，只有窗体的代码部分在内存中，而窗体的可视部分还没有调入
Load	标志着加载状态的开始，窗体上的所有控件都被创建和加载，加载状态是窗体的一个根状态。在任何时候，只要隐藏了窗体，就由可见状态回到加载状态，Load 事件在窗体的存活期中只运行一次

事件名	说　　明
UnLoad	当关闭一个窗体或者执行 Unload 语句时触发该事件
Activate	当一个窗体被激活时触发该事件,该事件比 Load 事件发生得晚
Deactivate	当另一个窗体或应用程序被激活时所产生的事件
Resize	当窗体首次出现在屏幕上或窗体尺寸改变时会触发该事件
GotFocus	当窗体获得焦点时发生该事件
LostFocus	当窗体失去焦点时发生该事件
KeyPreview	当进行键盘操作时,窗体是否优先于控件首先接受键盘事件(KeyPress、KeyUp 和 KeyDown)。 True:窗体优先于其他控件首先接受键盘事件 False:窗体上的控件优先于窗体首先接受键盘事件
Click	程序运行后,当单击窗口内任意空白位置时(不在某个控件上单击),Visual Basic 将调用窗体的 Form_Click()事件,如果该事件内有代码,则自动执行这些程序代码
DblClick	程序运行后,双击窗口内任意空白位置时(不在某个控件上双击),Visual Basic 将调用窗体的 Form_DblClick()事件,如果该事件内有代码,则自动执行这些程序代码

说明:

(1) 当应用程序启动时,自动执行 Load 事件,所以 Load 事件可以用来在启动程序时对属性和变量进行初始化。Load 就是把窗体装入工作区,如果 Load 事件里包含代码,接着就执行这些代码;如果窗体模块中还包含其他事件过程,Visual Basic 将暂时停止程序的执行,等待触发下一个事件过程。

当 Form_Load()事件中使用 Print 方法时,必须将该窗体的 AutoRedraw 设置为 True,否则 Print 方法无效;同样,在 Form_Load()事件中对文本框使用 SetFocus 方法将导致运行时出错。

(2) UnLoad 事件能够从内存中清除一个窗体,如果重新装入该窗体,则窗体中所有的控件都要重新初始化。

(3) Initialize 发生在 Form_Load 之前,Form_Load 只是初始化窗体事件,Initialize 是用于初始化程序的。

(4) 启动一个窗体,该窗体事件的发生次序大体是 Initialize、Load、Activate、GotFocus 及 UnLoad。

(5) 窗体上还有 KeyDown、KeyPress、KeyUp、MouseDown、MouseMove、MouseUp 等事件,这些事件将在 8.6 节详细介绍。

3. 窗体方法

1) Cls 方法

格式如下:

```
[对象名.]Cls
```

功能：用来清除窗体上或图片框里的文字和图形。对象名默认为窗体。

2）Print 方法

格式如下：

[对象名.]Print   [{ Spc(n) | Tab(n) };]   [表达式] [;|,]

功能：Print 方法用来在控件上显示信息，其中"对象"可以是窗体（Form）、图形框（PictureBox）或打印机（Printer），默认为窗体。

说明：

（1）Spc(n)表示输出时与前一个输出项之间间隔 n 个空格。Spc 与输出项之间用分号隔开。

（2）Tab(n)表示输出时输出项定位于第 n 列（对象控件最左端为第一列）。Tab 与输出项之间用分号隔开。Spc 与 Tab 可以互相代替。

（3）分号（;）表示光标定位在上一个显示字符之后。如果输出项是数值型，则各个输出项之间空两格，其中有一个格为符号位；如果输出项是字符型，则各个输出项之间不留空格。

（4）逗号（,）表示光标定位在下一个打印区（间隔 14 列的位置）的开始处。

（5）输出列表最后有逗号（,）或分号（;），表示输出后不换行；输出列表最后没有逗号（,）或分号（;），表示输出后换行。

例如：

（1）

```
Private Sub Form_Click ()
    Dim x%, y%
    x=5: y=10
    Print "x+y="; x+y ,              'Print 方法具有计算和输出双重功能,输出后不换行
    Print "10+20="; 10+20
End Sub
```

（2）

```
Print "姓名"; Tab(10); "年龄"; Spc(8); "职务"
Print
Print "李德生"; Tab(10); "35"; Spc(8); "处长"
```

3）Move 方法

格式如下：

[对象名.]Move   [对象名.]Left [, Top [, Width [, Height]]]

功能：用来移动窗体或控件的位置，也可以改变大小。

说明：

（1）对象不包括时钟和菜单控件。

（2）如果对象是窗体，Left 和 Top 值表示以屏幕的左边界和上边界为准；如果对象是控件，以窗体的左边界和上边界为准。

（3）给出 Width 和 Height 值可以改变控件的大小。

例 2.3 Move 方法和 Print 方法的应用。建立如图 2.9 所示的窗体，窗体上有一个图片框（PictureBox）控件和 3 个命令按钮（CommandButton）控件，控件名称及属性设置见表 2.6。

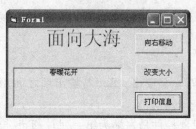

图 2.9　例 2.3 的运行结果

表 2.6　例 2.3 的控件名称及其属性值

控件名称（Name）	属性名及属性值
Picture1	BorderStyle＝1
Command1	Caption＝"向右移动"
Command2	Caption＝"改变大小"
Command3	Caption＝"打印信息"

操作要求如下。

（1）单击"打印信息"按钮，则以 24 号字大小在窗体上第 5 列显示"面向大海"；在图片框上以默认字体大小（宋体 5 号字）显示"春暖花开"，"春暖花开"前空 10 个空格。

（2）单击"向右移动"按钮，则图片框向右移动一个位移大小，位移设定值为 50 缇。

（3）单击"改变大小"按钮，则图片框的高度和宽度都缩小 10 缇。

程序代码如下：

```
Private Sub Form_Load ()
    Form1.FontSize=24
End Sub
Private Sub Command1_Click ()                '"向右移动"事件过程
    Picture1.Move Picture1.Left+50
End Sub
Private Sub Command2_Click ()                '"改变大小"事件过程
    Picture1.Move Picture1.Left, Picture1.Top, Picture1.Width-20,_
Picture1.Height-20
End Sub
Private Sub Command3_Click ()                '"打印信息"事件过程
    Form1.Print Tab(5); "面向大海"
    Picture1.Print Spc(10); "春暖花开"
End Sub
```

思考：

（1）如果希望 Picture1 控件垂直移动，如何编写代码？

（2）如果希望 Picture1 控件向右上方移动，如何编写代码？

例 2.4 窗体三要素综合练习。窗体上有一个命令按钮，运行效果如图 2.10 所示。操作要求如下。

（1）装入窗体时，窗体标题栏显示"装入窗体"，如图 2.10(a)所示。

（2）单击窗体时，窗体上显示一幅图片，并在窗体上显示"鼠标单击并装入图片"。窗体上显示的文字为黑体，20 号字，如图 2.10(b)所示。

（3）双击窗体时，卸载窗体上的图片并在窗体上显示"鼠标双击并卸载图片"，如图 2.10(c)所示。

（4）单击"清除文字"命令按钮时，清除窗体上的文字。

(a) Load 事件运行效果

(b) Click 事件运行效果

(c) DblClick 事件运行效果

图 2.10　例 2.4 的运行结果

程序代码如下：

```
Private Sub Form_Load ()
  Form1.FontName="黑体"
  Form1.FontSize=20
  Form1.Caption="装入窗体"
End Sub
Private Sub Command1_Click ()                    '"清除文字"事件过程
  Form1.Cls
End Sub
Private Sub Form_Click ()
  Form1.Picture=LoadPicture (App.Path+"\good.gif")
  Form1.Print "鼠标单击并装入图片"              '这两个语句语序不能颠倒
End Sub
Private Sub Form_DblClick ()
  Form1.Picture=LoadPicture ("")
  Form1.Print "鼠标双击并卸载图片"              '这两个语句语序不能颠倒
End Sub
```

2.2.3　标签

标签（Label）主要用来显示文本信息，而不能输入信息。它所显示的内容只能用 Caption 属性来设置或修改。标签拥有通用属性，如 Alignment、Caption、Name、AutoSize 和 Visible 等，也有自己特有的属性。下面介绍标签的主要属性和事件。

1. 主要属性

1）BorderStyle 属性

该属性决定标签的边框样式。属性值有以下两个。

0：控件四周没有边框(None)。

1：控件四周有单线边框(Fixed Single)。

2) BackStyle 属性

该属性决定标签控件的背景样式。

0：标签透明显示(Transparent)，若标签后面还有其他控件，均可透明显示出来。

1：标签不透明显示(Opaque)，若标签后面还有其他控件，均被遮挡。

3) Caption 属性和 Alignment 属性

Caption 属性用于在标签上显示文本，Alignment 属性用于设置文本的对齐方式。

4) WordWrap 属性

该属性用来设定标签是否折行显示文本。当标签的 AutoSize 为 True 时，WordWrap 属性才有效。属性值有以下两个。

True：表示按照文本和字体大小在垂直方向上改变显示区域的大小，在水平方向上不发生变化。

False：表示在水平方向上按正文长度放大和缩小显示区域，在垂直方向上以字体大小来放大或缩小显示区域。

2. 主要事件

标签经常响应的事件有 Click(单击)、DblClick(双击)和 Change(改变)等。但实际上标签在窗体上只用于显示信息，因此，一般不需要对标签进行事件过程的编写。

例 2.5 标签属性综合练习。窗体上有两个标签和两个命令按钮。两个标签要求如下。

(1) Label1 带有边框，上面显示"前景色且居中"，居中对齐，文字颜色为红色。

(2) Label2 无边框，上面显示"背景色且右对齐"，右对齐，背景颜色为黄色。

操作要求如下：

当单击"隐藏第一个标签"按钮时，将 Label1 隐藏起来；当单击"显示第一个标签"按钮时，将 Label1 显示出来。

启动程序后的窗体效果如图 2.11 所示。

控件名称及其属性设置见表 2.7。

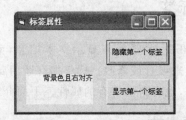

图 2.11 例 2.5 的窗体效果

表 2.7　例 2.5 控件名称及其属性值

控件名称	属性名及属性值
Label1	BorderStyle＝1,Caption＝"前景色且居中",Alignment＝2,ForeColor＝vbRed
Label2	BorderStyle＝0,Caption＝"背景色且右对齐",Alignment＝1,ForeColor＝vbYellow
Form	Caption＝"标签属性"
Command1	Caption＝"隐藏第一个标签"
Command2	Caption＝"显示第一个标签"

程序代码如下:

```
Private Sub Command1_Click ()
    Label1.Visible=False
End Sub
Private Sub Command2_Click ()
  Label1.Visible=True
End Sub
Rem 在 Load 事件中对控件进行初始化设置
Private Sub Form_Load ()
    Form1.Caption="标签属性"
    Label1.Caption="前景色且居中"
    Label1.Alignment=2
    Label1.ForeColor=vbRed
    Label1.BorderStyle=1
    Label2.Caption="背景色且右对齐"
    Label2.Alignment=1
    Label2.BackColor=vbYellow
    Label2.BorderStyle=0
End Sub
```

例 2.6　利用标签的 BackStyle 属性制作具有阴影效果的文字。窗体上的控件属性见表 2.8。窗体效果如图 2.12 所示。

表 2.8　例 2.6 控件名称及其属性值

控件名称	属性名及属性值
Form1	Caption＝"阴影文字"
Label1	Caption＝"律动生命",FontName＝黑体,FontSize＝38,ForeColor＝vbGray,BackStyle＝1
Label2	Caption＝"律动生命",FontName＝黑体,FontSize＝38,ForeColor＝vbRed,BackStyle＝0

图 2.12　例 2.6 的阴影文字效果

提示:制作阴影效果文字时,创建的第一个标签一定为阴影标签,创建的第二个标签一定为前景标签,顺序不可颠倒,否则没有效果。

第 2 章　简单的 Visual Basic 程序设计 ————— **41**

2.2.4 文本框

文本框是一个文本编辑区域,不论在设计阶段还是在运行阶段,用户都可以在这个区域输入、编辑和显示文本,类似于一个简单的文本编辑器。

1. 主要属性

1) Text 属性

该属性用来设置文本框中显示的内容。

2) MaxLenght 属性

该属性用来设置文本框允许的最多字符个数。如果该属性值为 0,则文本框中输入的字符长度不能超过 32KB(多行文本)。

3) MultiLine 属性

该属性用来设置文本框是否可以多行显示。该属性为只读属性。属性值有以下两个。

True:多行显示。

False:单行显示,默认值为 False。

4) PasswordChar 属性

该属性用来设置密码显示的字符,一般以 * 显示。

5) ScrollBars 属性

该属性用来设置文本框是否含有滚动条。该属性为只读属性。属性值有以下 4 个。

0:没有滚动条(None)。

1:只有水平滚动条(Horizontal)。

2:只有垂直滚动条(Vertical)。

3:同时具有水平和垂直滚动条(Both)。

提示:当 MultiLine 为 True 时,才能用 ScrollBars 属性设置滚动条。

6) Locked 属性

该属性用来设置文本框中的内容是否可被编辑。属性值有以下两个:

True:可以编辑。

False:不可以编辑。

7) SelStart 属性

该属性用来定义选定文本的起始位置。0 表示选择的开始位置在第一个字符之前;1 表示从第二个字符之前开始选择,以此类推。

8) SelText 属性

该属性用来定义选定文本的内容。如果没有选择文本,则 SelText 值为空字符串。

9) SelLength 属性

该属性用来定义选定的字符个数。如果 SelLength 值为 0,表示未选中任何字符。

提示:SelStar 属性、SelText 属性和 SelLength 属性只能在代码窗口中设置。

例 2.7 SelStar 属性、SelText 属性和 SelLength 属性的练习。参照表 2.9 给出的控件及其属性创建窗体。程序运行后在文本框 Text1 中输入内容,并在 Text1 中选择文本,单击"查看属性值"按钮后,在另外 3 个文本框中显示相应的属性值。运行结果如图 2.13 所示。

表 2.9 例 2.7 控件名称及其属性值

控件名称	属性及属性值
Text1	Text = "", MultiLine = True, ScrollBars=2
Text2	Text= ""
Text3	Text= ""
Text4	Text= ""
Command1	Caption="查看属性值"

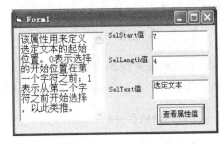

图 2.13 例 2.7 的运行效果

程序代码如下:

```
Private Sub Command1_Click ()
    Text2.Text=Text1.SelStart
    Text3.Text=Te xt1.SelLength
    Text4.Text=Text1.SelText
End Sub
```

2. 主要事件

文本框支持 Click(单击)、DblClick(双击)、Change(改变)、GotFocus(得到焦点)、LostFocus(失去焦点)和 KeyPress(按键)等事件。

1) Change 事件

当用户向文本框里输入新内容时,或者当程序把 Text 属性设置为新值从而改变文本框的 Text 属性时,将触发 Change 事件。程序运行后,在文本框中输入一个字符,就会触发一次 Change 事件。

2) KeyPress 事件

当用户按下并释放键盘上一个具有 ASCII 码值的键时,就会引发焦点所在文本框的 KeyPress 事件,此事件会返回一个 KeyAscii 参数,通过判断该参数的数值,就可以知道用户按了哪个键。

同 Change 事件一样,每按一个键就会触发一次 KeyPress 事件。KeyPress 事件最常用的是判断是否按了回车键(回车键的 KeyAscii 码值为 13),它通常表示输入的结束。

3) GotFocus 事件

当文本框得到焦点时(即处于活动状态,光标在文本框中),键盘上输入的每个字符都将在该文本框中显示出来。

4) LostFocus 事件

LostFocus 事件与 GotFocus 事件相反,此事件是在文本框失去焦点时触发。当按下键盘上的 Tab 键使光标离开当前文本框,或者单击另外一个对象时,都可以引发失去焦点。

LostFocus 事件过程主要用来对数据更新进行验证和确认。比如检查文本框中输入的是否是数字,检查文本框中数字的长度等。

3. 主要方法

文本框最常用的方法是 SetFocus 方法,该方法的功能是把光标移动到指定的文本框中。当窗体上有多个文本框时,可以用该方法将光标移动到所需的文本框中。格式如下:

[对象.]SetFocus

例 2.8 创建一个简易登录窗体,如图 2.14 所示。要求输入的学号最多为 12 位纯数字,密码为 123456,输入的姓名为任意。操作要求如下。

(1) 如果输入的学号含有非数字字符,则自动清除错误的学号,并将光标定位在学号文本框中,等待用户重新输入。

图 2.14 例 2.8 的运行结果

(2) 当输入的密码错误时,则自动清除错误的密码,等待用户重新输入;如果密码正确,显示"输入正确,欢迎登录"的提示信息。

(3) 以按 Tab 键或按回车键表示在文本框中输入完毕。

程序代码如下:

```
Private Sub Form_Load ()                             '控件属性初始化设置
    Form1.Caption="登录窗体"
    Text1.Text="" : Text2.Text="" : Text3.Text=""
    Text2.MaxLength=12 : Text3.MaxLength=6
    Text3.PasswordChar="*"
End Sub
Private Sub Text2_KeyPress (KeyAscii As Integer)     '按具有 ASCII 值的键触发该事件
    If KeyAscii=13 Then                              '判断是否按了回车键
        If Not IsNumeric(Text2.Text) Then            '判断是否为纯数字
            Text2.Text=""
            Text2.SetFocus
        End If
    End If
End Sub
Private Sub Text2_LostFocus ()                       '按 Tab 键触发该事件
    If Not IsNumeric (Text2.Text) Then
        Text2.Text=""
```

```
        Text2.SetFocus
      End If
End Sub
Private Sub Text3_ LostFocus ()
    If Text3.Text= "123456" Then
      MsgBox "输入正确,欢迎登录"                    '给出提示信息
    End If
    If Text3.Text<>"123456" Then
      Text3.Text=""
      Text3.SetFocus
    End If
End Sub
```

2.2.5 命令按钮

1. 主要属性

1) Cancel 属性

当一个命令按钮的 Cancel 属性值为 True,则不论焦点在窗体的哪个控件上,只要用户按 Esc 键,就会与单击该命令按钮的作用相同,即产生这个按钮的单击事件。默认值为 False。

在一个窗体中,只允许有一个命令按钮的 Cancel 属性设置为 True,其他命令按钮的 Cancel 属性将自动设为 False。

2) Default 属性

当一个命令按钮的 Default 属性值为 True,则不论焦点在窗体的哪个控件上,只要用户按 Enter 键,就会与单击该命令按钮的作用相同。默认值为 False。

在一个窗体中,只允许有一个命令按钮的 Default 属性设置为 True,其他命令按钮的 Default 属性将自动设为 False。

3) Style 属性

该属性用来设置命令按钮的显示类型和操作。该属性为只读属性。属性值有以下两个。

0:标准按钮(Standard),默认值。

1:图形格式(Graphical),也能显示文字。

4) Picture 属性

该属性用来设置按钮上显示的图标图形。该属性必须和 Style 属性一起使用才能显示图标图形,否则 Picture 属性无效。

可以在属性窗口中加载图片,也可以用 LoadPicture()函数加载图片。

5) ToolTipText 属性

该属性用来设置当按钮上显示图标图形时,运行程序时按钮上的文本提示内容。

2. 主要事件

命令按钮常用的事件是 Click。

例 2.9　创建如图 2.15 所示的窗体。控件名称及其属性值见表 2.10。操作要求如下：

(1) 当单击 Command1 时，将 Text1 中选择的文本复制到 Text2 中(包括字体的大小一起复制)。

(2) 当单击 Command2 时，将 Text2 中选择的文本删除。

(3) 当单击 Command3 时，将 Text1 中的文本字体设置为 18 号。

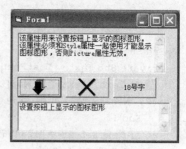

图 2.15　例 2.9 的运行结果

表 2.10　例 2.9 控件名称及其属性值

控件名称	属性及属性值
Text1	Text="" 　MultiLine＝True 　ScrollBars＝2
Text2	Text="" 　MultiLine＝True 　ScrollBars＝2
Command1	Caption="" 　Style＝1 　Picture＝*.ico 　ToolTipText＝"复制"
Command2	Caption="" 　Style＝1 　Picture＝*.ico 　ToolTipText＝"删除"
Command3	Caption="18 号字"

提示:

(1) 文本框的 MultiLine 属性和 ScrollBars 属性是只读属性，命令按钮的 Style 属性也是只读属性，这 3 个属性只能在属性窗口中设置。

(2) 可以在本机上搜索 ico 图标文件加载。

程序代码如下:

```
Private Sub Command1_Click ()
    Text2.Text=Text1.SelText
    Text2.FontSize=Text1.FontSize
End Sub
Private Sub Command2_Click ()
    Text2.SelText=""
End Sub
Private Sub Command3_Click ()
    Text1.FontSize=18
End Sub
```

2.3　Visual Basic 编码规则

前面介绍了几个常用控件的属性、事件和方法，并通过实例展现了控件的主要特性的简单应用。在开发 Visual Basic 应用程序集成环境中，用户通过 Visual Basic 提供的菜单

命令"工具|选项"来设置符合自己要求的程序开发环境,其中的自动语法检查、要求变量声明、自动列出成员、自动显示快速信息等环境的设置使得 Visual Basic 在编写代码时具有智能化的功能,给编程人员提供快速准确的编程信息。Visual Basic 应用程序中不可缺少的是代码,编写代码有一定的规则,掌握这些规则,能够快速、准确地编写代码,使代码具有良好的可读性。

（1）所有标点符号一律使用英文标点。

（2）Visual Basic 代码大小写不敏感,对关键字自动进行转换。

① 对于单关键字,Visual Basic 自动将首字母转换为大写,其余字母被转化为小写。

② 对于由多个英文单词组成的关键字,Visual Basic 自动将每个单词的首字母转换为大写。

③ 对于用户自定义的变量、过程名和函数名,Visual Basic 以第一次定义的写法为准,以后输入的自定义名称自动向首次定义的写法转换。

（3）语句书写自由。

① 原则上一行书写一个语句。

② 如果在同一行上书写多条语句,语句间用英文冒号分隔。

③ 如果一行代码太长,需要分多行显示,则应在行末加上续行符（空格＋"_"（下划线））。

④ 一行代码最多 255 个字符。

（4）代码中加行注释和块注释。

① 行注释就是在行末对代码行进行文字注释说明,以撇号"'"引导注释内容。

② 块注释就是在程序的开头或者过程的开头对多行代码进行文字注释说明,以 Rem 引导。

③ 可以使用菜单命令"视图|工具栏"中"编辑"工具栏的"设置注释块"和"解除注释块"按钮,使选中的若干行语句加上注释或取消注释。

注释语句是非执行语句,仅对程序的有关内容起注释作用,不被编译和解释。

（5）可加行号和标号。

与有些程序设计语言一样,Visual Basic 源程序也可以带有行号和标号,但是行号和标号不是必需的。行号以整数表示,标号是以字母开始而以冒号结束的字符串,一般用在转向语句中。

例如,下面一段代码的书写形式基本包含了前面的规则：

```
Rem 这是一个计算三角形面积的程序
Private Sub Form_Click ()
    Dim Area As Single, a As Integer, b As Integer, _          '续行符
    c As Integer, M As Single
    a=3: b=4: c=5                                              '一行书写多个语句
    M=(a+b+c) / 2
    Area=Sqr(M * (M-a) * (M-b) * (M-c))                       '计算面积
DY:                                                           'DY 为标号
    Print "面积="; Area
End Sub
```

2.4　Visual Basic 程序调试

在应用程序中发现并排除错误的过程称为调试。随着程序复杂性的提高，程序中的错误也伴随而来。错误(Bug)和程序调试(Debug)是每个编程人员都必定遇到的，掌握查错和纠正错误的方法也是每个编程人员必须掌握的基本技能之一。

Visual Basic 集成开发环境提供了丰富的调试手段，可以方便地跟踪程序的运行，解决程序错误，并进行适当的错误处理。它提供了几种调试工具来帮助分析应用程序的执行过程，这些调试工具对于发现错误来源很有帮助，也可以使用这些工具来检验应用程序的改变，或者了解应用程序的工作过程。本节介绍简单的调试功能。

2.4.1　错误类型

错误可以分为编辑错误、编译错误、运行错误和逻辑错误。

1. 编辑错误

当用户在代码窗口编辑代码时，Visual Basic 会对程序直接进行语法检查，当发现语法错误时，如语句输入不完整、关键字书写错误、标点符号为中文格式等，会弹出一个对话框，并给出错误类型提示信息，出错的那一行以红色高亮字体显示，提示用户进行修改。

例如，在图 2.16 中，用户输入了 Print＝3＋10，然后按回车键，系统显示出错信息，表示 Print 方法表达式不符合语法规则，提醒用户改正。这时，用户必须单击"确定"按钮关闭出错提示对话框，对出错行进行修改。

图 2.16　编辑错误

2. 编译错误

编译错误是在单击常用工具栏上的"启动"按钮进行程序的编译(Visual Basic 开始运行程序前)时发现的错误。此类错误往往是由于窗体控件不存在、用户未定义变量以及遗漏关键字等原因而产生的，这时 Visual Basic 会停止编译，弹出一个对话框，并给出错误类型提示信息，出错的部分以蓝色高亮字体显示，提示用户进行修改。

例如，在图 2.17 中，当用户单击了"启动"按钮，系统开始编译时，发现窗体上不存在Label2 这个控件，这时系统会弹出一个对话框，提示出错信息，当用户单击"确定"按钮后，进入［Break］(中断)模式，错误部分以蓝色高亮字体显示，这时用户可以对错误进行修改。

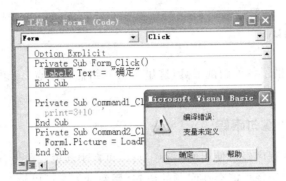

图 2.17　编译错误

3. 运行错误

运行错误是指编译结束后,运行代码时发现的错误。这类错误往往是由指令代码执行了一个非法操作引起的,例如类型不匹配、试图打开一个不存在的文件以及数组下标越界等。当程序中出现这类错误时,程序会自动中断,并根据错误类型给出有关的错误提示信息。

例如,图 2.18 就是编译之后试图加载一个不存在的文件而出现的出错提示对话框。当用户单击"调试"按钮后,进入[Break](中断)模式,出错行以黄色高亮显示,这时用户可以对错误进行修改。

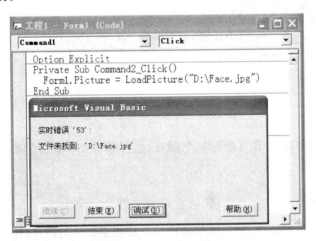

图 2.18　运行错误

4. 逻辑错误

逻辑错误是指程序运行后没有得到预期的结果。通常逻辑错误是语句次序不对、使用公式不正确等引起的。这类错误不会给出错误提示信息,要排除逻辑错误,需要程序员仔细阅读分析程序,并且具有调试程序的经验。

2.4.2 程序调试

Visual Basic 提供了各种调试工具,这里主要介绍插入断点、逐语句跟踪和调试窗口3种调试方法。

1. 插入断点和逐句跟踪

断点是调试应用程序经常使用的一种工具。可在中断模式或设计模式时设置或删除断点。在代码窗口中选择可能存在问题的语句,用两种方法可以设置断点。

(1) 在代码窗口中选择怀疑存在问题的地方作为断点,按 F9 键设置断点。

(2) 单击代码行左边的指示器边距设置断点。

断点设置后,在指示器边距内会出现断点图标●,表示正确插入了断点。程序执行时,每当遇到一个断点,都会中断程序的执行而转入中断模式。当把鼠标指向所关心的变量处,就会在鼠标下方显示该变量的值,如图 2.19 所示。若要继续跟踪断点以后的语句的执行情况,只要按 F8 键或选择菜单命令"调试|逐句调试"即可。

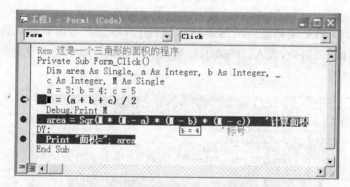

图 2.19　插入断点和逐句跟踪

用鼠标单击断点图标●可删除一个断点;也可单击菜单命令"调试|清除所有断点"清除所有断点。

2. 调试窗口

除了可以通过设置断点、利用逐句跟踪的方法观察变量的值外,还可以通过"立即"窗口、"监视"窗口和"本地"窗口观察有关变量的值。可以选择"视图"菜单里的相应命令打开这些窗口。

1) "立即"窗口

在程序代码中利用 Debug.Print 方法打开"立即"窗口,如图 2.19 所示,在"立即"窗口中显示用户所关心的变量的值。

2) "本地"窗口

"本地"窗口显示当前过程中所有变量的值,当程序的执行从一个过程切换到另一个过程时,"本地"窗口的内容会自动发生改变,它只反映当前过程中可用的变量。

在运行阶段,选择菜单命令"视图|本地窗口"加载显示"本地"窗口。当按 F8 键运行到某断点处时,"本地"窗口将显示当前窗口中所有变量的值,如图 2.20 所示。

3)"监视"窗口

"监视"窗口可以显示当前的监视表达式。在设计阶段,利用菜单命令"调试|添加监视"添加监视表达式以及设置监视类型。在运行时,通过菜单命令"视图|监视窗口"弹出"监视"窗口,按 F8 键(逐句调试)每经过一个断点处,就在"监视"窗口中显示所监视的变量情况。"监视"窗口如图 2.21 所示。

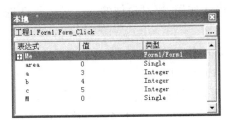

图 2.20 "本地"窗口

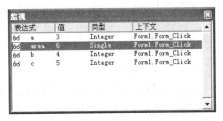

图 2.21 "监视"窗口

习　题　二

一、选择题

1. Visual Basic 是一种面向对象的程序设计语言,_____不是面向对象系统所包含的 3 个要素之一。

    A. 变量　　　　　B. 事件　　　　　C. 方法　　　　　D. 属性

2. 所有 Visual Basic 控件共同拥有的相同属性是_____。

    A. Caption　　　　B. Name　　　　　C. Text　　　　　D. Font

3. Visual Basic 中的控件类可以分为 3 种,分别是_____。

    A. 标准控件、ActiveX 控件和可插入对象

    B. 标准控件、ActiveX 控件和打印机

    C. 标准控件、ActiveX 控件和应用程序

    D. 标准控件、打印机和屏幕

4. 在 Visual Basic 中_____是一个特例,它既是类也是对象。

    A. 命令按钮　　　B. 文本框　　　　C. 标签　　　　　D. 窗体

5. 多窗体程序由多个窗体组成。在默认情况下,Visual Basic 在应用程序执行时总是把_____指定为启动窗体。

    A. 包含控件最多的窗体　　　　B. 设计时的第一个窗体

    C. 含有 Form_Load 过程的窗体　　D. 命名为 Form1 的窗体

6. 有一行程序代码:Text1.FontSize = 24,其中 Text1、FontSize 和 24 分别代表的

是_____。

    A. 对象名、方法、属性名   B. 对象名、属性名、值

    C. 属性名、对象名、值   D. 对象名、值、属性名

7. 不具备 Picture 属性的对象是_____。

    A. 文本框   B. 图片框   C. 命令按钮   D. 窗体

8. 当启动程序时,系统自动执行的是_____事件过程。

    A. Form_Click   B. Form_Load

    C. Command_Click   D. Text1_Change

9. 要使 Print 方法在 Form_Load 事件过程中起作用,要对窗体的_____属性进行设置。

    A. BackColor   B. ForeColor

    C. AutoSize   D. AutoRedraw

10. 若要使标签控件显示时不覆盖其背景内容,要对它的_____属性进行设置。

    A. ForeColor   B. BackColor   C. BackStyle   D. BorderStyle

11. 若要在程序运行时隐藏对象,要对该对象的_____属性进行设置。

    A. Enabled   B. Visible   C. Caption   D. Appearance

12. 要使窗体在运行时不可改变窗体的大小和没有最大化和最小化按钮,只要对_____属性设置就有效。

    A. MaxButton   B. BorderStyle   C. Width   D. MinButton

13. 单击窗体上的关闭按钮,将触发_____事件。

    A. Form_Initialize()   B. Form_Load()

    C. Form_UnLoad()   D. Form_GotFocus()

14. 决定一个窗体有无控制菜单的属性是_____。

    A. MinButton   B. Caption   C. MaxButton   D. ControlBox

15. 要判断在文本框中是否按了 Enter 键,应在文本框的_____事件中进行判断。

    A. KeyDown   B. Click   C. Change   D. KeyPress

16. _____对象具有 Cls 方法。

    A. 只有窗体   B. 窗体和图片框

    C. 窗体、图片框和文本框   D. 窗体、图片框、文本框和标签

17. 关于 Print 方法里的参数,下列说法错误的是_____。

    A. Spc(n)表示输出时,各个输出项之间间隔 n 个空格

    B. Tab(n)表示输出时,输出项定位于第 n 列(对象控件最左端为第一列)

    C. 输出列表最后没有逗号(,)或分号(;)表示输出后换行

    D. 输出列表之间用逗号(,)或分号(;)输出效果是一样的

18. 有一行程序代码:Label1.Move Label1.Left,label1.Top+20,该代码表示标签移动的方向是_____。

    A. 水平向左   B. 水平向右   C. 垂直向下   D. 垂直向上

19. 文本框不具有_____属性。

A. Text   B. Caption   C. BackStyle   D. Font

20. 用 LoadPicture 函数给命令按钮设置了 Picture 属性,运行时图片却不可见,原因是_____。

     A. 图片文件格式不对   B. 加载图片的方法不对

     C. 图片文件不存在   D. 设置 Style 属性值为 1

21. 假设 Picture1 和 Text1 分别是图片框和文本框的名称,_____是不正确的语句。

     A. Text1. Print 12   B. Print 12

     C. Picture1. Print   D. Debug. Print

22. A＝27 ; B＝13

     Print A;B

上面的语句的执行结果是_____。

     A. 2713   B. 27 13   C. 27   13   D. 27(换行)13

二、简答题

1. 对象具有哪 3 个要素?

2. 什么是对象和类? 请举例说明。

3. 什么是事件驱动程序设计方式? 这类程序的执行步骤是什么?

4. 标签和文本框的共同点和不同点是什么?

5. 文本框的 Change 事件与 KeyPress 事件的区别是什么?

6. 简述窗体的 Load 事件和 UnLoad 事件的区别。

7. 当窗体上有 3 个文本框和一个命令按钮,若程序运行时,要求焦点定位在第三个文本框(Text3)处,应将哪个控件的什么属性做怎样的设置?

8. 当文本框输入了数据,经过判断后认为数据中输入了非法字符,怎样删除原来的数据? 怎样使焦点回到该文本框中?

9. 简述窗体名与窗体文件名的区别。

第 3 章 Visual Basic 语言基础

在第 2 章介绍了 Visual Basic 的几个常用控件的属性、事件和方法等内容,使读者对 Visual Basic 可视化程序的设计有了初步的了解,能够利用控件创建简单的窗体并编写代码实现其功能。为了能写出高质量的代码,需要掌握 Visual Basic 的数据类型、基本语句、函数和过程等内容。本章主要介绍 Visual Basic 的数据类型、变量、表达式和函数等基础知识。

3.1 数 据 类 型

数据是信息的物理表示形式,是程序处理的对象。在各种程序设计语言中,数据类型的规定和处理方法各不相同。Visual Basic 提供了丰富的标准数据类型,同时考虑到实际开发的需要,程序员还可以自定义数据类型。

3.1.1 基本数据类型

标准数据类型也叫基本数据类型。表 3.1 列出了 Visual Basic 提供的几种基本数据类型。

表 3.1 Visual Basic 的基本数据类型

数据类型	类型符	前缀	占字节数	取值范围
Byte(字节型)	无	byt	1	0～255
Boolean(逻辑型)	无	bln	2	False 和 True
Integer(整型)	%	int	2	−32 768～32 767
Long(长整型)	&	lng	4	−2 147 483 648～2 147 483 647
Single(单精度型)	!	sng	4	负数:−3.402 823E38～−1.401 298E−45 正数:1.401 298E−45～3.402 823E38
Object(对象型)	无	obj	4	任何对象的引用

数据类型	类型符	前缀	占字节数	取值范围
Double(双精度型)	♯	dbl	8	负数：−1.797 693 134 862 32D308～ −4.940 656 458 412 47D−324 正数：4.940 656 458 412 47D−324～ 1.797 693 134 862 32D308
Currency(货币型)	@	cur	8	−922 337 203 685 477.5800～ 922 337 203 685 477.5807
Date(Time)(日期型)	无	dtm	8	公元100年1月1日到9999年12月31日
String(字符型)	$	str	与字符串的长度有关	
Variant(变体型)	无	vnt	不确定	

说明：

1. Boolean(逻辑型)

逻辑型数据是一个逻辑值，用两个字节存储，只有 True 和 False 两个值。True 为 −1，False 为 0。

2. 数值型

Visual Basic 的数值型数据分为整型数和浮点数。其中整型数又分为整数和长整数，浮点数又分为单精度浮点数和双精度浮点数。例如：

435、−435、+435、435%，均表示整型数。

435&、−435452&，均表示长整型数。

435.678、435.678!、4.35678E+2，都表示单精度数。

435.678♯、0.435678D+3、4.35678E+2♯、0.435678e+3♯，都表示双精度数。

3. Currency(货币型)

货币型有定点实数和定点整数，最多保留小数点右边 4 位和小数点左边 15 位。货币型数据的表示形式是在数字的后面加@符号，如 435.678@、435@。

4. Date(Time)(日期型)

日期有两种表示形式：一种是以任何字面上可被辨认的文本日期和时间的字符来表示，这些用以表示日期和时间的字符两端一定要用符号♯括起来；另一种是以数字序列表示。

例如，♯2011 年 5 月 16 日♯、♯2011-5-16♯、♯2011/5/16♯、♯05/16/2011♯、♯May 16,2011♯、♯21:44:20♯、♯05/16/2011 21:44:20 PM♯等，这些都是合法的日期表示。

5. String（字符型）

字符串可以包括所有西文字符和汉字，字符两端用双引号""""括起来。

例如，"435.678"、"中国,上海"、"A＋B＝"、"Beautiful"等，都是合法的字符串。

说明："" 表示空字符串，"　" 表示一个空格字符串。

如果字符串里含有双引号，则在双引号前应该再加一个双引号。例如要表示

我的姓名是："Rose"，

正确的表示形式是：

"我的姓名是:""Rose"""

6. Variant（变体型）

如果不指定变量类型，Visual Basic 自动默认为是变体型。变体型数据是 Visual Basic 的一种特殊的数据类型，变体型的意思是它没有数据类型，或者可以是任何类型，包括上面讲的数值型、日期型、对象型、逻辑型和字符型等，它的最终数据类型完全决定于程序上下文的需要。如果声明了 Variant 变量而未赋值，则其值为空。

3.1.2　用户定义数据类型

用户可以利用 Type 语句定义自己的数据类型。自定义数据类型也叫记录类型。自定义数据类型的格式如下：

```
Type 自定义数据类型名
    元素名 1 As 类型名
    元素名 2 As 类型名
    ⋮
End Type
```

说明：

(1) 元素名是自定义数据类型中的一个成员，其命名规则与变量名的命名规则相同，详见 3.2.2 节。

(2) 类型名可以是前面介绍的任何数据类型，也可以是自定义的类型。

(3) 自定义数据类型中的元素可以是字符串，但必须是定长的字符串。定长字符串的格式是

```
String * 常数
```

这里的"常数"是指字符串的个数，它指定定长字符串的长度。例如：

```
strSchool AS String * 20
```

上面的语句表示 strSchool 是字符串类型的数据，数据可以是 0～20 个字符。如果不足

20个字符,系统自动右补空;如果超出规定的长度20,系统自动删除多余的字符。

(4) 自定义数据类型的定义必须放在模块(包括标准模块和窗体模块)的声明部分,在使用自定义类型之前,一定要先定义后使用。一般情况下,自定义数据类型在标准模块中定义,其变量可以出现在工程的任何地方。当在标准模块中定义时,关键字 Type 前可以有 Public(默认)或 Private;而如果在窗体模块中定义,则应该在代码窗口的"通用"段内定义,必须在 Type 前面加上关键字 Private。

(5) 在自定义数据类型中不能使用动态数组(动态数组在第 5 章介绍)。

(6) 在随机文件中,自定义数据类型有着重要的作用(随机文件在第 10 章介绍)。

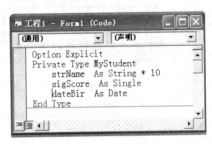

图 3.1 自定义数据类型的定义

例如,在窗体模块中定义名称为 MyStudent 的自定义数据类型,如图 3.1 所示。自定义数据类型的名称是 MyStudent,由 3 个元素构成,分别是 strName、sigScore 和 dateBir,其中 strName 是定长字符串,可以由 0~10 个字符组成;sigScore 是单精度数据;dateBir 是日期型数据。

3.2 常量与变量

在程序执行期间不发生变化的数据称为常量。变量以名字标识,代表内存中指定的存储单元,在程序运行期间其值是可变的。

3.2.1 常量

Visual Basic 中的常量分为 3 种,分别是直接常量、符号常量和系统常量。

1. 直接常量

直接常量包括字符串常量和数值常量。

1) 字符串常量

字符串常量是由字符组成,以双引号""界定的一串长度不超过 65 535 个字符的字符串。

例如,"ABCD"、"长江、黄河"、"123.4545"等都是字符串常量。

2) 数值常量

数值常量包括整型数(Integer)、长整型数(Long)、浮点数和货币型(Currency)。其中浮点数包括单精度(Single)和双精度(Double)。各种数值常量的表示格式见表 3.2。

表 3.2　数值常量的表示方式

常量名称	表示方式	举　例
整型数	十进制数的后面可以加上类型符％,也可以省略类型符	＋123、－123％
	八进制数的前面要加上 &O	&O345、&O7511
	十六进制数的前面要加上 &H	&H123％、&HA3C6
长整型数	十进制数的后面要加上类型符 &	＋78352&、－673434&
	八进制数的前面要加上 &O,以 & 结尾	&O7823452&、&O7511&
	十六进制数的前面要加上 &H,以 & 结尾	&H6B4&、&HA3C6&
浮点型数	单精度数的后面可以加上类型符"!",也可以省略类型符	34.5678、1234.567!、1.23456E＋3
	双精度数的后面加上类型符 #	1234.567#、1.23456D＋3、1.23456E＋3#
货币型	货币型常量的后面加上类型符@	34.5678@、1234.567@

2. 符号常量

在程序设计中,经常遇到一些多次出现或难以记忆的常数值,可以用常量定义的方法,用标识符命名代替应用程序中经常出现的常数值,这样可以提高代码的可读性和可维护性,这个被定义的常量名称为符号常量。符号常量定义的一般格式如下:

Const　常量名　[As　类型]=表达式 [,常量名　[As　类型]=表达式]…

说明:

(1) 常量名:是一个名称,在程序代码中以该名称代替后面表达式的值。

(2) As　类型:说明常量的数据类型,如果省略,数据类型由表达式的类型来决定。用户可以在常量名后面加上类型符。

(3) 表达式:可以是字符串、数值常数或者由运算符组成的表达式。

例如:

```
Const PI=3.14159          '声明了常量 PI,代表 3.14159,单精度
Const MChar As String=" Help "  '声明了常量 MChar,代表" Help ",字符型
Const Sum#=123.56         '声明了常量 Sum,代表 123.56,双精度
```

3. 系统常量

系统定义的常量位于对象库中,在"对象浏览器"中的 Visual Basic(VB)、Visual Basic for Application(VBA)等对象库中都列举了 Visual Basic 的常量。其他提供对象库的应用程序,如 Microsoft Excel 和 Microsoft Project,也列举了常量列表,这些常量可与应用程序的对象、属性和方法一起使用。在每个 ActiveX 控件的对象库中也定义了常量。

为了避免不同对象中同名常量的混淆,在引用时可使用两个小写字母前缀,限定在哪个对象库中。例如,前缀 vb 表示 VB 和 VBA 中的常量,前缀 xl 表示 Excel 中的常量,前缀 db 表示 Data Access Object 库中的常量。Visual Basic 常用系统常量见附录 B。表 3.3 给出了 Visual Basic 中的几个系统常量。

表 3.3 Visual Basic 系统常量举例

系统常量	数　值	描　述
vbRed	&HFF&	红色
vbGreen	&HFF00&	绿色
vbNormal	0	窗口正常
vbMinimized	1	窗口最小化
vbMaximized	2	窗口最大化
vbCross	2	十字形鼠标
vbIbeam	3	工字形鼠标

例如:

```
Label1.ForeColor=vbRed              '等同于 Label1.ForeColor=&H000000FF&
Form1.WindowState=vbMaximized       '等同于 Form1.WindowState=1
```

一般情况下,属性窗口右侧提供的属性值通常由两部分组成:数值常量和系统常量。在程序代码中可以直接用数值表示属性值的大小,也可以用“vb＋系统常量”的形式表示属性值的大小。

3.2.2 变量

1. 变量的命名规则

在 Visual Basic 程序代码中,要使用一个符号常量、系统常量或者变量,是通过它们的名字引用的。名字的命名规则如下:

(1) 不能使用 Visual Basic 的关键字。例如,IF、Print、Move、Caption、Const 和 Integer 等都是 Visual Basic 的关键字。Visual Basic 的常用关键字见附录 A。

(2) 必须以字母或汉字开头,由字母、汉字、数字或下划线组成,长度不超过 255 个字符。

(3) Visual Basic 中字母大小写不敏感,例如,Score、SCORE、scoRe 等都认为指的是同一个变量名。通常情况下,变量名的首字母大写,其余字母小写。

(4) 为了增加程序的可读性,命名一般遵守匈牙利命名法的规定,在变量名前加一个缩写的前缀来表示该变量的数据类型。缩写前缀的规定如表 3.1 所示。

2. 变量的声明

任何变量都属于一定的数据类型,包括基本数据类型和用户自定义数据类型,在使用变量前先声明变量的名称和类型,从而决定系统为它分配的存储单元(包括存储单元的地址和大小)。在 Visual Basic 中,变量的声明有显式声明和隐式声明两种。

1)显示声明

显式声明就是对变量先声明后使用,一般有下面几种格式:

```
Dim 变量名 [As 类型]
Public 变量名 [As 类型]
Private 变量名 [As 类型]
Static 变量名 [As 类型]
```

上面的格式中修饰词 Public、Private 和 Static 在第 6 章详细介绍。下面以 Dim 声明变量的方式为例来阐述变量的定义方法:

```
Dim 变量名 [As 类型]
```

说明:

(1) Dim:是 Visual Basic 的关键字,用来显式声明局部变量。

(2) 变量名:命名遵循前面所述的命名规则。

(3) 类型:指表 3.1 所列出的所有关键字。可以在变量名的后面加上类型符,但是变量名和类型符之间不能有空格。声明的数值型变量,系统默认初始值为 0;声明的字符型变量,系统默认初始值为空串;声明的逻辑型变量,系统默认的初始值为 False。

例如:

```
Dim strName As String
Dim sngScore!
```

(4) 若[As 类型]省略,系统默认为变体型(Variant)。例如:

```
Dim ST , XY, sngScore!
```

ST 和 XY 都是变体型,它们的最终数据类型由程序的上下文决定。

(5) 字符串数据类型可以是定长字符串,也可以是变长字符串。例如:

```
Dim strName As String
Dim strAddress As String * 10
```

对于变长字符串 strName,最多可以存放 2MB 个字符。对于定长字符串 strAddress,最多可以存放 10 个字符,如果不足 10 个字符,系统自动右补空;如果多于 10 个字符,系统自动截去多余的部分。

2)隐式声明

在 Visual Basic 中,隐式声明是指对使用的变量未进行任何说明而直接使用,所有的隐式声明的变量都是变体型的,变体型变量的类型将随着存放数据类型的变化而变化,Visual Basic 将自动完成各种类型的转换。

例如:

```
Dim SomeValue As Variant,intScore
```

上面变量声明语句中 SomeValue 和 intScore 都是变体型,它们可以存放任何基本类型的数据,包括数值、字符、日期时间和逻辑型等。

3）自定义数据类型的声明

自定义数据类型的定义可以使用下面的格式:

Dim 变量名 As 自定义类型名

例如,有如下的自定义数据类型:

```
Private Type MyStudent
    strName As String * 10
    sigScore As Single
    dateBir As Date
End Type
```

则可以用下面的语句定义 MyStudent 类型的变量:

```
Dim Std As MyStudent
```

对于自定义数据类型 MyStudent 中 3 个元素的引用,则使用下面的格式:

```
Std.strName="长江"
Std.sigScore=89
Std.dateBir=#1989/10/31#
```

如果要表示 Std 变量中的每个元素,这样书写显得太烦琐,可以利用 With 语句进行简化。语句如下:

```
Dim Std As MyStudent
With Std
    .strName="长江"
    .sigScore=89
    .dateBir=#10/31/1989#
End With
```

通过上面的程序段可以看出:

在 With 和 End With 之间可以省略自定义类型变量名,仅用点"."和元素名表示,这样可以省略同一变量名的重复书写。

3.3　运算符与表达式

运算符是表示实现某种运算的符号。Visual Basic 具有丰富的运算符,包括算术运算符、字符串运算符、关系运算符和逻辑运算符 4 类。通过运算符和操作数组合成表达式,实现程序中的大量操作,而且不同类型的数据具有不同的运算符,可以参与不同的运算,这 4 种运算符分别构成数值表达式、字符串表达式、关系表达式和逻辑表达式。

3.3.1 运算符

1. 算术运算符

算术运算符用来对数值型数据进行简单运算。Visual Basic 提供了 8 种算术运算符，表 3.4 按照优先级列出了这些运算符及其功能。

表 3.4　Visual Basic 的算术运算符

运算符	含义	优先级	实例	结果
^	幂运算	1	4^3	64
—	负号	2	−10	−10
*	乘法	3	10 * 2	20
/	浮点除法	3	10/3	3.333333333
\	整数除法	4	10\3	3
Mod	取模(取余数)	5	10 Mod 3	1
+	加法	6	10+3	13
—	减法	6	10−3	7

在这 8 个运算符中，除负号(—)是单目运算符外，其他均为双目运算符(需要两个运算量)。加(+)、减(—)、乘(*)和除(/)等几个运算符的含义与其在数学中的含义基本相同。下面对其余几个运算符做几点说明。

说明：

(1) /(浮点除法)：执行除法运算，得到的结果为浮点数。

\(整数除法)：执行运算后，得到的结果为整型。如果操作数带有小数，首先被四舍五入，然后进行整除运算。

例如：

```
A=10\ 4            '运算结果是：A=2
B=25.35 \ 4.78     '运算结果是：B=5
```

(2) Mod(取模)：是求余数运算。如果参与运算的操作数含有小数，首先被四舍五入，然后被整除。

例如：

```
25.35 Mod 6.78     '运算结果是 4
```

(3) 算术运算符两边的操作数应是数值型，若是数字字符或逻辑型，则自动转换成数值类型后再运算。例如：

```
50-True            '运算结果是 51。True 转化为数值−1，False 转化为数值 0
```

```
False+10+"20"          '运算结果为 30
```

2. 字符串运算符

字符串运算符有两个,分别是 ＋ 和 & ,它们都能将两个字符串连接起来。在字符串变量后面使用运算符 & 时应该注意,变量名与运算符 & 之间要加一个空格。这是因为 & 符号是长整型数据的类型符,当变量与符号 & 连接在一起时,Visual Basic 先把它作为类型定义符处理;而加上一个空格后,系统就将 & 作为字符串运算符处理。例如:

```
"欢迎使用 VB6.0"+"程序设计教程"          '结果是:"欢迎使用 VB6.0程序设计教程"
"My Name is " & "Rose"                 '结果是:"My Name is Rose "
```

连接符 ＋ 与 & 的区别如下。

(1) & :连接符两边的操作数不管是数值型还是字符型,进行连接前系统自动将数值型转换成字符型,运算结果一律是字符型。

(2) ＋ :只有当连接符两边的操作数是字符型,运算结果才是字符型;其余情况的运算结果都是数值型。

3. 关系运算符

关系运算符又称为比较运算符,用来比较两个操作数的大小。如果关系成立,则返回 True(真);如果关系不成立,则返回 False(假)。关系运算符的优先级相同。由操作数和关系运算符连接起来的式子称为关系表达式。表 3.5 列出了 Visual Basic 提供的关系运算符。

表 3.5 关系运算符

运算符	含 义	例 子	结 果
=	等于	"ABC"="ABC123"	False
>	大于	"ABC">"ABC123"	False
>=	大于或等于	50>=20	True
<	小于	"A"<"a"	True
<=	小于或等于	"BC"<="abc"	True
<>	不等于	"BC"<>"abc"	True

说明:

(1) 字符串数据的比较是按照 ASCII 码顺序对各字符逐一进行比较。首先比较两个字符串中的第一个字符,其 ASCII 码值大的字符串为大;如果第一个字符相同,则比较第二个字符,以此类推,直到出现不同的字符为止。

(2) 数值型数据的比较则按照其大小进行。

(3) 汉字以机内码为序进行比较。先将汉字转化为相应的汉语拼音字符,然后再进行比较。如"男"和"女"比较,首先转化为 nan 和 nv,因为第一个字符相同,因此比较第二个字符,而 a 小于 v,因此"男"<"女"。

(4) 关系运算符两边的操作数一般要求类型相同,如果类型不同,系统会先按形式值进行转换再进行比较。例如:

```
156="156"                    '结果为 True
```

(5) 数学上判断 x 是否在 $[a,b]$ 区间时,习惯上写成 $a \leqslant x \leqslant b$,但是在 Visual Basic 中不能写成:a<=x<=b,而应写成:a<=x AND x<=b。

4. 逻辑运算符

逻辑运算也叫布尔运算。用逻辑运算符连接两个或多个逻辑量组成的表达式称为逻辑表达式。Visual Basic 的逻辑运算符有 6 个,表 3.6 给出了 Visual Basic 中的逻辑运算符及其运算优先级。

表 3.6　Visual Basic 中的逻辑运算符

运算符	含　义	优先级	说　　明
Not	取反	1	当操作数为 True 时,结果为 False;当操作数为 False 时,结果为 True
And	与	2	当两个操作数均为 True 时,结果才为 True
Or	或	3	当两个操作数有一个为 True 时,结果为 True
Xor	异或(求异)	3	当两个操作数不相同时,即一个为 True 一个为 False 时,结果才为 True,否则为 False
Eqv	等价(求同)	4	当两个操作数相同时,结果才为 True
Imp	蕴含	5	当第 1 个操作数为 True,第 2 个操作数为 False 时,结果才为 False;其余情况结果都为 True

3.3.2　表达式

1. 表达式的组成

由常量、变量、运算符、函数和圆括号按一定的规则组成的一个式子叫表达式。表达式经过运算后产生一个结果,运算结果的类型由参与运算的数据和运算符共同决定。

2. 表达式的书写规则

(1) 算术表达式中的乘号不能省略。例如:X * Y,(a+3) * 5。

(2) 表达式不论有几个层次,均使用小括号。例如:4 * (a+b * (12+score))/(5−x)。

(3) 表达式的所有内容写在一行上,无高低上下之分,无上标下标之分。

(4) 表达式中不能使用 α、β、λ、ξ、π 等符号,可以用其他的合法变量名称代替。

3. 不同数据类型的转换

在算术运算中,如果操作数具有不同的数据精度,则 Visual Basic 规定运算结果的数据类型采用精度相对高的数据类型,即低精度数据自动向高精度数据转换。转换原则如下:

$$Integer < Long < Single < Double < Currency$$

当 Long 型数据与 Single 型数据进行运算时,结果为 Double 型数据。

4. 表达式的优先级

前面介绍了算术运算符、字符串运算符、关系运算符和逻辑运算符,其中算术运算符和逻辑运算符都有各自不同的优先级;字符串运算符和关系运算符各自的优先级相同。当一个表达式中出现多种不同类型的运算符时,不同类型的运算符之间的优先级如下:

算术运算符＞字符串运算符＞关系运算符＞逻辑运算符

一般顺序如下:

(1) 首先进行函数运算。

(2) 接着进行算术运算,其次序为

- 幂(^)
- 取负(—)
- 乘、浮点除(* 、/)
- 整数除(\)、取模(Mod)
- 加、减(＋、—)
- 连接(&)

(3) 然后进行关系运算。

(4) 最后进行逻辑运算,顺序为 Not、And、Or、Xor、Eqv、Imp。

例如,x＝2,y＝20,请思考下面表达式的结果是 True,为什么?

```
x=2 Or Not y>0 And (x-y)/5<>0
```

3.4 常用内部函数

Visual Basic 提供了大量的内部函数,大体上可以分 5 大类:数学函数、转换函数、字符串函数、随机函数和日期时间函数。这些函数都带有一个或几个参数,函数对这些参数进行运算,返回一个结果值。函数的一般调用格式如下:

<函数名>([参数 1][,参数 2][,参数 3]…)

说明:

(1) 如果有多个参数,各个参数之间用逗号分隔。

(2) 参数有不同的数据类型,为了统一标识,用 N 表示数值型,C 表示字符串型,D 表示日期型。

3.4.1　数学函数

Visual Basic 中常用的数学函数见表 3.7。

表 3.7　常用的数学函数

函数名	含　　义	实　　例	结　　果
Abs(N)	取绝对值	Abs(−12.6)	12.6
Cos(N)	余弦函数	Cos(0)	1
Sin(N)	正弦函数	Sin(100 * 3.14/180)	0.174
Tan(N)	正切函数	Tan(0)	0
Atn(N)	反正切函数	Atn(10)	1.471 127
Exp(N)	以 e 为底的指数函数,即 e^N	Exp(2)	7.389 05
Log(N)	以 e 为底的自然对数	Log(5)	1.6094
Sgn(N)	符号函数	Sgn(−26)	−1
Sqr(N)	平方根函数	Sqr(9)	3

说明:

(1) 所有函数的参数必须加圆括号。

(2) 三角函数的参数使用弧度,度与弧度的转换公式为:$1° = 3.14/180$ 弧度。

(3) Sgn(N)函数只有 3 个值,当 N>0 时值为 1,等于零时值为 0,小于零时值为 −1。

例如,将数学表达式 $\sin45° + \dfrac{e^3 + (x+y)^2}{\sqrt{x+y+1}}$ 写成 Visual Basic 表达式如下:

```
Sin(45 * 3.14/180)+(Exp(3)+(x+y)^2)/Sqr(x+y+1)
```

为了检验每个函数,可以编写事件过程,如 Command1_Click()或 Form_Click()。最直接的方法是打开"立即"窗口,使用 Visual Basic 提供的命令行解释执行方式,即使用 Print 语句或者"?"来立即显示表达式或函数的值,详见 1.3.7 节中的图 1.12。

3.4.2　转换函数

转换函数用于数据类型或形式的转换,包括整型、浮点型和字符串型之间以及 ASCII 码字符之间的转换。常用的转换函数见表 3.8。

表 3.8　常用转换函数

函数名	含　　义	实　　例	结　　果
Asc(C)	字符串首字母转换成 ASCII 码值	Asc("AB")	65
Chr $ (N)	ASCII 码值转换成字符	Chr $ (65)	"A"
Fix(N)	取整数部分(不四舍五入)	Fix(−34.83)	−34

函数名	含　义	实　例	结　果
Round(N)	四舍五入取整	Round(−34.83)	−35
Hex(N)	十进制数转化为十六进制数	Hex(17)	11
Oct(N)	十进制数转化为八进制数	Oct(20)	24
Int(N)	取小于或等于 N 的最大整数	Int(−34.83) Int(34.83)	−35 34
Lcase $(N)	字母转化为小写字母	Lcase $("ABcdE")	"abcde"
Ucase $(N)	字母转化为大写字母	Ucase $("ABcdE")	"ABCDE"
Str $(N)	数值转化为字符串	Str $(369.45)	" 369.45"
Val(C)	字符串转化为数值	Val("−123.163") Val("−123.1AB6") Val("M123.1AB6")	−123.163 −123.1 0

说明：

（1）Str $(N)函数将非负数值转换成字符型值后，会在转换后的字符串左边增加空格，即数值的符号位。例如，Str(123.45)的结果是" 123.45"，在"1"的前面有一个空格，代表符号位。

（2）Val()函数在将字符串转化为数值时，当字符串中出现数值类型规定的数字字符以外的字符时，就停止转换，函数返回的是停止转换前的结果。例如，表达式 Val("−341.34U87")的结果为−341.34，表达式 Val("−1.2345E+3")的结果是−1234.5。

3.4.3　字符串函数

Visual Basic 6.0 中的字符串编码采用 Unicode 编码来存储和操作，而在 Windows 系统中用 DBCS 编码来存储和操作字符串。Windows 中的 DBCS（Double Byte Character Set)编码是一套单字节与双字节的混合编码，其中每个汉字占两个字节，每个西文字符与 ASCII 码编码一样，使用 1 个字节。Unicode 编码是一种用两个字节表示一个字符的字符集，其采用了国际标准化组织(ISO)标准，也就是说在 Visual Basic 中每个汉字字符占两个字节，每个西文字符也占两个字节。

字符串函数大都以类型符 $ 结尾，表示函数的返回值为字符串。本节介绍的字符串函数都加上类型符 $，在实际应用中可以省略 $。常用的字符串函数见表3.9。

表 3.9　常用字符串函数

函数名	含　义	实　例	结　果
Mid $(C,N1[,N2])	从字符串 C 的 N1 位开始向右截取 N2 个字符，如果 N2 省略，则截取到字符串的末尾	Mid $("ABCDEFG",2,3)	"BCD"
Left $(C,N)	截取字符串 C 左边 N 个字符	Left $("ABCDEFG",3)	"ABC"
Right $(C,N)	截取字符串 C 右边 N 个字符	Right $("ABCDEFG",3)	"EFG"

函数名	含 义	实 例	结 果
String(N,C) String(N,Asc)	返回由 C 串首字符组成的 N 个字符 返回 N 个码值为 Asc 的 ASCII 码 字符	String(3,"ABCDEFG") String(3,90)	"AAA" "ZZZ"
Len(C)	返回字符串 C 的长度	Len("VB 程序设计")	6
LenB(C)	返回字符串 C 的字节数	LenB("VB 程序设计")	12
Ltrim $ (C)	去掉字符串左边的空格	Ltrim $ (" ABCDEFG")	"ABCDEFG"
Rtrim $ (C)	去掉字符串右边的空格	Ltrim $ ("ABCDEFG ")	"ABCDEFG"
Trim $ (C)	去掉字符串左右两边的空格	Ltrim $ (" ABCDEFG ")	"ABCDEFG"
Space $ (N)	产生 N 个空格	Space(4)	" "
StrReverse(C)	将字符串反序	StrReverse("ABCDEFG")	"GFEDCBA"
InStr(C1,C2)	在 C1 中查找 C2 是否存在,若存在, 则返回起始位置;若不存在,则返回 0	InStr("ABCDECDFG","CD") InStr("ABCDECDFG","cd")	3 0
Join(A[,D])	将数组 A 的各个元素按 D(或空 格)分隔符连接成字符串	A = Array("123","ab","cd") Join(A," * ")	"123 * ab * cd"
Replace(C,C1, C2)	在 C 字符串中用 C2 代替 C1	Replace("ACEBGCEBC", "CE","8")	"A8BG8BC"
Split(C,D)	将字符串 C 按分隔符 D 分隔成字 符数组。与 Join 的作用相反	S=Split("123,ab,cd",",")	S(0) = "123" S(1) = "ab" S(2) = "cd"

说明：Space(N)函数和 Spc(N)函数的作用相同,Space(N)函数可以出现在表达式中,而 Spc(N)通常用在 Print 方法中,Spc 函数与输出项之间用分号隔开。

例 3.1 使用 String()函数和 Spc(N)函数,结合 Print 方法在窗体上打印出如图 3.2 所示的图形。

实现代码如下：

```
Private Sub Form_Click ()
   Dim M As Integer       '声明一个名称为 M 的变量
   Print                   '输出一个空行
   For M=1 To 8
       Print Tab (10-M); String (6, "▲"); Spc (5);
   String(M, "▲")
   Next M
End Sub
```

图 3.2 例 3.1 的运行结果

3.4.4 随机函数

Visual Basic 中使用 Rnd 函数可以得到一系列没有确定关系的随机数,该函数可以产生小于 1 但大于或等于 0 即[0,1)区间的双精度随机数,函数格式如下：

```
Rnd[(x)]
```

说明：

（1）默认情况下，在一个应用程序中，Visual Basic 提供相同的种子，即产生相同序列的随机数。为了每次运行程序产生不同序列的随机数，可以使用 Randomize 语句，该语句的格式如下：

```
Randomize [number]
```

（2）使用 Rnd 函数也能够产生[A,B]区间的正整数，公式是

```
Int(Rnd * (B-A+1)+A)
```

例 3.2　设计如图 3.3 所示的窗体，窗体上各个控件的名称及其属性值见表 3.10。操作要求如下。

（1）在 Text1 文本框中输入一串英文字母，如果单击"大写→小写"按钮，则将输入的字符全部转换为小写字母，转换后的结果显示在 Label3 上；如果单击"大写←小写"按钮，则将输入的字母全部转换为大写字母，转换后的结果显示在 Label3 上。

图 3.3　例 3.2 的运行结果

（2）单击"产生 ASCII 码值"按钮，利用 Rnd 函数产生[65,90]区间的正整数，并在 Text2 中显示出来；单击"ASCII→字符"按钮，则将该 ASCII 值对应的字符显示在 Label4 上。

表 3.10　例 3.1 控件名称及其属性值

控件名称（Name）	属性及其属性值	控件名称（Name）	属性及其属性值
Label1	Caption="请输入英文字符"	Text2	Text=""
Label2	Caption="转换结果"	Command1	Caption="大写→小写"
Label3	Caption=" " BorderStyle=1	Command2	Caption="大写←小写"
Label4	Caption=" " BorderStyle=1	Command3	Caption="产生 ASCII 码值"
Text1	Text=""	Command4	Caption=" ASCII→字符"

实现代码如下：

```
Private Sub Command1_Click ()
    Label3.Caption=LCase (Text1.Text)
End Sub
Private Sub Command2_Click ()
    Label3.Caption=UCase (Text1.Text)
End Sub
Private Sub Command3_Click ()
    Randomize
```

```
    Text2.Text=Int (Rnd * (90-65+1)+65)
End Sub
Private Sub Command4_Click ()
    Label4.Caption=Chr$ (Text2.Text)
End Sub
```

思考：如何使用 Rnd 函数产生任意一个大写字母,然后再将该字母转化为所对应的 ASCII 码值?

3.4.5　日期函数

日期和时间函数提供日期和时间信息。常用的日期和时间函数见表 3.11。

表 3.11　常用的日期和时间函数

函数名	含　义	实　例	结　果
Date	返回系统日期	Date	2011-5-20
Day(C|D)	返回日期代号(1~31)	Day(♯2011/05/20♯)	20
Month(C|D)	返回月份代号(1~12)	Month(♯2011/05/20♯)	5
Year(C|D)	返回年份号(1753~2078)	Year("2011/5/20")	2011
MonthName(N)	返回月份名称	MonthName(Month(♯2011/05/20♯))	五月
Now	返回系统日期和时间	Now	2011-5-20 16:35:47
Time	返回系统当前时间	Time	16:34:47
WeekDay(C|N)	返回星期代号(1~7) 星期日为1,星期二为3	WeekDay("2011/5/20")	6
WeekDayName(N)	将星期代号(1~7)转化为星期名称	WeekDayName(6)	星期五

说明：

(1) 日期函数中的参数"C|D"表示可以是字符串或日期表达式。

(2) 函数可以嵌套。例如:

```
MonthName(Month(♯2011/05/20♯))      '结果是"五月"
WeekDayName(WeekDay(Date))          '如果今天的日期是"2011/5/23",则结果是"星期一"
```

除上述日期函数外,还有两个函数比较有用,介绍如下。

1. DateAdd 增减日期函数

格式如下:

DateAdd(要增减的日期形式,增减量,要增减的日期变量)

作用：对要增减的日期变量按日期形式做增减。要增减的日期形式见表 3.12。

例如：

```
DateAdd ("WW",2,#1989/10/31#)
```

上面的公式表示对日期 ♯1989/10/31♯ 增加两个周,结果是

```
1989-11-14
```

2. DateDiff 函数

格式如下：

DateDiff(要间隔的日期形式,日期 1,日期 2)

作用：对于两个指定的日期按日期形式求其相差的日期。要间隔的日期形式见表 3.12。

表 3.12 日期形式

日期形式	yyyy	q	m	y	d	w	ww	h	n	s
意义	年	季	月	一年的天数	日	一周的日数	星期	时	分	秒

例如,要计算 2011 年 5 月 20 日(假设为当前日期,可用 now 表示)距离 2012 年新年还有多少天：

```
DateDiff ("d", now, #2012/1/1#)
```

3.4.6 Shell 函数

为了调用各种在 DOS 或 Windows 下运行的应用程序,Visual Basic 提供了一个 Shell 函数来实现。Shell 函数的格式如下：

Shell(命令字符串 [,窗口类型])

说明：

(1) 命令字符串：要执行的应用程序名称,包括路径。它必须是可执行文件(文件扩展名为 .com、.exe 或 .bat)。

(2) 窗口类型：表示可执行应用程序的窗口大小,取值范围为 0~4、6 的整数型。一般取 1。

(3) 函数调用成功的返回值是一个任务标识 ID,它是运行程序的唯一标识。

例如,调用 Windows 附件中的计算器,如图 3.4 所示,实现代码如下：

```
i=Shell ("C:\Windows\calc.exe", 1)
```

或者是

图 3.4 计算器界面

```
i=Shell ("calc.exe")
```

调用 Word 应用程序,实现代码如下:

```
j=Shell("C:\Program Files\Microsoft Office\OFFICE11\WINWORD.EXE")
```

(4) 调用 Windows 自带的软件,可以不写路径,如上面调用计算器的语句;调用其他软件必须写明程序所在的路径,如上面调用 Word 应用程序的语句。

3.4.7　Format 函数

使用 Format(格式输出)函数可以使数值型、日期型和字符串型数据按指定的格式输出。其格式如下:

Format(表达式,"格式字符串")

说明:

(1) 表达式:要格式化的数值、日期和字符串类型表达式。

(2) 格式字符串:表示按其指定的格式输出表达式的值。格式字符串有 3 类:数值格式、日期格式和字符串格式,格式字符串两边要加双引号。

(3) 函数的返回值是按规定格式形成的一个字符串。

1. 数值格式化

数值格式化是将数值表达式的值按格式字符串指定的格式输出。有关格式及举例见表 3.13。

表 3.13　常用数值格式化符及举例

符号	作　　　用	数值表达式	格式字符串	显示结果
0	如实际位数小于符号位数,数字前后加 0	1234.567 1234.567	"00000.0000" "000.00"	01234.5670 1234.57
.	加小数点	1234	"0000.00"	1234.00
E+	用指数表示	567.89	"0.00E+00"	5.68E+02
E−	用指数表示	0.034567	"0.00E−00"	3.46E−02
#	如实际位数小于符号位数,数字前后不加 0	5647.348 5647.348	"#####.####" "###.##"	5647.348 5647.35
$	在数字前加 $	5647.348	"$###.0000" "$000.##"	$5647.3480 $5647.35
+	在数字前加+	−5647.348	"+###.##"	+−5647.35
−	在数字前加−	5647.348	"−###.##"	−5647.35
,	在数字中加千分位	5647.348	"##,##0.0000"	5,647.348
%	数值乘以 100,加百分号	5647.348	"####.##%"	564734.8%

例如,有下面的程序代码,运行结果如图 3.5 所示。

```
Private Sub Form_Click ()
    Dim Area As Single, B As Integer
    Area=789.45678
    B=16
    Print Format (Area, "0.000"), Format (B, "-0.00")
    Print Format (Area, "#.###"), Format (B, "-#.##")
End Sub
```

2. 字符串格式化

字符串格式化是将字符串按指定的格式进行大小写显示。常用的字符串格式及使用举例见表 3.14。

表 3.14　常用字符串格式及举例

符　号	作　　　　用	字符串表达式	格式字符串	显示结果
<	强迫以小写显示	HELLO	"<"	hello
>	强迫以大写显示	Hello	">"	HELLO
@	如果实际字符位数小于符号位数,字符前加空格	HELLO	"@@@@@@@"	HELLO
&	如果实际字符位数小于符号位数,字符前不加空格	HELLO	"&&&&&&&"	HELLO

例如,有下面的程序代码,运行结果如图 3.6 所示。

```
Private Sub Form_Click ()
    Dim strS1 As String, strS2 As String
    strS1="Smile": strS2="Laugh"
    Print Format (strS1, ">"), Format (strS1, "<")
    Print Format (strS1, "@@@@@@@"), Format (strS2, "&&&&&&&")
End Sub
```

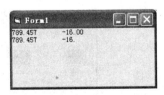

图 3.5　数值格式符运行结果

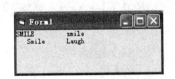

图 3.6　字符串格式符运行结果

3. 日期和时间格式化

日期和时间格式化是将日期类型的表达式的值或数值表达式的值以日期、时间的序数值按格式字符串指定的格式输出。有关格式见表 3.15。

表 3.15　常用日期和时间格式符及举例

符　号	作　用	符　号	作　用
d	显示日期(1~31),个位前不加 0	dd	显示日期(01~31),个位数前加 0
ddd	显示星期缩写(Sun~Sat)	dddd	显示星期全称(Sunday~Saturday)
ddddd	显示完整日期(yy/mm/dd)	dddddd	显示完整的长日期(yyyy 年 m 月 d 日)
w	星期为数字(1~7),1 是星期日	ww	一年中的星期数(1~53)
m	显示月份(1~12),个位前不加 0	mm	显示月份(01~12),个位数前加 0
mmm	显示月份缩写(Jan~Dec)	mmmm	显示月份全名(January~December)
y	显示一年中的天(1~366)	yy	两位数显示年份(00~09)
yyyy	4 位数显示年份(0100~9999)	q	季度数(1~4)
h	显示小时(0~23),个位数前不加 0	hh	显示小时(00~23),个位数前加 0
m	在 h 后显示分(0~59),个位数前不加 0	mm	在 h 后显示分(00~59),个位数前加 0
s	显示秒(0~59),个位数前不加 0	ss	显示秒(00~59),个位数前加 0
tttt	显示完整的时间(小时、分和秒);默认格式为 hh:mm:ss	AM/PM, am/pm	12 小时的时钟,中午前为 AM 或 am,中午后为 PM 或 pm
A/P,a/p	12 小时的时钟,中午前为 A 或 a,中午后为 P 或 p		

例 3.3　部分函数综合练习。建立如图 3.7 所示的窗体,窗体上有 4 个标签、3 个文本框以及 3 个命令按钮。操作要求如下。

(1) 当单击"显示时间"按钮后,在 Text1 中显示系统时间;在 Text2 中显示时间全称,并带有星期。

(2) 单击"计算表达式"按钮,则计算标签表达式的值,并将计算结果保留小数点后两位显示在 Text3 中。标签上显示的表达式是

Abs(5-Asc("C") \ Len("VB6.0程序设计"))-2^4 Mod 2 * 3

(3) 单击"调用游戏"按钮,则调用扫雷游戏,如图 3.8 所示。

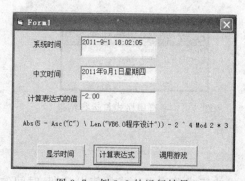

图 3.7　例 3.3 的运行结果

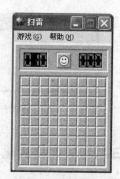

图 3.8　用 Shell 函数调用扫雷游戏

程序代码如下:

```
Private Sub Command1_Click ()                '"显示时间"事件过程
  Dim d As Date
  d=Now ()
  Text1=d
  Text2=Year (d) & "年" & Month (d) & "月" & Day (d) & "日"
  Text2=Text2+WeekdayName (Weekday (d))
End Sub
Private Sub Command2_Click ()                '"计算表达式"事件过程
  Dim S As Single
  S=Abs (5-Asc("C") \ Len ("VB6.0程序设计"))-2 ^ 4 Mod 2 * 3
  Text3.Text=Format (S, "##.00")             '格式输出表达式的值
End Sub
Private Sub Command3_Click ()                '"调用游戏"事件过程
  Dim i As Integer
  i=Shell ("winmine.exe", 1)                 '调用扫雷游戏
End Sub
```

习 题 三

一、选择题

1. Integer 数据类型的类型符是_____。

    A. %   B. !   C. ♯   D. $

2. @类型符代表的是_____数据。

    A. 整型   B. 单精度   C. 字符串   D. 货币

3. 货币型数据小数点后面的有效位数最多有_____位。

    A. 1   B. 4   C. 6   D. 16

4. 运算符"\"两边的操作数如果类型不同,则先_____再运算。

    A. 取整为 Byte 类型   B. 取整为 Integer 类型

    C. 四舍五入为整数   D. 四舍五入为 Byte 类型

5. 下面的选项中_____是字符串连接符。

    A. Or   B. &   C. Mod   D. Not

6. 下面不合法的变量名称为_____。

    A. End   B. 姓名   C. Tab1   D. strName

7. 下面的选项中把变量 R 定义成双精度变量的语句是_____。

    A. Dim R%   B. Dim R!

    C. Dim R♯   D. Dim R As Variant

8. 下面的选项中正确表达 $2x^{a+5}$ 的表达式是_____。

A. 2x^a+5   B. 2x^5+a^5

C. 2*x^(a+5)   D. 2*x^a+5

9. 13 Mod 4.8 的值为_____。

   A. 1   B. 2   C. 3   D. 8

10. 返回删除字符串前导和尾随空格,用函数_____。

   A. Trim   B. LTrim   C. RTrim   D. Mid

11. _____函数输出时既包含日期又包含时间。

   A. Date   B. Now   C. Time   D. Month

12. 下面_____是合法的变量名。

   A. a123   B. False   C. Sin(x)   D. Integer

13. 下面_____是合法的字符常量。

   A. ABC$ B. "ASDF "   C. ABDH   D. π

14. 下面_____是不合法的单精度常量。

   A. 100!   B. 123.456   C. 2.4512E+3 D. 2.4512D+3

15. 表达式 16/4−2^5*8 Mod 5\2 的值为_____。

   A. 2   B. 4   C. 14   D. 20

16. Rnd 函数不能为下列数中的_____。

   A. 0   B. 1   C. 0.001   D. 0.0001

17. 语句 Print Format ("3429.7554","0,000.00％")的输出结果是_____。

   A. 3,429.76％   B. 3,429.75％

   C. 342,975.54％   D. 出错

18. 设 A="VB6.0程序设计",下面_____能够得到"VB6.0"。

   A. Left(A,4)   B. Left(A,5)

   C. Mid(A,1,4)   D. Right(A,5)

19. 能够正确表示 A≤10 或者 A≥50 的表达式是_____。

   A. A<=10 And A>=50   B. A<=10 Or A>=50

   C. A<=10, A>=50   D. 无法表达

20. 能够正确表示 10≤A≤50 的表达式是_____。

   A. 10<=A And A<=50   B. 10<=A Or A<=50

   C. 10<=A, A<=50   D. A<=10 Or A<=50

21. 函数 int(Rnd*99+1)产生随机数的范围是_____。

   A. [1,99)   B. [1,99]   C. [1,100)   D. [1,100]

22. 在窗体上画一个名称为 Command1 的命令按钮,然后编写如下事件过程:

```
Private Sub Command1_Click ()
  Dim a As String
  a$ ="VB6.0程序设计"
  Print String(3, a)
End Sub
```

程序运行后,单击命令按钮,在窗体上显示的内容是_____。

A. VVV　　　　　B. VB6　　　　　C. 序设计　　　　D. 计计计

23. 函数 Ucase(Mid("Windows Office ",9,3)) 的值是_____。

　　A. Off　　　　　B. ffi　　　　　C. OFF　　　　　D. FFI

24. 设 a＝12,b＝20,不能够在窗体上显示"a＋b＝32"的语句是_____。

　　A. Print a＋b＝;a＋b　　　　　　　B. Print "a＋b＝";a＋b

　　C. Print "a＋b＝" & a＋b　　　　　D. Print "a＋b＝"＋str(a＋b)

25. 以下描述中错误的是_____。

　　A. 用 Shell 函数可以调用能够在 Windows 下运行的应用程序

　　B. 用 Shell 函数可以调用可执行文件,也可以调用 Visual Basic 的内部函数

　　C. 调用 Shell 函数的格式为：＜变量名＞＝Shell(…)

　　D. 用 Shell 函数不能执行 DOS 命令

二、把下列算术表达式写成 Visual Basic 表达式

1. $x(ax+b)^2+e^{(a+b)}$

2. $\dfrac{x+y}{\sqrt{1+\sin 50°}-z}$

3. $\dfrac{1}{1+\dfrac{x+y}{x-y}}$

4. $|-3.67|+\ln(1+\sqrt[3]{321})$

5. $a^2+2ab+b^2$

6. $\dfrac{x+3\sqrt{y}}{xy}$

三、根据条件写出 Visual Basic 表达式

1. 使用 Rnd 函数,结合其他函数,产生一个 A～M 范围内的大写字符。

2. X 和 Y 其中有一个小于 Z。

3. X 和 Y 都小于 Z。

4. 坐标点(x,y)位于第三象限内。

5. 表示能够被 5 整除的数。

6. 将变量 x 的值四舍五入后,保留到小数点后两位数。

7. 使用 Rnd 函数产生[1～100]之间的随机整数。

8. 假设有一个字符变量 S,判断 S 是否为大写字母。

9. 假设有一个字符串变量 S,从第 3 个位置起取 5 个字符。

10. 年份 Year 能被 4 整除,但是不能被 100 整除或者被 400 整除。

四、简答题

1. 变量名的命名规则是什么?

2. 空串和空格字符串的区别是什么?

3. 什么是符号常量? 使用符号常量有什么好处?

4. Visual Basic 提供了哪些标准数据类型? 声明变量时,其类型关键字分别是什么? 其类型符又是什么?

5. 两个字符串如何进行比较(关系)运算? 如何确定运算结果? 试举例说明。

第 **4** 章 Visual Basic 控制结构

Visual Basic 的特点之一是结构化程序设计。结构化程序设计有 3 种基本结构,即顺序结构、选择结构和循环结构,由这 3 种结构又派生出多分支结构。结构化程序具有以下优点。

(1) 结构清晰。

(2) 程序的正确性、易验证性和可靠性高。

(3) 便于自顶向下逐步求精地设计程序。

(4) 易于理解和维护。

本章重点介绍 3 种基本结构的流程控制语句以及多分支结构的控制语句。

4.1 顺 序 结 构

顺序结构就是按照语句出现的次序自上而下顺序执行。顺序结构主要的语句就是赋值语句和输入输出语句。赋值语句和输入语句都是用来获取数据的,而通过程序代码解决一个实际问题通常分 3 步,即获取数据、处理数据和输出数据,所以用户必须掌握数据输入和数据输出的相关语句。在 Visual Basic 中可以通过赋值语句、文本框控件、标签控件、InputBox 函数和过程获取数据,通过 Print 方法、文本框、MsgBox 函数和过程等输出数据。

例 4.1 使用文本框实现数据的输入和输出。通过文本框输入球半径,然后计算出球的表面积和体积。运行结果如图 4.1 所示。

在第 2 章详细介绍了文本框的常用属性、事件和方法,本实例用文本框作为数据输入的控件和数据输出的控件,程序结构是典型的顺序结构。由于文本框作为输出数据的控件,其显示的数据是不允许修改的,故将 Text2 和 Text3 的 Locked 属性设置为 True。其他控件的属性设置在此省略。

图 4.1 例 4.1 的运行结果

实现代码如下:

```
Private Sub Command1_Click ()
  Dim r As Single
  '将 Text1.Text 转换为数值型并赋值给变量 r
```

```
      r=Val (Text1.Text)
      Text2.Text=4 * 3.14 * r^2                    '计算面积并赋值给 Text2
      Text3.Text=4 * 3.14 * r^3/3                   '计算体积并赋值给 Text3
End Sub
```

下面重点介绍赋值语句、InputBox 函数和 MsgBox 函数。

4.1.1　赋值语句

1. 赋值语句的格式和作用

赋值语句是程序中最基本的语句,其作用就是对内存单元进行写操作,即把一个表达式的值赋给一个变量或控件。赋值语句有下面两种格式:

变量名=表达式
[控件名.]属性名=表达式

说明:

(1) 变量名就是用 Dim 语句声明的合法变量的名称;控件名就是在窗体上创建的控件的名称。如果省略控件名,系统默认是当前窗体。

(2) 赋值语句的执行过程是:首先计算赋值号右边表达式的值,然后将计算结果赋给左边的变量或者属性。该值一直保存到下一次再对它赋值为止。

例如:

```
Dim A As Double             '声明一个双精度变量
A=5 ^ 2+4                   '先计算表达式的值 29,然后再将值赋给变量 A
Text1.Text="VB6.0程序设计"   '给文本框的 Text 属性赋值
```

(3) 等号"="是一个具有二义性的符号,既可作为赋值号,也可表示关系运算中的逻辑等号。Visual Basic 系统会根据所处的位置自动判断是何种意义的符号,也就是在条件表达式中出现的是等号,否则是赋值号。

例如,赋值语句 a=b 与 b=a 是两个结果不相同的赋值语句,而在关系表达式中,a=b 与 b=a 两种表示方法是等价的。

```
A=B=C                       '第一个是赋值号,第二个是逻辑运算符
```

(4) 赋值号的左边只能是变量或控件属性,不能是常量和表达式。下面均是错误的赋值语句:

```
Sin(x)=12                   '左边是表达式,即标准函数的调用
A+B=12                      '左边是表达式
```

(5) 不能在一个赋值语句中同时给多个变量赋值。下面的语句是错误的:

```
X=Y=Z=5
```

Visual Basic 在编译时,将右边两个=作为逻辑运算符,左边的=作为赋值号,最后的

运算结果是一个逻辑值 True 或者 False。

2. 赋值语句的两个常用形式

1）累加

例如，sum＝sum＋x 表示取变量 sum 和 x 中的值相加后再赋值给 sum。该语句与循环结构结合使用，可起到累加作用。假定 sum 和 x 的值分别是 100 和 20，执行该语句后，sum 的值是 120。

2）计数

例如，n＝n＋1 表示取变量 n 中的值加 1 后再赋值给 n。该语句与循环结构结合使用，可起到计数器的作用。假定 n 的值为 8，执行语句 n＝n＋1 后，n 的值为 9。

3. 赋值号两边数据类型的处理

(1) 当表达式为数值型并与变量精度不同时，需强制转换成左边变量的精度。例如：

```
Dim y As Integer
y=3.67                'y为整型变量,转换时四舍五入,y的结果为4
```

(2) 当表达式是数字字符串，左边变量是数值类型，则将表达式自动转换成数值类型再赋值。如果表达式有非数字字符串或空串，则出错。例如：

```
Dim y As Integer
y="428"               'y的结果是428,与y=Val("428")效果相同
```

(3) 当逻辑型数值赋值给数值型变量时，True 转换为－1，False 转换为 0；反之，当数值赋给逻辑型变量时，非 0 转换为 True，0 转换为 False。例如：

```
Dim y As Integer, K As Boolean
y=3=5                 '右边的=是逻辑符号,判断3和5是否相等,结果为False,y的结果是0
K=5                   '5是非0值,K的结果是True
```

例 4.2 假设 a＝10，b＝5，编程实现 a 和 b 数值的交换。

首先设想一下，在现实生活中，如果要将两杯不同口味的果汁（如一杯苹果汁和一杯柠檬汁）互换，你肯定会找来一只空杯子，分 3 个步骤完成：

(1) 把苹果汁倒入空杯子中。

(2) 把柠檬汁倒入原来装苹果汁的杯子中。

(3) 把苹果汁倒入原来装柠檬汁的杯子中。

要实现两个数据的交换，需要设置第三方过渡变量，用于暂存数据。本例使用 Temp 为暂存变量。

代码实现如下：

```
Private Sub Command1_Click ()
  Dim a As Integer, b As Integer, temp As Integer
  a=10: b=5                 '给 a 和 b 赋值
```

```
        temp=0              '设置第三方变量,并初始化
        temp=a
        a=b
        b=temp
        Print "交换后 a="; a, "b="; b
End Sub
```

4.1.2 InputBox 函数

InputBox 函数可以产生一个对话框,这个对话框作为输入数据的界面,等待用户输入数据,并返回所输入的内容。其格式如下:

InputBox(prompt [,title][,default][,xpos,ypos])

该函数有 5 个参数,各个参数的含义如下。

(1) prompt:必选项。字符串表达式,在对话框中作为信息显示的最大长度大约是 1024 个字符;如果要多行显示,必须在每行行末加回车控制符 Chr(13)和换行控制符 Chr(10)或者加 vbCrLf 系统常量。

(2) title:字符串表达式,在对话框的标题区域显示,它是对话框的标题。如果省略该项,则把应用程序名放入标题栏中。

(3) default:字符串表达式,在输入框中设置的初始值。如果不指定该项,InputBox 对话框中的文本输入框为空。

(4) xpos、ypos:数值表达式,用来指定弹出对话框的左上角相对于屏幕左上角的 x 坐标位置和 y 坐标位置。如果省略,对话框出现在屏幕水平中间和垂直中间的位置。

各项参数次序必须一一对应,除了 prompt 是必选项,其余各项均可省略。处于中间的默认部分要用逗号占位符跳过。执行下面的语句,得到图 4.2 所示的 InputBox 数据输入框。

S1=InputBox("请输入"+Chr(13)+Chr(10)+"0~100 的数据", "输入框", 50, 1000, 2000)

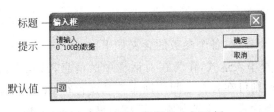

图 4.2 InputBox 数据输入框示例

在使用 InputBox 函数时,应注意以下几点:

(1) 执行 InputBox 函数后,产生一个对话框,提示用户在输入区域的文本框中输入数据,用户单击"确定"按钮后,把输入的数据赋值给一个变量。

（2）每执行一次 InputBox 函数只能输入一个值，如果需要输入多个值，则必须多次调用 InputBox 函数。在实际应用中，InputBox 函数通常与循环语句或数组结合使用，这样可以连续输入数据，并把输入的数据赋值给数组中的各元素。

例 4.3　编写程序，用 InputBox 函数提供职工的 3 个信息：姓名、年龄和基本工资，然后将信息在窗体上打印输出。其中的输入年龄对话框如图 4.3 所示，窗体显示效果如图 4.4 所示。代码如下：

```
Private Sub Form_Click ()
    Dim strName As String, sngSalary!, intAge%
    Dim msgtitle$ , msg$
    msgtitle="职工情况登记"
    msg="请输入姓名"+Chr (13)+Chr (10)+"然后按回车键"
    strName=InputBox (msg, msgtitle)
    sngSalary=Val(InputBox ("请输入基本工资", msgtitle))
    intAge=Val (InputBox ("请输入年龄", msgtitle))
    Print strName; intAge; "岁,"; "基本工资:"; sngSalary; "元"
End Sub
```

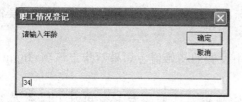

图 4.3　例 4.3 输入年龄对话框

图 4.4　例 4.3 的窗体显示效果

4.1.3　MsgBox 函数和 MsgBox 过程

1. MsgBox 函数

MsgBox 函数的格式如下：

MsgBox(prompt[,type][,title])

该函数主要有 3 个参数，各个参数的含义如下。

（1）prompt：字符串表达式，作为在对话框中的消息，其长度由所用的字符决定，如果提示信息包含多行，则可在各行之间用回车符和换行符 Chr(13)＋ Chr(10)强制换行。

（2）type：数值表达式，用来控制在对话框内显示的按钮和图标的种类及数量。该参数的值由 4 类数值相加产生，这 4 类数值或符号常量分别表示按钮的类型、图标的种类、活动按钮的位置及强制返回。type 参数值及其含义见表 4.1。

表 4.1　type 参数设置表

分组	常　　　数	值	描　　　述
按钮数目	vbOKOnly	0	只显示 OK(确定)按钮
	vbOKCancel	1	显示 OK(确定)及 Cancel(取消)按钮
	vbAbortRetryIgnore	2	显示 Abort(终止)、Retry(重试)及 Ignore(忽略)按钮
	vbYesNoCancel	3	显示 Yes(是)、No(否)及 Cancel(取消)按钮
	vbYesNo	4	显示 Yes(是)及 No(否)按钮
	vbRetryCancel	5	显示 Retry(重试)及 Cancel(取消)按钮
图标类型	vbCritical	16	显示 Critical Message 图标 ⊗
	vbQuestion	32	显示 Warning Query 图标 ❓
	vbExclamation	48	显示 Warning Message 图标 ⚠
	vbInformation	64	显示 Information Message 图标 ⓘ
默认按钮	vbDefaultButton1	0	第一个按钮是默认值
	vbDefaultButton2	256	第二个按钮是默认值
	vbDefaultButton3	512	第三个按钮是默认值
	vbDefaultButton4	768	第四个按钮是默认值
模式	vbApplicationModal	0	应用模式
	vbSystemModal	4096	系统模式

表 4.1 中的 4 组方式可以组合使用,每组值只能取用一个数字。

(3) title:字符串表达式,用来显示对话框的标题。如果省略,则把应用程序名放入标题栏中。

上面的 3 个参数,除第一个参数是必选项外,其他两个都是可选项。如果第二个参数 Type 省略,则对话框只显示一个"确定"按钮,并把该按钮设置为活动按钮,不显示任何图标。如果省略第三个参数 title,则对话框标题栏为当前工程的名称;如果希望标题栏不显示任何内容,则应把 title 参数设置为空。

MsgBox 函数的返回值是一个整数,这个整数与所选择的按钮有关。按钮的返回值决定了程序执行的流程。如前所述,MsgBox 函数显示的对话框共有 7 种按钮,返回值与这 7 种按钮相对应,分别为 1～7 的整数,见表 4.2。

表 4.2　MsgBox 函数返回所选按钮数值的意义

常　　数	值	描　　述	常　　数	值	描　　述
vbOK	1	单击"确定"按钮	vbIgnore	5	单击"忽略"按钮
vbCancel	2	单击"取消"按钮	vbYes	6	单击"是"按钮
vbAbort	3	单击"终止"按钮	vbNo	7	单击"否"按钮
vbRetry	4	单击"重试"按钮			

例如,下面一段代码可以验证 MsgBox 函数的功能:

```
Private Sub Form_Click ()
  Dim msg1$ , msg2$ , r%
  msg1="继续吗?"
  msg2="信息对话框"
  r=MsgBox (msg1, 2+32+256, msg2)
  Print r
End Sub
```

程序执行后,单击窗体,出现如图 4.5 所示的信息框。

2. MsgBox 过程

MsgBox 过程的格式如下:

MsgBox prompt[,type][,title]

各参数的含义及其作用与 MsgBox 函数相同。由于 MsgBox 过程没有返回值,因而常用于简单的信息显示,调用时不能有括号,可以作为一条独立的语句。例如:

MsgBox "文件保存完毕,可以退出系统"

执行上面的语句显示图 4.6 所示的对话框。

图 4.5 MsgBox 函数对话框　　　　图 4.6 MsgBox 过程对话框

例 4.4 编写一个学生成绩查询系统登录程序,运行效果如图 4.7 所示。操作要求如下。

(a)输入界面　　　　(b)学号错误提示框　　　　(c)密码错误提示框

图 4.7 例 4.4 的程序运行界面以及信息提示对话框

(1) 学号为 12 位长度的数字。如果出现非数字字符,则给出相应的错误提示。

(2) 密码最多为 8 位,密码掩码为 *。假定密码是 Wang。如果输入的密码有误,给出相应的出错信息提示。

程序代码如下:

```
Private Sub Form_Load ()              '窗体控件初始化设置
  Text1.Text=""
  Text1.MaxLength=12
  Text2.Text=""
  Text2.PasswordChar="*"
  Text2.MaxLength=8
End Sub
Private Sub Text1_LostFocus ()
  Dim N As Integer
  If Not IsNumeric (Text1.Text) Then
    MsgBox "有非数字字符,请重新输入", , "检验学号"
    Text1.Text=""
    Text1.SetFocus
  End If
End Sub
Private Sub Command1_Click ()
    Dim K As Integer
    If Text2.Text<>"Wang" Then
      K=MsgBox ("密码错误,请重新输入", 5+48, "检验密码")
      If K<>4 Then
        End
      Else
        Text2.Text=""
        Text2.SetFocus
      End If
    Else
        MsgBox "恭喜你,可以登录成绩查询系统", , "密码正确"
    End If
End Sub
Private Sub Command2_Click ()
    End
End Sub
```

4.2　选　择　结　构

选择结构就是对给出的条件进行分析、比较和判断,并根据判断结果采取不同的操作。在 Visual Basic 中,选择结构通过条件语句和多分支结构语句来实现。条件语句也称 If 语句,它有两种格式,一种是单行结构,另一种是块结构。

4.2.1　单行结构条件语句

单行结构条件语句(简称单行 If 语句或 If 语句)有如下两种格式:

If 条件表达式 Then 语句序列   '格式 1

If 条件表达式 Then 语句序列 1 Else 语句序列 2   '格式 2

说明：

(1)"条件表达式"可以是关系表达式、逻辑表达式或数值表达式。如果是数值表达式作为条件,则非 0 值为真,0 值为假。

(2)"语句序列"可以包含多条语句,所有语句必须在一行中写完,各个语句之间用冒号":"分隔。

(3)单行 If 语句格式 1 的执行过程是：如果条件为真,则执行 Then 后面的语句序列,否则不做任何操作。

单行 If 语句格式 2 的执行过程是：如果条件为真,则执行 Then 后面的语句序列 1；如果条件为假,则执行 Else 后面的语句序列 2。

单行结构条件语句的流程图如图 4.8 所示。

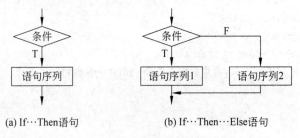

(a) If⋯Then语句   (b) If⋯Then⋯Else语句

图 4.8　单行结构条件语句流程图

例 4.5　输入 3 个数 a、b、c,并输出其中最大的数。

分析如下：

(1)界面设计比较简单,在此省略。

(2)用 InputBox 函数输入 a、b、c 三个数值。

(3)设置一个存放最大值的变量 Max。先假设 a 最大,将其存放在 Max 中,然后分别与 b 和 c 进行比较,将大的数保存在 Max 中。

(4)用 Print 方法输出最大值 Max。

程序代码如下：

```
Private Sub Command1_Click()
    Dim a!, b!, c!, Max!
    a=Val(InputBox("请输入第一个数:","输入数据"))
    b=Val(InputBox("请输入第二个数:","输入数据"))
    c=Val(InputBox("请输入第三个数:","输入数据"))
    Max=a
    If b>Max Then Max=b
    If c>Max Then Max=c
    Print
    Print a; "、"; b; "、"; c; "之中最大值是:"; Max
End Sub
```

4.2.2 If…End If 块结构条件语句

虽然单行 If 语句使用方便,但是当 Then 部分和 Else 部分包含较多内容时,在一行中就难以写完,可以使用 Visual Basic 提供的块结构条件语句(简称块 If 语句),其语句格式如下:

```
If 条件表达式 Then
    语句序列 1
[Else
    语句序列 2]
End If
```

说明:

(1) 在块 If 语句中,一个 If 块必须由一条 End If 语句结束。Then 和 Else 后面的“语句序列”必须另起一行。

(2) “条件表达式”可以是关系表达式、逻辑表达式或数值表达式。如果是数值表达式作为条件,则非 0 值为真,0 值为假。

(3) “语句序列”可以包含多条语句,一行写一条语句,也可以一行写多条语句,各个语句之间用冒号“:”分隔。

(4) 块 If 语句采用缩进格式书写。缩进格式书写的好处是结构清晰,便于检查。

例 4.6 计算分段函数 $y=\begin{cases} \sin x + \sqrt{x^2+1} & x\neq 0 \\ \cos x - x^3 + 3x & x=0 \end{cases}$

本例可以用行 If 语句和块 If 语句实现。x 的数值通过 InputBox 函数输入。

下面给出块 If 结构的代码。

```
Private Sub Command2_Click ()
    Dim x!, y!
    x=Val (InputBox ("请输入数据:", "输入框"))
    If x<>0 Then
        y=Sin(x)+Sqr(x ^ 2+1)
    Else
        y=Cos(x)-x ^ 3+3 * x
    End If
    Print "y="; y
End Sub
```

4.2.3 多分支结构条件语句

上面介绍的行 If 语句和块 If 语句只能根据条件的 True 或 False 决定处理两个分支之一。当实际处理的问题有多个条件时,就要用到多分支结构条件语句。其语句格式如下：

```
If 条件表达式 1 Then
    语句序列 1
ElseIf 条件表达式 2 Then
    语句序列 2
    ⋮
[Else
    语句序列 n+1]
End If
```

其流程图如图 4.9 所示。

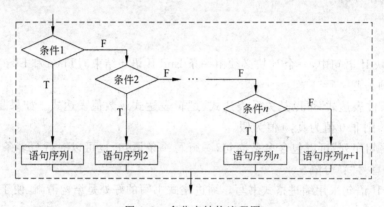

图 4.9　多分支结构流程图

多分支结构的作用是根据条件的值确定执行哪个语句序列，Visual Basic 测试条件的顺序是条件 1、条件 2、条件 3、……，一旦遇到条件为 True（非 0 值），则执行该条件下的语句块，然后执行 End If 后的语句。如果没有一个条件为 True，则执行 Else 后的语句序列。

例 4.7　设计一个程序，从键盘上输入学生的成绩（Score），然后判断该学生成绩属于哪个等级，并在屏幕上显示出等级评语。分数等级的划分及评语见表 4.3。

表 4.3　分数等级及评语

分　　　数	评　　　语
Score≥90	优
80≤Score＜90	良
70≤Score＜80	中
60≤Score＜70	及格
Score＜60	不及格

分析：

（1）Score 可以使用 InputBox 函数从键盘提供成绩。

（2）当多分支中有多个条件为 True 时，则只执行第一个与之匹配的语句序列，因此要注意对多分支中条件的书写次序，防止某些值被过滤掉。

实现代码如下：

```
Private Sub Command2_Click ()
  Dim Score!, str1$
  str1="请输入 0~100 之间的成绩"
  Score=Val(InputBox(str1, "输入框"))
  If Score>=90 Then
      Print "优"
  ElseIf Score>=80 And Score<90 Then
      Print "良"
  ElseIf Score>=70 And Score<80 Then
      Print "中"
  ElseIf Score>=60 And Score<70 Then
      Print "及格"
  Else
      Print "不及格"
  End If
End Sub
```

4.2.4 Select Case 多分支结构

Select Case 语句又称为情况语句，是多分支结构的另一种形式，该语句表现直观，但必须符合其规定的语法书写格式。语句格式如下：

```
Select Case 测试表达式
    Case 表达式列表 1
        语句序列 1
    Case 表达式列表 2
        语句序列 2
      ⋮
    [Case Else
        语句序列 n+1]
End Select
```

说明：

(1)"测试表达式"：可以是数值型或字符串型表达式。

(2)"表达式列表"：表达式列表必须与测试表达式的类型相同，表达式列表具有以下 4 种格式：

① 表达式。例如：

```
Case "A"              '即表达式的值是字符 A
```

② 一组用逗号分隔的枚举值。例如：

```
Case 1,3,5,7          '即变量的值可以是 1、3、5 或 7
```

③ 表达式 1 To 表达式 2。例如：

```
Case 10 To 50          '即变量的值在 10 到 50 之间
```

④ Is 关系运算表达式。例如：

```
Case Is<10 , Is>50     '即变量的值比 10 小或者比 50 大
```

（3）"语句序列"：为可选参数，可以是一条语句或多条语句，当"测试表达式"的值与"表达式列表"的值相匹配时执行。

（4）Case Else：为可选参数。该子句用来指明处理不可预见的测试条件值的其他语句序列。

情况语句的执行流程图见图 4.10。

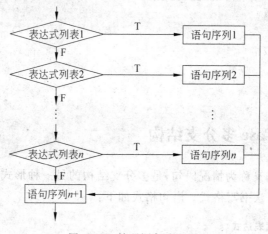

图 4.10 情况语句流程图

例 4.8 某百货商场举办庆"十一"购物促销活动，根据购买物品总价格的不同，可以获得不同的优惠条件。其活动规则如下：

（1）总价格在 500 元以下不享受优惠。

（2）总价格在 500 元（含 500 元）以上且小于 2000 元者，给予 10%的优惠。

（3）总价格在 2000（含 2000）～4000 元者，给予 12%的优惠。

（4）总价格在 4000（含 4000）～6000 元者，给予 14%的优惠。

（5）总价格在 6000 元（含 6000 元）以上者，给予 15%的优惠。

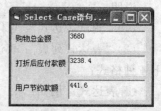

图 4.11 例 4.8 的运行结果

编写程序，输入物品总价格，计算应付款额和优惠款额。窗体运行结果如图 4.11 所示。

分析：窗体中有 3 个标签和 3 个文本框，第一个文本框用来输入数据，当营业员在 Text1 中输入顾客购买总金额后，按回车键，系统就可以计算出应付款额和优惠款额，所以需要编写 Text1 的 KeyPress 事件。由于第二个文本框和第三个文本框只用来显示结果数据，所以可以将它们的 Locked 属性设置为 True，以防止修改。

程序代码如下：

```
Private Sub Text1_KeyPress (KeyAscii As Integer)
  Dim Price As Single
  Price=Val (Text1.Text)
  If KeyAscii=13 Then
      Select Case Price
          Case Is<500
              Text2.Text=Price
              Text3.Text=0
          Case Is<2000
              Text2.Text=Price*0.9
              Text3.Text=Price*(1-0.9)
          Case Is<4000
              Text2.Text=Price*0.88
              Text3.Text=Price*(1-0.88)
          Case Is<6000
              Text2.Text=Price*0.86
              Text3.Text=Price*(1-0.86)
          Case Else
              Text2.Text=Price*0.85
              Text3.Text=Price*(1-0.85)
      End Select
  End If
End Sub
```

例 4.9 在窗体上画两个命令按钮。操作要求如下。

（1）单击"输入数据"按钮，弹出 InputBox 函数对话框，从键盘上输入任意一个符号。

（2）单击"判断数据类型"按钮，则判断输入的数据是大写字母、小写字母、数字字符还是其他字符，并在窗体上显示出相应的信息。运行结果如图 4.12 所示。

图 4.12 例 4.9 的运行结果

程序代码如下：

```
Dim Ch As String*1                      '在窗体通用段声明变量 Ch
Private Sub Command1_Click ()
    Ch=InputBox("请输入一个数字、字符或其他符号")
End Sub
Private Sub Command2_Click ()
    Select Case Ch
        Case "a" To "z"
            Form1.Print Ch; "是一个小写字母"
        Case "A" To "Z"
```

```
                Form1.Print Ch; "是一个大写字母"
        Case "0" To "9"
                Form1.Print Ch; "是一个数字"
        Case Else
                Form1.Print Ch; "是其他符号"
    End Select
End Sub
```

说明：

(1) Case "a" To "z"不能写成

Case "a" <=Ch And Ch<="z"

也不能写成

Case Is>="a" And Is<="z"

(2) Case Is<10 不能写成：

Case Ch<10

在写 Case 后面的表达式时，初学者容易出现上述书写错误。

4.2.5 IIF 函数和 Choose 函数

1. IIF 函数

IIF 函数可用来执行简单的条件判断操作，它是 If…Then…Else 结构的简写版本。
IIF 函数的格式如下：

IIF(条件表达式，当条件表达式为 True 时的值，当条件表达式为 False 时的值)

说明：

(1) 当条件表达式为 True 时的值：条件为真时函数的返回值，可以是任一表达式。

(2) 当条件表达式为 False 时的值：条件为假时函数的返回值，可以是任一表达式。

例如，求 x 和 y 中较大的数，放入变量 Max 中，可以用下面的代码验证：

```
Private Sub Form_Click ()
  Dim x%, y%, Max%
  x=Val (InputBox ("请输入第一个数:"))
  y=Val (InputBox ("请输入第二个数:"))
  Print "原始数值为:"; x, y
  Max=IIf (x>y, x, y)
  Print "比较后,较大的数为:"; Max
End Sub
```

2. Choose 函数

Choose 函数也可以用来执行简单的条件判断操作，它是 Select Case…End Select 结构的简写版本。Choose 函数的格式如下：

Choose(整数表达式,选项列表)

说明：

(1) Choose 函数根据"整数表达式"的值来决定返回"选项列表"中的哪个值。如果整数表达式的值是 1,则 Choose 函数返回选项列表中的第 1 值;如果整数表达式的值是 2,则 Choose 函数返回选项列表中的第 2 值;……,以此类推。如果整数表达式的值小于 1 或者大于选项列表数目时,Choose 函数返回 Null(空值)。

(2) Choose 函数返回值的类型由选项列表的数据类型决定,可以是任意的基本数据类型。

例如,根据当前日期函数 Now 和 WeekDay 函数,利用 Choose 函数显示今日是星期几。

分析：Now 或 Date 函数可以获得当前日期;WeekDay 函数可以获得指定日期是星期几的整数,星期日是 1,星期一是 2,……,以此类推。

程序代码如下：

图 4.13　运行结果

```
Private Sub Form_Click ()
    Dim T As String
    T=Choose (Weekday (Now), "星期日", "星期一", _
    "星期二", "星期三", "星期四", "星期五", "星期六")
    MsgBox "今天是:" & Now & "是" & T
End Sub
```

上面程序代码的运行效果图如图 4.13 所示。

4.3　循　环　结　构

在实际应用中,经常遇到一些操作并不复杂,但是需要反复多次处理的问题。循环是指在指定条件下多次重复执行一组语句序列,直到指定的条件满足为止。重复执行的语句序列称为循环体。Visual Basic 提供了 3 种风格的循环结构,包括 For…Next 循环、While…Wend 循环和 Do…Loop 循环。其中 For…Next 循环按规定的次数执行循环体,而 While…Wend 循环和 Do…Loop 循环则是在给定的条件满足时执行循环体。

4.3.1　For…Next 循环语句

For…Next 循环也称计数循环,用于控制循环次数预知的循环结构。语句的格式如下：

For 循环变量=初值 To 终值 [Step 步长]
　　语句序列 1

[Exit For]

[语句序列 2]

Next 循环变量

说明：

（1）"循环变量"：也叫循环控制变量，必须是数值型。

（2）"初值"：循环变量的初始值，它是一个数值表达式。

（3）"终值"：循环变量的终值，它也是一个数值表达式。

（4）"步长"：循环变量的增量。当步长是正数（递增循环）时，初值≤终值；当步长是负数（递减循环）时，初值≥终值。但是步长不能为 0。如果步长为 1，则可以省略不写。

（5）"语句序列"：被重复执行的循环体。可以是一个或多个语句。

（6）Exit For：可选项，表示遇到该语句时退出循环，执行 Next 后的下一条语句。

（7）Next：循环终端语句。Next 后面的"循环变量"必须与 For 语句中的"循环变量"相同。

（8）For 与 Next 语句必须成对出现，不能单独使用。

（9）循环次数：n＝int((终值－初值)/步长＋1)。

For 循环语句的执行流程图见图 4.14。

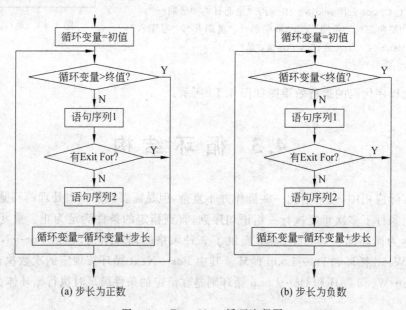

(a) 步长为正数　　　　　　　　　(b) 步长为负数

图 4.14　For…Next 循环流程图

For…Next 循环语句的执行过程是：首先把初值赋给循环变量，然后检查循环变量的值是否超过终值（如果步长为正，超过的含义是：循环变量＞终值；如果步长为负，超过的含义是：循环变量＜终值），如果循环变量的值超过终值就停止执行循环体，跳出循环，执行 Next 后面的语句；如果循环变量的值没有超过终值，则执行循环体，然后把"循环变量＋步长"的值赋给循环变量，重复上述操作过程。

For…Next 循环遵循"先检查,后执行"的原则,即先检查循环变量是否超过终值,然后决定是否执行循环体。因此,在下列情况下,循环体不会被执行:

(1) 当步长为正数,初值≥终值。

(2) 当步长为负数,初值≤终值。

当初值＝终值时,不管步长是正数还是负数,均执行一次循环体。

下面通过一个例子说明 For…Next 循环的执行过程:

```
For I=1 To 10 Step 2
    X=X+1
    Print X
Next I
```

在这里,I 是循环变量,1 是初值,10 是终值,2 是步长。执行过程如下:

(1) 把初值 1 赋给循环变量 I。

(2) 将循环变量 I 的值与终值进行比较,若 I>10,则转到(5),否则执行循环体。

(3) 执行到 Next I 语句,I 增加一个步长,即 I=I+2。

(4) 返回到(2),继续执行。

(5) 执行 Next 后面的语句。

例 4.10 计算 1～100 的奇数和。

本例不需要进行界面设计,编写代码如下:

```
Private Sub Form_Click ()
  Dim Sum%, I%
  Sum=0                    '设置累加和变量的初始值
  For I=1 To 100 Step 2
  Sum=Sum+I
  Next I
  Print "1~100 奇数的和="; Sum
End Sub
```

运行结果:

1~100 奇数的和=2500

说明:

(1) 当退出循环后,循环变量的值保持退出时的值,在例 4.10 中,退出循环后,I 的值是 101。

(2) 累加是程序设计常用的运算,进行累加前,一定要设置累加变量初始值为 0,并且语句的位置一定要放在 For 语句之前。

思考一个问题:如果 Sum＝0 放在循环体内,运行结果会怎样? 为什么?

(3) 累乘也是程序设计常用到的运算,进行累乘前,一定要设置累乘变量初始值为 1,并且语句的位置一定要放在 For 语句之前。

思考一个问题:为什么累乘初始值要设置为 1? 参考例 4.10,编程计算 M＝1×2×

$3 \times \cdots \times 10$。

（4）在循环体内对循环控制变量可多次引用，但不要对它赋值，否则会影响原来循环控制的规律。

下面的例子很好地诠释了循环变量的变化对循环次数的影响。

例 4.11 运行下面一段程序，注意最终的输出结果，仔细分析当在循环体中循环变量发生变化时所出现的结果。

窗体设计比较简单，如图 4.15 所示。编写代码如下：

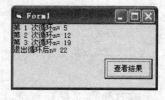

图 4.15　例 4.11 的运行结果

```
Private Sub Command1_Click ()
    Dim m As Integer, n%, i%
    For n=1 To 20 Step 3
        m=m+1
        n=n+4
        Print "第"; m; "次循环 n="; n
    Next n
    Print "退出循环后 n="; n
End Sub
```

4.3.2　While…Wend 循环语句

在现实中，经常会遇到在一定条件下物质由一种状态转化成另一种状态的情况，例如，当温度降到 0℃ 以下时，水变成冰；当水温上升到 100℃ 以上时，水变成水蒸气。在 Visual Basic 中描述这类问题使用 While…Wend 循环（当循环）语句。其格式如下：

While 条件表达式
　　语句序列
Wend

说明：

（1）条件表达式：可以是数值表达式、关系表达式和逻辑表达式。如果是数值表达式作为条件，则非 0 值为真，0 值为假。

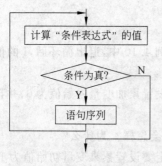

图 4.16　While…Wend 循环
流程图

（2）语句序列：可以是一条语句，也可以是多条语句。在语句序列中，一定要包含这样一条语句，这条语句能够改变 While 中的条件值。

（3）While…Wend 循环的执行流程图见图 4.16。

（4）While…Wend 语句的执行过程是：首先计算条件表达式的值，如果该值为 True（非 0 值），则执行语句序列，当遇到 Wend 语句时，控制返回到 While 语句并对条件进行测试，如果仍然为 True（非 0 值），则重复上述过程；如果条件表达式的值为 False（0 值），则退出循环，执行 Wend 后面的语句。

如果条件从一开始就不成立,则一次循环也不执行,直接执行 Wend 后面的语句;如果条件总是成立,则不停地执行循环体,这种情况叫死循环,在实际编程中是不允许的。因此在循环体内一定要有修改循环条件的语句,使得循环体能够正常执行和正常终止。

(5) While…Wend 与 For…Next 的区别:For 循环给出循环次数,While…Wend 则给出循环终止条件。

例 4.12 从键盘上输入字符,对输入的字符进行计数,当输入的字符为"?"时停止计数,并输出结果。

分析:由于需要输入的字符个数没有指定,无法用 For 循环来编程实现。停止计数的条件是输入的字符为"?",所以可以用当循环语句来实现。程序代码如下:

```
Private Sub Form_Click ()
    Dim Char As String, msg As String, n%
    Const strCh="?"                    '声明一个符号常量
    msg="请输入一个字符:"
    Char=InputBox (msg)
    While Char<>strCh
        n=n+1
        Char=InputBox (msg)            '输入字符,当输入"?"时,循环终止
    Wend
    Print "输入的字符个数是:"; n
End Sub
```

4.3.3 Do…Loop 循环

Do…Loop 循环语句也是根据条件决定循环的语句,具有灵活的构造形式,既可以指定循环条件,也可以指定循环终止条件;既可以构成先判断条件形式,也可以构成后判断条件形式。

1. 前测型 Do…Loop 循环结构语句

语句格式如下:

Do [While|Until 条件表达式]
    语句序列 **1**
    [Exit Do]
    [语句序列 2]
Loop

前测型 Do…Loop 循环流程图见图 4.17。
说明:

(1) 条件表达式可以是数值表达式、关系表达式和逻辑表达式。如果是数值表达式作为条件,则非 0 值为真,0 值为假。如果省略条件表达式,则条件会被当做 False 处理。

(2) 语句序列:可以是一条语句,也可以是多条语句。

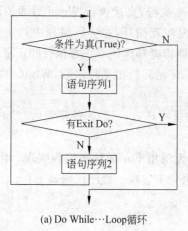
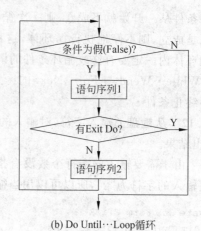

(a) Do While…Loop循环　　　　　　　(b) Do Until…Loop循环

图 4.17　前测型 Do…Loop 循环流程图

（3）Exit Do：表示退出 Do 循环，执行 Loop 后面的语句。

前测型 Do…Loop 循环语句执行过程如下：

（1）Do While…Loop 是前测型当型循环语句，当条件为真（True）时执行循环体，当条件为假（False）时终止循环。

（2）Do Until…Loop 也是前测型当型循环语句，但条件为假（False）时执行循环体，直到条件为真（True）时终止循环。

例 4.13　使用图形框 Image 的 Move 方法和 Do While…Loop 语句来放大和缩小图像。创建的窗体如图 4.18 所示。操作要求如下。

（1）当单击"放大"按钮时，图片在水平方向增量为 3 缇，垂直方向增量为 3 缇，当图形框的高度达到窗体高度时停止放大。

（2）当单击"缩小"按钮时，图片在水平方向增量为 -3 缇，垂直方向增量为 -3 缇，当图形框的宽度缩小到图形框原来的宽度时停止缩小。

图 4.18　例 4.13 的运行结果

分析：Move 方法在第 2 章详细介绍过，读者可以自己参阅相关内容。在本例中，当图形框的宽度缩小到原来的宽度时停止缩小，所以要有一个图形框宽度的基准大小，本例通过设置一个窗体级变量 W 来保存图形框的初始宽度值。图形框放大是以窗体的高度为基准的。如果条件为真，则执行放大或缩小，如果条件为假，则退出放大或缩小。

Image 控件的 Stretch 属性设置为 True。窗体中其他控件属性的设置在此略去。

程序代码如下：

```
Dim W As Integer                        '设置窗体级变量
Private Sub Form_Load ()
  Image1.Picture=LoadPicture (App.Path+"\Car502.jpg")   '加载图片
```

```
        W=Image1.Width                                 '保存图片初始宽度值
End Sub
Private Sub Command1_Click ()                          '"放大"事件过程
    Do While True
        If Image1.Height<Form1.Height Then
            Image1.Move Image1.Left, Image1.Top, Image1.Width+3, Image1.Height+3
        Else
            Exit Do                                    '退出放大操作
        End If
    Loop
End Sub
Private Sub Command2_Click ()                          '"缩小"事件过程
    Do While True
        If Image1.Width>W Then
            Image1.Move Image1.Left, Image1.Top, Image1.Width-3, Image1.Height-3
        Else
            Exit Do                                    '退出缩小操作
        End If
    Loop
End Sub
```

2. 后测型 Do…Loop 循环结构语句

语句格式如下：

Do
    语句序列 1
    [Exit Do]
    [语句序列 2]
Loop [While|Until 条件表达式]

后测型 Do…Loop 循环流程图见图 4.19。

后测型 Do…Loop 循环语句的执行过程如下。

（1）Do…Loop While 是后测型当型循环语句，当条件为真（True）时执行循环体，当条件为假（False）时终止循环。

（2）Do…Loop Until 也是后测型当型循环语句，但条件为假（False）时执行循环体，直到条件为真（True）时终止循环。

前测型当型循环语句与后测型当型循环语句的区别如下。

- 前测型当型循环语句先进行条件判断，如果条件不成立，循环体一次也不被执行。
- 后测型当型循环语句则是先执行一次循环体，然后才进行条件的判断。所以后测型至少执行一次循环体。

前测型与后测型通常情况下是可以互换的。

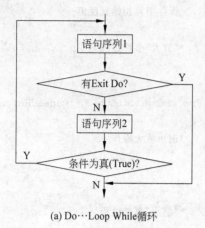

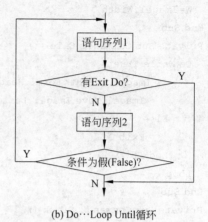

(a) Do…Loop While循环 (b) Do…Loop Until循环

图 4.19　后测型 Do…Loop 循环流程图

例 4.14　某年的世界人口约为 60 亿,如果每年以 1.4％的速度增长,多少年后世界人口达到或超过 70 亿?

分析:假设人口用 P 表示,年数用 N 表示,人口增长率用 R 表示。

当年:P＝60,N＝0

一年后:P＝P＊(1＋R),N＝N＋1

两年后:P＝P＊(1＋R),N＝N＋1

以此类推,直到人口 P 的值等于或大于 70 为止,N 的值就是要求得的年数。

用 Do…Until Loop 代码实现如下:

```
Private Sub Form_Click ()
    Dim P As Single, N%, r!
    P=60: N=0: r=0.014
    Do
        P=P * (1+r)
        N=N+1
    Loop Until P>=70
    Print N; "年后,世界人口将达到"; P; "亿"
End Sub
```

图 4.20　例 4.14 的运行结果

这两段代码的运行结果是一样的,如图 4.20 所示。大家可以试着将本例代码修改为前测型。

4.3.4　多重循环

通常把循环体内部不含有循环语句的循环叫单重循环,而把循环体内含有循环语句的循环称为多重循环,也叫循环嵌套。循环嵌套对 For 循环和 Do…Loop 循环均适用。本节以 For 语句为例,重点介绍在一个循环体内又包含另一个完整循环的双重循环。

例如,分析下面代码的运行结果,分析双重循环的执行情况,单击窗体,在窗体上显示的结果如图 4.21 所示。

图 4.21 双重循环的运行结果

```
Private Sub Form_Click ()
    Dim m%, n%
    For m=1 To 3
        For n=5 To 6
            Print m, n
        Next n
    Next m
End Sub
```

从上面的结果可以看出,外循环的控制变量 m 的值每改变一次,内循环的循环体"Print m,n"就被执行两次。内循环体的语句总共被执行了 3×2 次才完成整个循环过程。因此多重循环的执行机制是,外循环每执行一次,其内循环要执行多次直到内循环结束。如此继续,直到外循环的循环执行完毕,整个多重循环才结束。

对于循环嵌套,使用时应该注意以下几点。

(1) 内循环控制变量与外循环控制变量不能同名。

(2) 外循环必须完全包含内循环,不能交叉。

(3) 采用缩进格式书写,使结构清晰,便于检查。

(4) 利用 Goto 语句可以从循环体内转到循环体外,但是不能从循环体外转入循环体内。

(5) Next 后面的控制变量名可以省略不写。

(6) 如果多层嵌套具有相同的终点时,可以共用一个 Next 语句,此时 Next 后面的循环控制变量不能省略。

例 4.15 打印九九表。输出结果如图 4.22 所示。

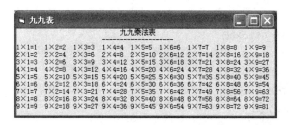

图 4.22 例 4.16 的运行结果

分析:图 4.22 的九九表有 9 行,每行有 9 列数据,因此用双重循环实现,外循环控制行数(i 为 1～9),内循环控制每行的列数(j 为 1～9),每个数据列可以用表达式实现:

```
i & "×" & j & "=" & i * j
```

程序代码如下:

```
Private Sub Form_Click ()
```

```
    Dim se As String, i%, j%
    Form1.Print Tab(30); "九九乘法表"
    Form1.Print Tab(25); "--------------------"
    For i=1 To 9
        For j=1 To 9
            se=i & "×" & j & "=" & i * j
            Form1.Print Tab((j-1) * 8+1); se;
        Next j
        Form1.Print
    Next i
End Sub
```

思考：如果想要打印出如图 4.23 所示的界面，上面的程序应该如何修改？

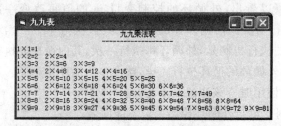

图 4.23　传统格式的九九表

例 4.16　编写一个程序，显示出所有的水仙花数。所谓水仙花数，是指一个三位数，其各位数字的立方和等于数字本身。例如，153 是水仙花数，因为 $153＝1^3＋5^3＋3^3$。

分析：本例可以利用三重循环，将 3 个数连接成一个三位数进行判断。假设三重循环的循环变量依次是 A、B、C，则判断下列表达式是否成立：

$$A * 100＋B * 10＋C＝A^3＋B^3＋C^3$$

因为最小的三位数是 100，所以 A 的取值范围是 1～9，B 和 C 的取值范围均是 0～9。
程序代码如下：

```
Private Sub Form_Click ()
    Dim a%, b%, c%
    For a=1 To 9
        For b=0 To 9
            For c=0 To 9
                If a * 100+b * 10+c=a ^ 3+b ^ 3+c ^ 3 Then
                    Print a * 100+b * 10+c
                End If
            Next c
        Next b
    Next a
End Sub
```

运行上面的程序段，得到所有的水仙花数是 153、370、371 和 407。

———————— Visual Basic 程序设计教程(第 2 版)

4.4 其他辅助语句

1. GoTo 语句

GoTo 语句可以改变程序的执行顺序,跳过程序的某一部分去执行另一部分,或者返回已经执行过的某语句重新执行。因此使用 GoTo 语句可以构成循环。在结构化程序设计中,尽量少用或不用 GoTo 语句,而用选择结构或循环结构来代替。

GoTo 语句的格式如下:

GoTo 行号|标号

其中,"行号"是一个正整数;"标号"是一个以英文字母开头,以冒号":"结尾的标识符。

GoTo 语句的作用是无条件地转移到标号或行号所指定的那行语句。

例 4.17 编写一个程序,判断所输入的数据是否是素数,若是素数,则在窗体上的图片框中显示相应的信息。运行结果如图 4.24 所示。

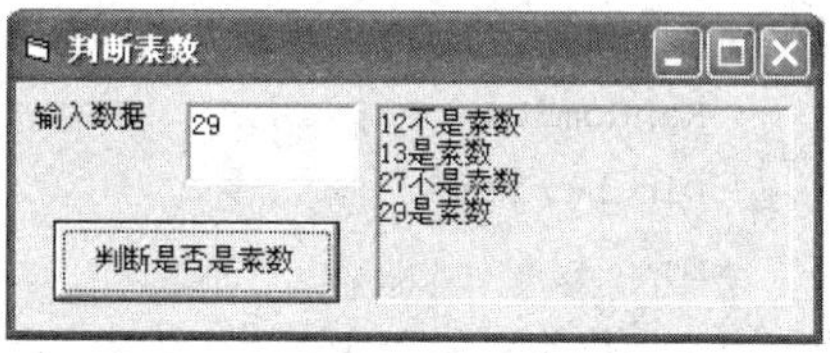

分析:所谓素数,就是除了 1 和它本身外,不能被任何数整除的数。比如,1、3、5、7 等都是素数。根据此定义,要判断某数 m 是否是素数,最简单的方法就是依次用 2 到 $m-1$ 去除 m,只要有一个数能整除 m,m 就不是素数;如果从 2 到 $m-1$ 的数都不能整除 m,则 m 就是素数。

图 4.24 例 4.17 的运行结果

程序代码如下:

```
Private Sub Command1_Click ()
    Dim i%, m%
    m=Val (Text1.Text)
    For i=2 To m-1
    If (m Mod i)=0 Then GoTo NotM          'm能被 i 整除,转向标号 NotM
    Next i
    Picture1.Print m & "是素数"
    GoTo Ended                             '转向标号 Ended
NotM:
    Picture1.Print m & "不是素数"
Ended:
End Sub
```

上面的程序代码算法简单,容易理解,但是运算速度慢。实际上,循环变量的终值可以设置成 m/2 或 Sqr(m),可大大提高程序的运行效率。

思考:如果要找出 1~m 之间的所有素数,程序代码该如何编写?

2. Exit 语句

Exit 语句用于退出某种控制结构的执行。在 Visual Basic 中，Exit 有两种格式，一种是无条件的 Exit，另一种是有条件的 Exit。常见的 Exit 格式如下：

无条件格式   有条件格式

Exit For   **If 条件 Then Exit For**

Exit Do   **If 条件 Then Exit Do**

Exit Sub   **If 条件 Then Exit Sub**

Exit Function   **If 条件 Then Exit Function**

出口语句可以放在循环体的任何地方，也可以设置多个出口语句，出口语句显式地标识了循环的结束点，没有破坏程序的结构，有时还能简化程序的编写，提高程序的可读性。在程序中尽量使用 Exit 出口语句取代 GoTo 语句跳出循环。

例 4.18 运行下面的程序，验证出口语句。程序代码如下：

```
Private Sub Form_Click ()
  Print
  Randomize
  Dim i%, Num%
  Do
      For i=1 To 10
          Num=Int (Rnd * 50)       '产生 0~50 的正整数
          Print Num;               '打印产生的数据
          Select Case Num
            Case 48
                Exit For           '如果产生的数是 48,则退出 For 循环
            Case 21
                Exit Do            '如果产生的数是 21,则退出 Do 循环
            Case 9
                Exit Sub           '如果产生的数是 9,则退出 Sub 过程
          End Select
      Next i
      Print "Exit For"             '打印 Exit For 信息
  Loop
  Print "Exit Do"                  '打印 Exit Do 信息
End Sub
```

由于程序中有 Randomize 语句，所以每次产生的随机数序列是不同的。图 4.25 是某一次单击窗体执行程序时窗体显示的信息。

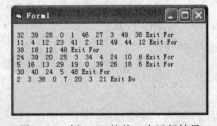

图 4.25 例 4.18 的某一次运行结果

3. Stop 语句

Stop 语句也叫暂停语句,其格式如下:

```
Stop
```

Stop 可以放在过程中的任何地方,用来暂停程序的执行,相当于在程序代码中设置断点。使用 Stop 语句类似于执行"运行"菜单中的"中断"命令,系统自动打开"立即"窗口,方便程序员调试及跟踪程序。因此,程序调试结束后,在生成可执行文件. EXE 之前应删除所有的 Stop 语句。

习　题　四

一、选择题

1. 下列赋值语句中,正确的是_____。

　A. x!="xyz"　　B. a％="x+y"　C. x^2=9　　　D. s$=123

2. 下列赋值语句中,错误的是_____。

　A. x!=10;y$=34.12

　B. Label1. Caption="姓名"

　C. x+1=x

　D. x=10 : x=♯1990/4/12♯ : x=8<12

3. 关于 MsgBox 函数,下列说法正确的是_____。

　A. 执行 MsgBox 函数弹出的对话框是模式(模态)对话框

　B. 执行 MsgBox 函数弹出的对话框是非模式(非模态)对话框

　C. 调用 MsgBox 函数,如省略 Type 参数,则弹出的对话框中没有任何按钮

　D. 调用 MsgBox 函数,如省略 Title 参数,则弹出的对话框中没有标题显示

4. 下列语句正确的是_____。

　A. MsgBox("请输入查询姓名:","256+32+0")

　B. MsgBox "请输入查询姓名:",256+32+0

　C. I= MsgBox("请输入查询姓名:","256+32+0")

　D. I= MsgBox(请输入查询姓名:,vbYesNoCancel)

5. 假定有如下的窗体事件过程:

```
Private Sub Form_Click ()
  Dim a$ , b$ , c$
  a="Microsoft Visual Basic"
  b=Right (a, 5)
  c=Mid (a, 1, 9)
  MsgBox a, 34, b
```

```
End Sub
```

程序运行后,单击窗体,则在弹出的信息框的标题栏中显示的信息是_____。

    A. Microsoft Visual   B. Basic
    C. Microsoft   D. 5

6. MsgBox 函数和 MsgBox 过程的区别是_____。

    A. 执行 MsgBox 函数会弹出一个对话框,而执行 MsgBox 过程不会弹出对话框
    B. 执行 MsgBox 函数弹出的对话框是模态的,而执行 MsgBox 过程弹出的对话框是非模态的
    C. MsgBox 函数和 MsgBox 过程格式是相同的
    D. MsgBox 函数的返回值是一个整数,MsgBox 过程没有返回值

7. 关于 InputBox 函数和 MsgBox 函数,以下说法错误的是_____。

    A. InputBox 函数返回的是用户输入的内容,返回数值类型是一个字符串
    B. MsgBox 函数的返回值是一个整数,这个整数与所选择的按钮有关
    C. InputBox 函数和 MsgBox 函数都有一个必选项 Prompt,而且都是字符型
    D. InputBox 函数弹出的对话框是非模态的,MsgBox 函数弹出的对话框是模态的

8. 假定有以下事件过程代码:

```
Private Sub Command1_Click ()
    Dim x, y, z
    x=InputBox("请输入 x 的值")
    y=Text1.Text
    z=x+y
    Print z
End Sub
```

运行程序后,在 InputBox 函数对话框中输入 123,在文本框中输入 456,则最后在窗体上显示的是_____。

    A. 123   B. 456   C. 123456   D. 579

9. 以下不正确的行 If 语句是_____

    A. If x>y Then Print "x>y"   B. If x Then Print x
    C. If x>y Then Print x.>y   D. If x Then Print x End If

10. 假定有以下事件过程代码:

```
Private Sub Command1_Click ()
    Dim a%, b%, c%
    a=1: b=2: c=3
    If a=b-c Then Print String(3, "ABC") Else Print String(3, "* &#")
End Sub
```

执行上面的程序代码,显示结果是_____。

A. ABC   B. AAA   C. *&#   D. ***

11. 把 a、b 中的最大值存放在 Max 变量中,能够实现此功能的选项是_____。

    A. If a>b Then Max=a Else Max=b End If

    B. If a>b Then Max=a

       Else Max=b

       End If

    C. If a>b Then

           Max=a

       Else

           Max=b

       End If

    D. If a>b Then

           Max=a

       Else

           Max=b

12. 下面程序段的执行结果是_____。

```
Private Sub Form_Click ()
    Dim x%, y%
    x=5: y=-6
    If Not x>0 Then x=y-3 Else y=x+3
    Print x-y; y-x
End Sub
```

    A. -3 3   B. 5 -9   C. 3 -3   D. -6 5

13. 执行下面的程序代码,显示结果是_____。

```
Private Sub Form_Click ()
    Dim a%, k%
    a=6
    For k=1 To 0
        a=a+k
    Next k
    Print k; a
End Sub
```

    A. -1 6   B. -1 16   C. 1 6   D. 11 21

14. 假设有一条 For 循环语句 For x=10 To 1 Step -2,该 For 循环语句的循环次数是_____。

    A. 0   B. 4   C. 5   D. 10

15. 假设有 For 循环语句 For m=1 to 3:Print m^2:Next m,退出循环后,m 的值是_____。

    A. 3   B. 4   C. 9   D. 16

16. 假设有如下窗体事件代码：

```
Private Sub Form_Click ()
    Dim i%, sum%
    sum=0
    For i=2 To 10
        If i Mod 2<>0 And i Mod 3=0 Then
            sum=sum+i
        End If
    Next i
    Print sum
End Sub
```

程序运行后，单击窗体，输出结果是_____。

    A. 12   B. 18   C. 24   D. 30

17. 下列 Case 语句中正确的是_____。

A.
```
Select Case OP
    Case "+"
        T=x+y
    Case "-"
        T=x-y
End Select
```

B.
```
Select Case OP
    Case OP>=1 And OP<=10
        T=x+y
    Case Is>10
        T=x-y
End Select
```

C.
```
Select Case OP
    Case 1 to 3 ,5
        T=x+y
    Case OP>10
        T=x-y
End Select
```

D.
```
Select Case OP
    Case 1 to 5
        T=x+y
    Case OP>10
        T=x-y
End Select
```

18. 下面程序段的执行结果是_____。

```
x=Int (Rnd+4)
  Select Case x
      Case 5
        Print "good"
      Case 4
        Print "pass"
      Case 3
        Print "fail"
  End Select
```

    A. 无显示   B. fail   C. pass   D. good

19. 假设有下面的窗体事件代码：

```
Private Sub Form_Click ()
    Dim i%, sum%
```

```
      i=5: sum=0
      While i>1
          sum=sum+i
          i=i-1
      Wend
      Print sum
   End Sub
```

执行上面的程序代码之后,输出结果是_____。

   A. 无显示　　　 B. 10　　　　 C. 14　　　　 D. 15

20. 假设有下面的循环体:

```
   i=5
   Do
       i=i-1
   Loop While i>=0
```

执行上面的程序段,该循环体被执行的次数是_____。

   A. 一次也不执行　　　　　　　 B. 6 次

   C. 5 次　　　　　　　　　　　 D. 无限次

21. 下面的描述中错误的是_____。

   A. Do Until 条件… Loop 的执行过程是:当条件为 False 时结束循环体的执行

   B. Do While 条件… Loop 的执行过程是:当条件为 False 时结束循环体的执行

   C. Do … Loop While 条件的执行过程是:当条件为 False 时结束循环体的执行

   D. While 条件… Wend 语句的循环体可能一次也不执行

22. 下列程序段的执行结果是_____。

```
Private Sub Form_Click ()
  Dim i%, x%
  i=4: x=5
  Do
    i=i+1: x=x+2
  Loop Until i>=7
  Print "i="; i
  Print "x="; x
End Sub
```

   A. i=4　　　　 B. i=7　　　　 C. i=6　　　　 D. i=7
      x=5　　　　　　 x=15　　　　　　 x=8　　　　　　　 x=11

二、填空题

1. 假设变量 r 表示圆的半径,计算圆的面积并赋给变量 S,使用赋值语句为_____。

2. 给窗体 Form1 的 Caption 属性赋予字符串"启动窗体",使用赋值语句为_____。

3. 如果使用 MsgBox 函数显示提示信息"你要继续吗?",对话框的标题栏显示"提示信息",其中包含"是"和"否"两个按钮并显示询问图标"?",指定第一个按钮为默认按钮,则 MsgBox 函数的格式应写为_____。

4. 执行 MsgBox 函数,返回值的数据类型是_____型,用户通过返回值决定程序执行的流程。该值与用户单击了对话框中的_____有关。

5. 如果执行 InputBox 函数,在弹出的对话框的文本框内输入 123,则函数返回值的数据类型是_____型,如果要转换为数值型,通常使用_____函数。

6. 判断 x 是否是 5 的倍数,若是 5 的倍数,则显示出来,用行 If 语句实现为_____。

7. 判断变量 x 是否大于 0。若大于 0,则累加到变量 S1 中,否则累加到变量 S2 中,使用块 If 语句实现为_____。

8. 判断字符串变量 ch 是否是小写字母,若是则输出 yes,否则输出 no。使用行 If 语句实现为_____。

9. 在循环语句中,反复执行的程序段称为_____,进入循环体的条件称为_____。

10. 如果要使用 Case 子句表示 x 的值为 3 或 5 或 7,正确的表示形式为:Case _____。

11. 如果要使用 Case 子句表示 $x \leqslant 20$,正确的表示形式为:Case _____。

12. 如果要使用 Case 子句表示 $1 \leqslant x \leqslant 20$,或 $50 \leqslant x \leqslant 80$,正确的表示形式为:Case _____。

13. 执行下面的程序段后,s 的值为_____。

```
Dim s%, i!
For i=1 To 5 Step 1.5
  s=s+1
Next i
Print s
```

14. 执行下面的程序段后,num 的值为_____。

```
Dim num%
While num<=2
    num=num+1
Wend
Print num
```

15. 执行下面的程序段后,如果在显示的输入对话框中输入 23,则 y 的值为_____。

```
Dim x%, y%
x=Val (InputBox ("Enter x:"))
y=IIf (x>0, 1, 0)
```

```
Print y
```

16. 执行下面的程序,要求执行 3 次循环体,请填写正确的条件表达式。

```
X=1
Do
    X=X+2 :Print X
Loop Until _____
```

17. 执行下面的程序段后,单击命令按钮,输出结果是_____。

```
Private Sub Form_Click()
    Dim i%, j%, a%
    a=0
    For i=1 To 2
        For j=1 To 4
            If j Mod 2<>0 Then
                a=a+1
            End If
            a=a+1
        Next j
    Next i
    Print a
End Sub
```

18. 以下程序的功能是:从键盘上输入若干个学生的考试分数,统计并输出最高分数和最低分数,当输入负数时结束输入,输出结果。请填空。

```
Private Sub Form_Click ()
    Dim x!, Max!, Min!
    x=InputBox ("Enter a scroe :")
    Max=x: Min=x
    Do While _____ (x>=0)
        If x>Max Then Max=x
        If _____ Then Min=x
        x=InputBox ("Enier a score :")
    Loop
    Print "max="; Max, "min="; Min
End Sub
```

19. 执行下面的程序段后,K 的值为_____。

```
Dim K%
Do While K<=10
    K=K+1
Loop
Print K
```

20. 执行下面的程序段后，Sum 的值为_____，该程序段的功能是_____。

```
Private Sub Form_Click ()
    Dim Sum%, i%
    Sum=0
    For i=1 To 10
        If i/3=i \ 3 Then Sum=Sum+i
    Next i
    Print Sum
End Sub
```

三、编程题

1. 利用随机函数产生 10 个 10～50 的随机数，求出它们的最大值、最小值和平均值。

2. 税务部门征收所得税，规定如下：

(1) 收入在 2000 元以内，免征所得税。

(2) 收入为 2000～5000 元，超过 2000 元的部分纳税 5%。

(3) 收入为 5000～10 000 元，超过 2000 元的部分纳税 5%，超过 5000 元的部分纳税 7%。

(4) 收入超过 10 000 元的，纳税 10%。

使用 InputBox 函数输入职工的工资，计算出应交的税额。

3. 请分别使用 If 嵌套语句和 Select 语句计算以下分段函数的值。

$$y = \begin{cases} 10 & 1 < x < 10 \text{ 且 } x \neq 2, x \neq 4, x \neq 6 \\ 20 & x = 2,4,6 \\ 30 & x \geqslant 10 \\ 40 & x = 0 \end{cases}$$

4. 统计 1～100 中为 3 的倍数的数，并在窗体上以每行 10 个数的格式打印出来。运行结果如图 4.26 所示。

图 4.26　编程题 4 的运行结果

第 5 章 数 组

至此,我们在程序中使用的都是基本数据类型(字符串、整型、实型和逻辑型等)的数据,通过简单变量名来访问它们的元素。除了基本数据类型外,Visual Basic 还提供了数组类型。数组就是一组数据,可以看作是一群简单类型变量的集合,这群变量通过在统一的数组名后加一个下标区分不同的元素。利用数组可以方便灵活地组织和使用数据,在许多场合下,使用数组可以缩短和简化程序。

本章重点介绍数组的概念以及关于数组的相关操作和常用算法,了解控件数组的概念及基本操作。

5.1 数 组 概 述

5.1.1 数组的概念

1. 引例

前面几章使用的是简单数据类型,这些简单数据类型通过一个变量名来存取一个数据。这些数据类型在处理少量变量的时候是没有问题的,而在有大量数据需要处理和存储的情况下,如存储 100 个职工的基本工资,虽然也可以用简单变量名 S1、S2、S3、…、S100 来分别表示,但是这种方法使用了大量的变量名,仅仅是变量的声明就要写大量的变量声明语句,更不方便的是需要大量的变量进行运算。

例如,计算 50 个职工的平均工资,统计并显示高于平均值的人数。用简单变量和循环结构相结合,代码实现如下:

```
Dim S As Single,I%,Sum!
Sum=0
For I=1 To 50
    S=Val(InputBox("请输入基本工资: "))
    Sum=Sum+S
Next I
Print "平均工资是: "; Sum/50
```

上面的例子中无法实现统计高于平均工资的人数。因为存放职工基本工资的变量名 S 是一个简单变量,只能存放一个职工的基本工资。在循环体内输入一个职工的基本工资,就把前一个职工的基本工资冲掉了。如果要统计高于平均工资的人数，必须再将 50 个职工的基本工资重复输入一遍。

　　这时有效的办法是通过数组来解决。数组并不是一种新的数据类型，而是一批相同类型的变量的集合，如一批整型数据、一批字符型数据等。数组使用统一的变量名加上一个下标来存储数据。例如，100 个职工的基本工资用数组变量元素表示如下：

$$S(1)、S(2)、S(3)、\cdots、S(100)$$

其中 S 称为数组名称，1、2、3、……、100 称为数组的下标，数组的下标用来指出某个数组元素在数组中的位置。例如，在上例中 S(8) 代表 S 数组中的第 8 个元素。在 Visual Basic 中，使用下标变量时，数组下标一定要放在括号中。

　　用数组变量和循环结构相结合，代码实现如下：

```
Private Sub Form_Click()
    Dim S(50) As Single,I%,sum!,n%
    sum=0
    For I=1 To 50
        S(I)=Val(InputBox("请输入基本工资："))
        sum=sum+S(I)
    Next I
    Print "平均工资是："; sum/50
    n=0
    For I=1 To 50
        If S(I)>sum/50 Then n=n+1
    Next I
    Print "高于平均工资的人数是："; n
End Sub
```

　　在上面的例子中，第一个 For…Next 循环给 S 数组的 S(1)、S(2)、S(3)、…、S(50) 这 50 个元素分别赋值，只要不退出本事件过程，S 数组各元素的值一直保留，可以被反复地使用。

2. 数组的概念

　　数组并不是一种数据类型，而是一组相同类型的变量的集合。在程序中使用数组最大的好处是用一个数组名代表逻辑上相关的一批数据，用下标表示该数组中的各个元素，和循环语句结合使用，使得程序书写简洁。

　　数组与普通变量不同，普通变量可以采用隐式声明，而数组必须在显式声明后才能使用。数组声明时需指明数组名、类型、维数和数组大小等。具有一个下标的下标变量所组成的数组称为一维数组，而具有两个（或多个）下标的下标变量所组成的数组称为二维（或多维）数组。Visual Basic 中的数组最多可以有 60 维，也就是说最多可以有 60 个下标。比较常用的有一维数组和二维数组，二维及以上的数组可以统称为多维数组。按声明时数组的大小是否确定分为静态（定长）和动态（可变长）两类数组。

　　在上面的引例中：

```
Dim S(50) As Single
```

声明了一个名称为 S 的一维数组,该数组元素存放的数据类型是"单精度",共有 51 个元素,分别是 S(0)、S(1)、S(2)、S(3)、…、S(50)。数组下标的序号是连续的,下标的值不能超过规定的范围 0~50,如果超过规定的范围,系统会给出"下标越界"的提示信息。

5.1.2　一维数组及声明

一维数组是指只有一个下标的数组。一维数组的声明格式有以下两种:

Dim 数组名(下标上界) [As 数据类型名称]

Dim 数组名(下标下界 To 下标上界) [As 数据类型名称]

说明:

(1) 数组名:与简单变量名相同。

(2) 下标上界和下标下界:必须是常数,不可以是表达式或变量。下标下界最小可为-32 768,下标上界最大可为 32 767,省略下标下界,则默认下标下界的值为 0。下标下界必须小于下标上界。

(3) 数据类型名称:可以是 Integer、Long、Single、Double、Currency 和 String 等基本数据类型或用户自定义的类型。数组中各元素的数据类型必须相同,但是如果省略 As 子句,系统定义该数组是"默认数组"。所谓默认数组,就是 Variant 类型的数组,各元素可以是不同类型的数据。

例如,可以用类型符代替"As 数据类型名称",这时的类型符必须写在数组名之后。

```
Dim A(10) As Integer
```

可以写成

```
Dim A%(10)
```

(4) 一维数组的大小为:上界-下界+1。

例如:

```
Dim A(10) As Integer
```

上面的语句声明了名称为 A 的一维数组,数组元素为整型,共有 11 个元素,下标范围是 0~10。如果在程序中使用 A(12),则系统会显示"下标越界"。

```
Dim StrCh(-3 to 5) As String * 5
```

上面的语句声明了名称为 StrCh 的一维数组,数组元素为字符串,每个元素最多存放 5 个字符,共有 9 个元素,下标范围是-3~5。

5.1.3 多维数组及声明

多维数组是指含有多个下标的数组。多维数组的声明格式也有两种：

Dim 数组名(下标上界 1[,下标上界 2…]) [**As** 数据类型名称]

Dim 数组名(下标下界 1 **To** 下标上界 1[,下标下界 2 **To** 下标上界 2…]) [**As** 数据类型名称]

说明：

(1) 数组名、下标上界、下标下界和数据类型名称等的说明与一维数组相同。

(2) 数组的每一维大小为：上界－下界＋1。数组的大小为每一维大小的乘积。

(3) 平时使用最多的多维数组是二维的,所以后面的多维数组都以二维数组为例。

例如：

```
Dim N(2,1 To 3,4) As Integer
```

上面的语句声明了名称为 N 的三维数组,数组元素为整型,第一维下标范围是 $0\sim2$,第二维下标范围是 $1\sim3$,第三维下标范围是 $0\sim4$,数组共有 $3\times3\times5=45$ 个元素。

```
Dim ArrX(1 To 3,0 to 4) As Long
```

上面的语句声明了名称为 ArrX 的二维数组,数组元素为长整型,第一维下标范围是 $1\sim3$,第二维下标范围是 $0\sim4$,数组共有 $3\times5=15$ 个元素,如表 5.1 所示。

表 5.1　二维数组 ArrX 各元素的排列

ArrX(1,0)	ArrX(1,1)	ArrX(1,2)	ArrX(1,3)	ArrX(1,4)
ArrX(2,0)	ArrX(2,1)	ArrX(2,2)	ArrX(2,3)	ArrX(2,4)
ArrX(3,0)	ArrX(3,1)	ArrX(3,2)	ArrX(3,3)	ArrX(3,4)

在定义数组时要注意以下几点：

(1) 数组名的命名规则与变量名的命名规则相同,在命名时,尽量做到“见名知义”。

(2) 在 Visual Basic 中使用数组必须先定义后使用,Visual Basic 对数组不支持隐式声明。

(3) 当用 Dim 语句声明数组时,该语句把数值数组中的全部元素初始化为 0,而把字符串数组中的全部元素初始化为空字符串。

(4) 下标的范围可以用“下标下界 To 下标上界”的形式给出,如果省略下标下界,默认下标下界从 0 开始,为了便于使用,在 Visual Basic 中的窗体层或标准模块层用 Option Base n 语句可以重新设定数组的下标下界为 0 或 1,详见 5.1.5 节的内容。

(5) 声明数组与使用数组元素,其写法可能相同,但是含义却不同,请读者体会。例如：

```
Dim X(50) As Integer          '声明了 X 数组,共有 51 个元素
X(50)= 56                      '给 X 数组中的 X(50)元素赋值
```

(6) 在同一个过程中,数组名不能与变量名同名,否则会出错。例如：

```
Private Sub Form_Click()
```

```
Dim x(10) As Integer
Dim x As String
X(2)=5
x="ABCD"
Print x(2),x
End Sub
```

程序运行后,单击窗体,将显示如图 5.1 所示的信息框。

(7) 在声明数组时,每一维下标都必须是常数,不能是变量或表达式。例如:

```
n=10
Dim A(n) As Integer
Dim Arr(x+3)
```

上面的数组声明都是不合法的,执行上面的操作后,将产生出错信息,如图 5.2 所示。

图 5.1　数组名不能与变量名相同

图 5.2　声明数组元素的个数必须是常数

(8) 在数组声明以外的其他地方出现的数组元素下标可以是变量。例如:

```
Dim X(n) As Integer          'n 是变量,运行时出现如图 5.2 所示的出错信息
X(n)=56                      '使用数组元素时,下标可以是变量,但要防止下标越界
```

(9) 使用数组时,一定注意不要出现下标越界的情况,小于下标下界或大于下标上界都属于下标越界的情况。例如:

```
Dim X(10) As Integer
X(15)=432
```

图 5.3　下标越界提示框

执行上面的语句,系统会提示"下标越界"出错信息,如图 5.3 所示。

5.1.4　与数组有关的语句及函数

1. Option Base 语句

Option Base 语句的格式如下:

Option Base 0|1

该语句的作用是重新定义数组下标的起始值(即下标下界)为 0 或 1。

说明：该语句一定要在窗体模块的通用段或者标准模块中声明。例如：

```
Option Base 1                               '在窗体模块的通用段或者标准模块中声明
Dim SS(15),AA(-2 To 3,3) As Date
```

上面的语句声明了名称为 SS 的一维数组，下标范围是 1～15，共 15 个元素，元素数据类型是 Variant；同时还声明了名称为 AA 的日期型二维数组，第一维下标范围是－2～3，第二维下标范围是 1～3，共有 6×3＝18 个元素。

2. UBound|LBound 函数

UBound|LBound 函数格式如下：

UBound|LBound(<数组名>[,数组维序号])

该语句的作用是返回指定数组的下标上界或下标下界。例如：

```
Option Base 1  '在窗体模块的通用段或者标准模块中声明
Private Sub Form_Click()
    Dim a(100,0 To 3,-3 To 4),b(3)
    Print LBound(a,1),UBound(a,1)
    Print LBound(a,3),UBound(a,3)
    Print LBound(b,1),UBound(b,1)
End Sub
```

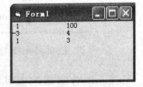

图 5.4　运行结果

单击窗体后，执行上面的代码，运行结果如图 5.4 所示。

3. Array 函数

Array 函数的格式如下：

数组名=Array(表达式 1,表达式 2,表达式 3…)

该函数的作用是：先计算各个表达式的值，然后将表达式 1、表达式 2 和表达式 3 等的值依次赋值给数组的各个元素。

说明：

（1）利用 Array 函数给数组赋值，数组只能是动态变体型。所谓动态数组，就是在声明数组时不给出数组的下标范围。例如：

```
Dim A() As Variant                          '该语句声明了一个名为 A 的动态变体型数组
```

（2）表达式列表可以是任意基本类型数据，各个表达式之间用逗号分隔。

（3）用 Array 函数给数组赋值时，数组名后面的括号可以省略。

（4）Array 函数只能对一维数组进行初始化，不能对二维或多维数组进行初始化。

例如：

```
Option Base 1                               '在窗体模块的通用段或者标准模块中声明
Private Sub Form_Click()
```

```
    Dim A() As Variant,B() As Variant,I%
    A()=Array(1,2,"AB",#7/2/2010#,5.6) '给 A 数组各元素赋予类型不同的值
    B=Array("abc","123","t56")          '给 B 数组各元素赋值,数组名后面的括号可省略
    For I=1 To UBound(A)
        Print A(I);"      ";
    Next I
End Sub
```

单击窗体执行上面的代码,得到图 5.5 所示的窗体。

4. Join 函数

Join 函数的格式如下:

字符型变量名=Join(数组名[,分隔符|空格])

Join 函数的作用是将函数中指定数组的各个元素按指定的分隔符(或空格)连接成字符串。

说明:

(1) 函数的返回值是字符型。

(2) 只需要给出数组名的名称,不需要加括号和下标。

(3) 分隔符是字符型,一定要加引号"""。

例如:

```
Option Base 1                      '在窗体模块的通用段或者标准模块中声明
Private Sub Form_Click()
    Dim a(),S As String            '声明了动态变体型数组 a,声明了字符型变量 S
    a=Array("123","ab","cd")       '给 a 数组赋值
    S=Join(a,"+")                  '以"+"为分隔符将数组 a 的各元素连接成字符串
    Print S                        '输出字符型变量 S 的值
    Print Join(a," ")              '输出以空格为分隔符将数组 a 的各元素连接成的字符串
    Print Join(a,"*")              '输出以"*"为分隔符将数组 a 的各元素连接成的字符串
End Sub
```

单击窗体,执行上面的事件过程代码,得到如图 5.6 所示的界面效果图。

图 5.5　Array 函数的应用

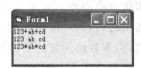

图 5.6　Join 函数的应用

5. Split 函数

Split 函数的格式如下:

字符型数组名=Split(字符串列表,分隔符)

该函数的作用是：将字符串列表按指定的分隔符分隔成一个个数组元素,赋值给字符型数组。

说明:

(1) 字符串列表:可以是多个字符串表达式,各个字符串表达式之间用逗号分隔。

(2) 分隔符:可以是任何字符,分隔符两边要加双引号""""。

(3) Split 函数与 Join 函数互为反函数。

例如:

```
Option Base 0                       '在窗体模块的通用段或者标准模块中声明
Private Sub Form_Click()
    Dim S() As String,i%            '声明了字符型数组 S 和整型变量 i
    S=Split("123,ABc,1+21,-98",",") '将字符串按逗号","分隔成各个元素,给 S 数组赋值
    For i=0 To UBound(S)
        Print S(i),                 '输出 S 数组各元素的值
    Next i
End Sub
```

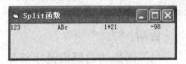

单击窗体,执行上述事件过程代码,得到如图 5.7 所示的界面效果。

图 5.7　Split 函数的应用

5.2　静态数组和动态数组

通俗地讲,所谓静态数组,就是在声明数组时给出数组的下标上界,使用数组元素时,数组的下标不能超出这个上界,因此静态数组也叫定长数组。所谓动态数组,就是在数组声明时不给出数组下标上界,在需要的时候,临时用 ReDim 语句定义。

5.2.1　静态数组及其声明

在声明静态数组时,在数组名后面加一对括号,在括号里用数字或"下标下界 To 下标上界"的方式指明数组的大小。在 5.1.2 节和 5.1.3 节中介绍的一维数组和多维数组都是按静态数组来声明的。

声明了数组之后,就可以对数组进行各种运算了,对数组的操作一般是针对数组中各个元素进行的,由于数组元素的下标是连续的,因此通常结合循环语句,通过引用数组的下标实现。下面通过两个实例进一步熟悉静态数组。

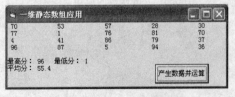

图 5.8　例 5.1 的运行结果

例 5.1　利用随机函数产生 20 个[0~100]之间的随机整数作为学生的考试成绩,以每行 5 个成绩的形式打印在窗体上,并统计出最高分、最低分和平均分。运行结果如图 5.8 所示。

分析：

（1）利用随机函数产生[0～100]之间的随机整数可以使用公式 Int(Rnd * 100)。

（2）求一批数据的最大值（或最小值）的方法：先把第一个数假设为最大值（或最小值），赋予存放最大值的变量 Max（或最小值的变量 Min），然后再对剩余的数据一一与Max（或 Min）比较。

程序代码如下：

```
Option Base 1                              '在窗体模块的通用段中声明
Private Sub Command1_Click()
    Dim S(20) As Integer,i%,Max!,Min!,Total!,avgS!
    Rem 产生 20 个成绩,并每行显示 5 个数
    For i=1 To 20
        S(i)=Int(Rnd * 100)
        Print S(i),
        If i Mod 5=0 Then Print              '控制每行输出 5 个数据
    Next i
    Rem 求最大值、最小值和平均值
    Max=S(1): Min=S(1)                       '设置最大值和最小值的初始值
    Total=S(1)                               '设置总成绩的初始值
    For i=2 To 20
        Total=Total+S(i)
        If S(i)>Max Then Max=S(i)
        If S(i)<Min Then Min=S(i)
    Next i
    avgS=Total/20
    Print
    Print "最高分: ";Max,"最低分: ";Min
    Print "平均分: ";avgS
End Sub
```

例 5.2　利用随机函数生成两个 4 行 4 列的矩阵 A 和 B,其数据范围分别是[20,50]和[100,130],将矩阵数据在图形框中显示出来,并计算两个矩阵的和。

程序界面包括 3 个标签、3 个图形框和两个命令按钮,控件属性设置在此省略。运行界面如图 5.9 所示。

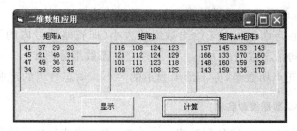

图 5.9　例 5.2 的运行界面

分析：矩阵中每个元素的位置是由所在行和列确定的，因此可以采用二维数组来存储矩阵，数组的第一个下标表示矩阵元素的行，第二个下标表示矩阵元素的列。

程序代码如下：

```
Option Base 1
Dim A(4,4) As Integer,B(4,4) As Integer              '在窗体模块的通用段中声明
Private Sub Command1_Click()
    Dim I%,J%
    For I=1 To 4
        For J=1 To 4
            A(I,J)=Int(Rnd * (50-20+1)+20)           '给 A 数组赋值
            B(I,J)=Int(Rnd * (130-100+1)+100)        '给 B 数组赋值
            Picture1.Print A(I,J);                   '打印 A 数组中的一行
            Picture2.Print B(I,J);                   '打印 B 数组中的一行
        Next J
        Picture1.Print                               '换行
        Picture2.Print
    Next I
End Sub
Private Sub Command2_Click()
    Dim C(4,4) As Integer,I%,J%
    For I=1 To 4
        For J=1 To 4
            C(I,J)=A(I,J)+B(I,J)                     '数组相加
            Picture3.Print C(I,J);                   '打印 C 数组中的一行
        Next J
        Picture3.Print
    Next I
End Sub
```

5.2.2　动态数组及其声明

静态数组在声明以后不可再改变数组的大小，而动态数组就可以在任何时候改变数组的大小。在 Visual Basic 中，动态数组更为灵活方便，有助于有效地管理内存。当一个大数组使用完毕后，动态数组就可以将内存空间释放给系统。

动态数组是指在声明数组时未给出数组的大小（即省略括号内的下标），当要使用它时，再用 ReDim 语句指出数组的大小。因此建立动态数组分两步：

(1) 用 Dim 语句声明数组，但不给出数组的大小。动态数组的声明格式如下：

Dim 数组名() [As 数据类型名称]

(2) 用 ReDim 语句动态地分配数组元素个数，语句格式有如下两种：

ReDim 数组名(下标 1[,下标 2…]) [As 数据类型名称]

ReDim Preserve 数组名(下标 1[,下标 2···]) [As 数据类型名称]

说明:

(1) 下标可以是常量,也可以是已赋值的变量。

(2) "As 数据类型"可以省略;若不省略,必须与 Dim 语句中声明的类型一致。

(3) 每次使用 ReDim 语句都会使原来数组中的值丢失。如果在 ReDim 语句中有关键字 Preserve,则表示不清除原来数组各个元素的值,并重新声明数组的大小。

例如:

```
Private Sub Form_Click()
    Dim arrS() As Single
    ...
    n= Val(InputBox("请输入 n 的值: "))
    ReDim arrS(n)
    ...
End Sub
```

上述代码声明了动态数组 arrS,在程序执行过程中,使用 ReDim 语句重新声明了数组 arrS 的大小,n 是在 ReDim 之前已经赋值的变量。

在使用动态数组时要注意以下几点:

(1) 可以在窗体层的事件过程、窗体层的通用段或标准模块中定义动态数组,其维数在 ReDim 语句中给出,最多不能超过 8 维。

(2) 在一个程序中,可以多次用 ReDim 语句定义同一个数组,随时修改数组中元素的个数。例如:

```
Dim this() As String
Private Sub Form_ Click()
  ReDim this(4)
  this(2)="Book"
  Print this(2)
  ReDim this(6)
  this(5)="Table"
  Print this(5)
End Sub
```

(3) 使用 ReDim 重新定义数组的大小时,系统会对新数组各元素的值重新初始化,即数值型初始化为 0,字符型初始化为空串。如果希望保留数组各元素原有的数据,应使用 ReDim Preserve 格式重新定义数组。例如:

```
Option Base 1
Dim this() As String,i%,j%          '在窗体通用段声明动态数组 this
Private Sub Form_Click()
    ReDim this(2)                    '重新定义数组的大小
    For i=1 To 2
        this(i)="Book"              '给 this 数组赋值
```

```
        Print this(i),
    Next i
    Print
    ReDim Preserve this(4)              '再次定义 this 数组的大小,保留元素原来的值
    this(3)="table": this(4)="pen"      '给新元素赋值
    For i=1 To 4
        Print this(i),                  '输出 this 数组新老元素的值
    Next i
End Sub
```

执行上面的程序段,输出如下结果:

```
Book    Book
Book    Book    table    pen
```

(4) 使用 ReDim 重新定义数组的大小,只能改变数组的个数,不能改变数组的维数,也不能改变数组的类型。例如:

```
Option Base 1
Dim this() As String
Private Sub Form_Click()
    ReDim this(4)                   '重新定义了数组的大小
    this(2)="Book"
    Print this(2)
    ReDim this(2,3) As Integer      '改变了数组的维数,并且改变了数组类型,发生错误
    this(2,2)=12
    Print this(2,2)
End Sub
```

下面来看两个动态数组的应用实例。

例 5.3 编程输出斐波那契序列的前 n 个数,其中 n 在程序运行时由用户输入。要求每行输出 5 个数。斐波那契序列为 $1,1,2,3,5,8,13,21,34,\cdots$。当 $n=30$ 时,运行结果如图 5.10 所示。

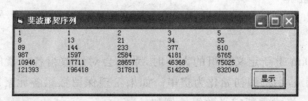

图 5.10 例 5.3 的运行结果

分析:斐波那契序列的特点是:前两个数为 1,其他元素是其前两个元素之和。要计算前 n 个数,可以使用动态数组。如果计算的项数比较多,数值会超过 Integer 的范围,所以将数组类型声明为 Single 或 Double。

程序代码如下:

```
Private Sub Command1_Click()
    Dim a() As Single,n%,i%                        '声明动态数组 a,两个整型变量 n 和 i
    n=Val(InputBox("请输入大于 2 的值: "))
    ReDim a(1 To n)
    a(1)=1: a(2)=1                                 '给前两个元素赋值
    For i=3 To n
        a(i)=a(i-1)+a(i-2)                         '计算序列中第 3 项到第 n 项的值
    Next i
    For i=1 To n
        Print a(i),                               '打印序列中的值
        If i/5=i\5 Then Print                      '每行打印 5 个数换行
    Next i
End Sub
```

5.3　数组的基本操作

数组是程序设计中最常用的结构类型,由于数组的下标是连续的,所以通常将数组元素与循环语句结合使用。在声明数组时用数组名表示该数组的整体,在具体操作时是针对每个数组元素进行的。数组的操作主要包括输入、输出、交换数组元素位置、求数组元素极值和排序等。

5.3.1　数组的输入

数组的输入可以通过 TextBox 控件或 InputBox()函数逐一输入。以下程序段利用 InputBox()函数给数组输入数据。

```
Option Base 1
Private Sub Command1_Click()
    Dim arrN(3,4) As Integer                       '声明一个二维数组
    Dim i%,j%
    For i=1 To 3
        For j=1 To 4
            arrN(i,j)=Val(InputBox("Enter a data:"))   '给数组各元素赋值
        Next j
    Next i
End Sub
```

5.3.2　数组的赋值

在 Visual Basic 6.0 中,将一个数组的值赋给另一个数组只要一条简单的赋值语句即

可。例如：

```
Dim a() As Variant,b() As Variant,i%
a=Array(1,3,5,7)
b=a                                    '将数组 a 的各元素赋给数组 b 对应的元素
For i=0 To 3
  Print b(i);
Next i
```

在数组对数组赋值时要注意下面几点。

（1）赋值号两边的数据类型必须一致。

（2）如果赋值号左边是一个动态数组，则赋值时系统自动将动态数组重新声明（ReDim）成与右边同样大小的数组。

（3）如果赋值号左边是一个定长的数组，则数组赋值出错。

5.3.3　数组的输出

一维数组的输出使用单层 For…Next 循环，二维数组的输出使用两层 For…Next 循环。例如，下面的程序段输出二维数组 x(2,4)的各个元素。

```
For i=1 To 2
    For j=1 To 4
        Print x(i,j);                      '输出数组元素的值
    Next j
    Print                                  '换行
Next i
```

对于方阵或矩阵的输出，必须用两层循环的固定模式，内循环控制每一行的元素，外循环控制行数，在内循环外部用一条 Print 语句表示换行。

5.3.4　求数组极值及数组元素交换

在求数组最大值时，一般先假设一个较小的数为最大值的初值，如果无法估计，则取第一个数为最大值的初值，然后依次将每一个数与最大值比较，若该数大于最大值，则将最大值修改为该数。同理，求最小值时，先假设一个较大的数作为最小值的初值，如果无法估计，则取第一个数为最小值的初值，依次将每一个数与最小值比较，若该数小于最小值，则将最小值修改为该数。

如果要将最大值（或最小值）与数组中的元素交换，还需要在求最大值（或最小值）时保留最大值（或最小值）元素的下标，最后再交换。

例 5.4　求一维数组中各元素之和以及最小元素，并将最小元素与数组中的最后一个元素交换。运行结果如图 5.11 所示。

程序代码如下：

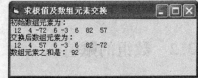

图 5.11　例 5.4 的运行结果

```
Private Sub Form_Click()
    Dim arrN(),Min%,i%,Sum%,imin%,temp%
    arrN=Array(12,4,-72,6,-3,6,82,57)
    Print "初始数组元素为："
    For i=LBound(arrN) To UBound(arrN)
        Print arrN(i);
    Next i
    Min=arrN(0): imin=0                            '设置最小值的初始值,记下最小值的下标
    Sum=arrN(0)
    For i=LBound(arrN) +1 To UBound(arrN)
        Sum=Sum+arrN(i)                                 '求数组元素之和
        If arrN(i)<Min Then Min=arrN(i): imin=i         '求最小值及其位置
    Next i
    '将最小值与最后一个元素交换
    If imin<>0 Then
        temp=arrN(UBound(arrN)): arrN(UBound(arrN))=arrN(imin): arrN(imin)=temp
    End If
    Print
    Print "交换后数组元素为："
    For i=LBound(arrN) To UBound(arrN)                   '打印交换后的结果
        Print arrN(i);
    Next i
    Print
    Print "数组元素之和是："; Sum
End Sub
```

5.3.5　数组排序

排序就是将一组数按照递增或递减的次序排列,例如,将学生成绩以降序排序,将职工工资按升序排序,等等。排序的方法有很多,常用的有选择法、冒泡法、插入法和合并排序等。下面主要介绍选择法和冒泡法。

1. 选择法排序

选择法排序是最简单且最容易理解的算法,其基本思想是：每次在若干个无序数中找出最小数(按递增排序),并与无序数中第一个位置的数交换,所以有 N 个元素的无序序列一共需要 $N-1$ 轮排序,每轮排序需要在当前的无序序列中找出最小值。

假定有下标为 $1 \sim N$ 的 N 个数的序列,要求使用选择法按递增的顺序排序,实现步骤如下：

(1) 从 N 个数中找出最小数的下标,将最小数与第一个数交换位置。通过这一轮排序,第一个数已经确定好其位置。

(2) 在余下的 $N-1$ 个数中再按步骤(1)的方法选出当前无序数中最小数的下标,与

无序数中第一个位置交换。通过这一轮排序,第二个数已经确定好其位置。

（3）依次类推,重复步骤(2),最后构成递增序列。

由此可见,数组排序必须用两层循环才能实现,外循环对应 $N-1$ 轮排序,内循环找出每轮排序时的最小数。

若按递减次序排序,只要每次选最大的数即可。

例 5.5 对已知存放在 A 数组中的 6 个数,用选择法按递增排序。排序进行的过程如下所示。其中左边有单下划线的数表示每一轮找到的最小数,右边有双下划线的数表示与本轮的最小数交换了位置(即交换下标)的数。

A(1)	A(2)	A(3)	A(4)	A(5)	A(6)	原 始 数 据	3	67	2	8	32	19
A(1)	A(2)	A(3)	A(4)	A(5)	A(6)	第一轮比较	2	67	3	8	32	19
	A(2)	A(3)	A(4)	A(5)	A(6)	第二轮比较	2	3	67	8	32	19
		A(3)	A(4)	A(5)	A(6)	第三轮比较	2	3	8	67	32	19
			A(4)	A(5)	A(6)	第四轮比较	2	3	8	19	32	67
				A(5)	A(6)	第五轮比较	2	3	8	19	32	67

图 5.12 为选择法排序的结果。

实现程序代码如下:

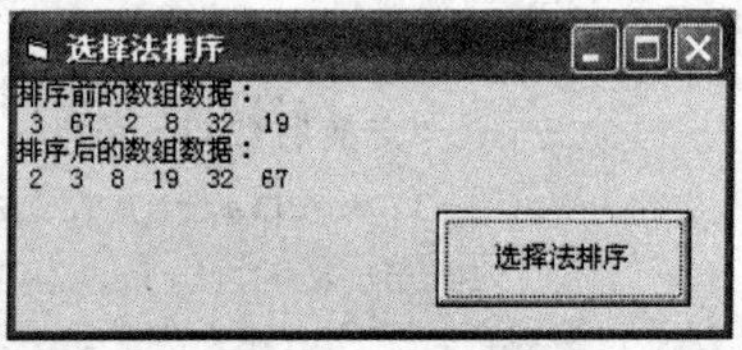

图 5.12 例 5.5 选择法排序的结果

```
Option Base 1
Private Sub Command1_Click()
    Dim a(),i%,j%,temp%,imin%,n%
    a=Array(3,67,2,8,32,19)
    n=UBound(a)                  '获取数组的下标上界
    Print "排序前的数组数据: "
    For i=LBound(a) To UBound(a)
        Print a(i);
    Next i
    For i=1 To n-1
        imin=i                   '第 i 轮比较时,先假定第 i 个元素最小,记下其下标值
        For j=i+1 To n           '在数组的第 i+1~n 个元素中选出最小元素
            If a(j)<a(imin) Then imin=j
        Next j
        temp=a(i)                '第 i+1~n 个元素中选出的最小元素与第 i 个元素交换
        a(i)=a(imin)
        a(imin)=temp
    Next i
    Print
    Print "排序后的数组数据: "
    For i=LBound(a) To UBound(a)
        Print a(i);
    Next i
End Sub
```

2. 冒泡法排序

假设有 N 个数的数组 $a(1)\sim a(N)$，按从小到大的顺序用冒泡法排序。

冒泡法排序的基本思想是：

（1）从第一个元素开始，对数组中两两相邻的元素比较，即 $a(1)$ 与 $a(2)$ 比较，若为逆序，则 $a(1)$ 与 $a(2)$ 交换；然后 $a(2)$ 与 $a(3)$ 比较，……，直到最后 $a(N-1)$ 与 $a(N)$ 比较，这时一轮比较排序结束，一个最大的数"沉底"，成为数组中的最后一个元素 $a(N)$，一些较小的数如同气泡一样"上浮"一个位置。

（2）然后对 $a(1)\sim a(N-1)$ 这 $N-1$ 个数进行与步骤（1）相同的操作，次最大数放入 $a(N-1)$ 元素内，完成第二轮比较排序；依此类推，进行 $N-1$ 轮排序后，所有数均有序。

冒泡排序的进行过程如下所示，带下划线的数是该轮比较后得到的最大数。

A(1)	A(2)	A(3)	A(4)	A(5)	A(6)	原始数据	3	67	2	8	32	19
A(1)	A(2)	A(3)	A(4)	A(5)		第一轮比较	3	2	8	32	19	<u>67</u>
A(1)	A(2)	A(3)	A(4)			第二轮比较	2	3	8	19	<u>32</u>	67
A(1)	A(2)	A(3)				第三轮比较	2	3	8	<u>19</u>	32	67
A(1)	A(2)					第四轮比较	2	3	<u>8</u>	19	32	67
A(1)						第五轮比较	2	<u>3</u>	8	19	32	67

例 5.6 用冒泡法实现例 5.5 的排序问题，程序代码如下：

```
Option Base 1
Private Sub Command1_Click()
    Dim a(),i%,j%,temp%,imin%,n%
    a=Array(3,67,2,8,32,19)
    n=UBound(a)                      '获取数组的下标上界
    Print "排序前的数组数据: "
    For i=LBound(a) To UBound(a)
        Print a(i);
    Next i
    For i=1 To n-1                    '有 n 个数,进行 n-1 轮比较
        For j=1 To n-i               '每一轮对 1~n-i 的元素两两相邻比较,大数沉底
            If a(j)>a(j+1) Then
                temp=a(j): a(j)=a(j+1): a(j+1)=temp     '次序不对,交换位置
            End If
        Next j
    Next i
    Print
    Print "排序后的数组数据: "
    For i=LBound(a) To UBound(a)
        Print a(i);
```

```
        Next i
    End Sub
```

5.3.6 插入数据

在一组有序数据中插入一个数,使这组数据仍然有序,插入的基本思想是:

(1) 首先要查找待插入数据在数组中的位置 k。

(2) 然后从最后一个元素开始往前直到下标为 k 的元素依次往后移动一个位置。

(3) 第 k 个元素的位置空出,将数据插入。

例 5.7 在有序数组 a 中插入数值 x(x 值通过文本框获得,假定为 15)的过程如图 5.13 所示。程序运行结果如图 5.14 所示。

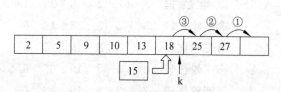

图 5.13 插入元素示意图

图 5.14 例 5.7 的运行结果

程序代码如下:

```
Private Sub Command1_Click()
    Dim a(),k%,x%,n%,i%
    x=Val(Text1.Text)
    a=Array(2,5,9,10,13,18,25,27)
    n=UBound(a)
    Print "插入 x 前的数组元素:"
    For i=LBound(a) To n
        Print a(i);
    Next i
    For k=LBound(a) To n            '查找要插入的数 x 在数组中的位置
        If x<a(k) Then Exit For
    Next k
    ReDim Preserve a(n+1)
    For i=n To k Step -1            '从插入位置起的数组元素后移一位,腾出位置
        a(i+1)=a(i)
    Next i
    A(k)=x                         '数 x 插入到空出的位置,使数组保持有序
    Print
    Print "插入 x 后的数组元素:"
    For i=0 To n+1
```

──── Visual Basic 程序设计教程(第 2 版)

```
        Print a(i);
    Next i
End Sub
```

5.3.7　删除数据

例 5.8　从数组 a 中将与变量 x(假定值为 10)的值相同的数组元素删除。

删除数据操作的步骤如下：首先找到要删除的数组元素的位置 k，然后从第 $k+1$ 到第 n 个位置各向前移动一位，最后将数组元素的个数减 1。删除操作过程如图 5.15 所示，程序运行结果如图 5.16 所示。

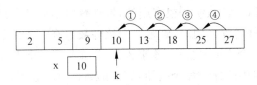

图 5.15　删除数据操作示意图

图 5.16　例 5.8 的运行结果

程序代码如下：

```
Private Sub Command1_Click()
    Dim a(),k%,x%,n%,i%
    a=Array(2,5,9,10,13,18,25,27)
    n=UBound(a)
    Form1.Cls
    Print "删除 x 前的数组元素："
    For i=LBound(a) To n: Print a(i);: Next i
    x=Val(Text1.Text)                    '获取要删除的数据
    For k=LBound(a) To n                 '查找要删除的数 x 在数组中的位置
        If x=a(k) Then Exit For
    Next k
    If k>n Then MsgBox "数组中不存在此数": Exit Sub
    For i=k+1 To n                       '将 x 后的各数组元素均左移一位
        a(i-1)=a(i)
    Next i
    n=n-1
    ReDim Preserve a(n)                  '使数组元素减少一位
    Print
    Print "删除 x 后的数组元素："
    For i=0 To n: Print a(i);: Next i
End Sub
```

5.4 控 件 数 组

5.4.1 控件数组的基本概念

控件数组由一组相同类型的控件组成,这些控件具有相同的名称和同样的属性设置。当建立控件数组时,数组中的每个控件通过唯一的索引号(Index 属性)来区分,Index 属性值一般从 0 开始,可以通过"属性"窗口查看索引号的值。控件数组的名字由 Name 属性指定,而数组中的每个元素则由 Index 属性指定。和普通数组一样,控件数组的下标也放在圆括号内,如 Command1(0)、Command1(1)、……。

当有若干个控件执行大致相同的操作时,控件数组是很有用的,控件数组不但具有相同的名称和相同的属性,而且共享同样的事件过程。例如,假定一个控件数组有 3 个命令按钮,则不管单击哪一个按钮,都会调用同一个 Click 过程,该事件过程加入了一个下标(Index)参数,例如单击 Command1 控件数组中的任一命令按钮,调用的事件过程如下:

```
Private Sub Command1_Click(Index As Integer)
    ...
End Sub
```

通过判断 Index 的值,就可以判定单击了控件数组中的哪一个命令按钮,第一个命令按钮的 Index 值为 0,第二个命令按钮的 Index 值为 1,依此类推。在设计阶段可以改变控件数组元素的 Index 属性值,但不能在运行时改变。例如,当单击第 3 个命令按钮时,命令按钮上显示"第三个按钮",实现代码如下:

```
Private Sub Command1_Click(Index As Integer)
    If Index=2 Then
        Command1(Index).Caption="第三个按钮"
    End If
End Sub
```

5.4.2 建立控件数组

控件数组的建立可以在设计时进行,也可以在程序运行时进行。

1. 在设计时建立控件数组

在设计时建立控件数组的步骤如下。

(1) 在窗体上画出某个控件。

(2) 选中该控件,进行复制和粘贴操作,系统会提示:

"已有了命名的控件,创建一个控件数组吗?"

单击"是"按钮后,就建立了控件数组元素;进行若干次粘贴操作,就建立了所需个数的控件数组元素。

（3）进行事件过程的编码。

例 5.9 建立含有 4 个命令按钮的控件数组,当单击某个命令按钮时,分别显示不同的图形或结束操作。

本例中有 4 个命令按钮和 1 个图形框,运行界面如图 5.17 所示,控件名称及其属性设置见表 5.2。

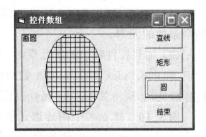

图 5.17 例 5.9 的运行界面

表 5.2 例 5.9 的控件名称及其属性设置

控件名称	属性名及属性值设置	控件名称	属性名及属性值设置
Command1	Index＝0　Caption＝"直线"	Command2	Index＝1　Caption＝"矩形"
Command3	Index＝2　Caption＝"圆"	Command4	Index＝3　Caption＝"结束"

程序代码如下:

```
Private Sub Command1_Click(Index As Integer)
    Picture1.Cls
    Picture1.FillStyle=6                        '填充十字线形
    Select Case Index
        Case 0
            Picture1.Print "画直线"
            Picture1.Line(2,2)-(7,7)
        Case 1
            Picture1.Print "画矩形"
            Picture1.Line(2,2)-(7,7),,BF
        Case 2
            Picture1.Print "画圆"
            Picture1.Circle(4.5,4.5),3.5,,,,1.4  '画长椭圆
        Case Else
            End
    End Select
End Sub
Private Sub Form_Load()
    Picture1.Scale(0,0)-(10,10)                  '设置图形所画的坐标位置
End Sub
```

2. 在运行时建立控件数组

在运行时建立控件数组的步骤如下。

（1）在窗体上画出某控件,设置该控件的 Index 属性值为 0,表示该控件为数组,也可以对该控件的其他属性进行设置,这是建立的第一个元素。

（2）在编程时通过 Load 方法添加其余的若干个元素，也可以通过 UnLoad 方法删除某个添加的元素。

（3）加载控件数组的新元素时，大多数属性值将从数组中的第一个元素复制，但不会自动把 Visible、Index 和 TabIndex 数组值复制到控件数组的新元素中，所以，为了使新添加的控件可见，必须将其 Visible 属性设置为 True。控件的位置可通过 Left 和 Top 属性设置。

例 5.10　建立一个图片展示的程序，当单击窗体时，可在窗体上显示不同的图片。

分析：该程序使用的控件是图像框（Image），所以首先在窗体上添加一个图像框 Image1，调整到合适大小，将其 Visible 属性设置为 False，Index 属性设置为 0，BorderStyle 属性设置为 1，并设其 Stretch 属性值为 True，这样加载图像时图像将调整大小来适应 Image 控件（图像框的属性详见 7.10.2 节）。

当单击窗体时，通过 Load 方法添加控件数组中的其他元素。程序运行结果如图 5.18 所示。

图 5.18　例 5.10 的运行结果

程序代码如下：

```
Private Sub Form_Click()
    Dim mtop%,mleft%,i%,j%,n%
    Dim picname()                          '声明数组,用来存放图片
    picname=Array("度假.jpg","童心.jpg","宽恕.jpg","自信.jpg","目标.jpg","大海.jpg")
    mtop= Image1(0).Top
    For i=1 To 2                           '图片分两行显示
        mleft= Image1(0).Left
        For j=1 To 3
            n=(i-1) * 3+j                  '计算控件数组元素的下标值
            '加载控件数组元素,并装载图片,设置控件数组元素的属性
            Load Image1(n)
            Image1(n).Picture=LoadPicture(App.Path+ "\"+picname(n-1))
            Image1(n).Visible=True
            Image1(n).Top=mtop
            Image1(n).Left=mleft
            mleft=mleft+ Image1(0).Width+200    '计算下一列 Image 的 Left 属性
        Next j
```

```
        mtop=mtop+Image1(0).Height+200        '计算下一行 Image 的 Top 属性
    Next i
End Sub
```

5.5　数组在自定义数据类型中的应用

数组能够存放一组性质相同的数据,例如一批学生某门课的考试成绩、某些产品的销售量等。而如果要同时表示学生的一些基本信息,例如学生的姓名、性别、出生日期和考试成绩等若干项信息,每项信息的意义不同,数据类型也不同,但要同时作为一个整体来描述和处理,在这种情况下,在 Visual Basic 中通过前面介绍的用户自定义类型(3.1.2 节)结合数组来解决是非常方便的。自定义类型数组就是数组中的每个元素是自定义类型的。

例 5.11　利用自定义数据类型声明一个职工数据类型,该数据类型包括的元素有 EmpNo(职工号)、Name(姓名)和 Salary(工资)。要求实现的功能如下。

(1) 输入功能:单击"输入"按钮,输入一个职工的信息,最多不超过 50 个职工。

(2) 显示功能:单击"显示"按钮,在 Picture1 上显示已经输入的职工的全部信息。

(3) 排序功能:单击"排序"按钮,则按工资递减的顺序排列,并在 Picture2 上显示有关信息。

窗体上有 3 个标签、3 个文本框、3 个命令按钮和两个图片框,各个控件的属性设置在此省略。各个控件的布局和程序运行效果如图 5.19 所示。

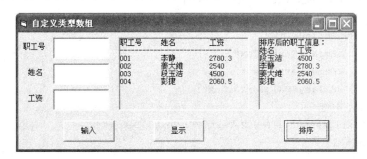

图 5.19　例 5.11 的控件布局和运行结果

分析:

(1) 自定义数据类型可以在标准模块内定义,也可以在窗体通用段定义,若在窗体通用段定义,必须为 Private。

(2) 为了保存当前职工的人数,用于计数的变量应在窗体通用段声明,这样可以被多个过程共享。

(3) 假设自定义数据类型名称为 EmployeType,自定义数据类型数组 Employe 及数组元素的表示见表 5.3。

表 5.3　自定义数据类型数组 Employe 及数组元素的表示

	EmpNo	Name	Salary
Employe(0)	Employe(0). EmpNo	Employe(0). Name	Employe(0). Salary
Employe(1)	Employe(1). EmpNo	Employe(1). Name	Employe(1). Salary
⋮	⋮	⋮	⋮
Employe(i)	Employe(i). EmpNo	Employe(i). Name	Employe(i). Salary
⋮	⋮	⋮	⋮
Employe(49)	Employe(49). EmpNo	Employe(49). Name	Employe(49). Salary

（4）用选择法对职工工资按降序进行排序时，除了要交换工资，还要将对应的 EmpNo 和 Name 同时进行交换。

程序代码如下：

```
Private Type EmployeType          '在窗体通用段声明自定义数据类型
    EmpNo As String * 5
    Name As String * 5
    Salary As Single
End Type
Dim Employe(49) As EmployeType    '在窗体通用段声明自定义数据类型数组 Employe
Dim n%                            '在窗体通用段声明,存放当前已输入的职工人数
Private Sub Command1_Click()      '输入职工信息
    If n>=50 Then
        MsgBox "输入人数超过数组声明的个数"
    Else
        With Employe(n)
            .EmpNo=Text1.Text
            .Name=Text2.Text
            .Salary=Val(Text3.Text)
        End With
        Text1.Text="": Text2.Text="": Text3.Text=""
        n=n+1
    End If
End Sub
Private Sub Command2_Click()      '显示已输入的职工信息
    Dim i%
    Picture1.Cls
    Picture1.Print "职工号        姓名          工资"
    Picture1.Print "----------------------------------------"
    For i=0 To n -1
        With Employe(i)
            Picture1.Print Trim(.EmpNo);Tab(12);.Name;Tab(24);.Salary
        End With
```

```
        Next i
End Sub
Private Sub Command3_Click()              '对已输入的职工信息按工资递减排序
    Dim i%,%j%,%imax%,%temp As Variant
    For i=0 To n-1
        imax=i                      '第 i 轮比较时,先假定第 i 个元素最大,记下其下标值
        For j=i+1 To n                  '在数组的第 i+1~n 个元素中选出最大元素
            If Employe(j).Salary>Employe(imax).Salary Then imax=j
        Next j
        temp=Employe(i).EmpNo: Employe(i).EmpNo=Employe(imax).EmpNo: Employe
        (imax).EmpNo=temp
        temp=Employe(i).Name: Employe(i).Name=Employe(imax).Name: Employe
        (imax).Name=temp
        temp=Employe(i).Salary: Employe(i).Salary=Employe(imax).Salary: Employe
        (imax).Salary=temp
    Next i
    Picture2.cls
    Picture2.Print "排序后的职工信息: "
    Picture2.Print "姓名        工资"
    For i=0 To n-1
        Picture2.Print Employe(i).Name;Tab(10);Employe(i).Salary
    Next i
End Sub
```

习　题　五

一、选择题

1. 以下属于合法的数组元素是_____。

   A. x3　　　　　　　B. x[3]　　　　　　C. x(3)　　　　　　D. x{3}

2. 设有如下数组声明语句,则数组 S 共有_____个元素。

```
Option Base 1
Dim S(-1 to 3, 5)
```

   A. 24　　　　　　　B. 20　　　　　　　C. 25　　　　　　　D. 30

3. 下面的数组声明语句中正确的是_____。

   A. Dim S[1 to 3] As String　　　　B. Dim S(1:3,0:5) As String

   C. Dim S(1 to 3)%　　　　　　　　D. Dim S%(1 to 3)

4. 下列_____语句可以为动态数组分配实际元素个数。

   A. Dim　　　　B. Public　　　　C. Private　　　　D. ReDim

5. 在下面的数组声明中,数组 a 包含的元素个数为_____。

Dim a(3,-2 to 2,4)

    A. 40   B. 50   C. 60   D. 100

6. 下面关于数组的说法中不正确的是_____。

    A. 静态数组在声明时大小必须固定

    B. 动态数组在声明时大小可以不固定

    C. 默认情况下,数组的下界为 0

    D. 动态数组的大小和维数在程序运行时都可以改变

7. 下列叙述中不正确的是_____。

    A. 数组是用户自定义的数据类型

    B. 数组元素在内存中是连续存放的

    C. 数组在声明时若省略[As 数据类型],则默认为是变体型,数组可以存放各种类型的数据

    D. 重新声明动态数组用 ReDim 语句,若加上 Preserve 参数,则保留数组中原有的数据

8. 控件数组 Text1 中各个对象是通过_____属性来区分的。

    A. ListIndex   B. Index   C. TabIndex   D. Name

9. 对于一个命令按钮控件数组 Command1,下列说法错误的是_____。

    A. 控件数组的名称都是 Command1

    B. 控件数组 Command1 具有相同的 Caption 属性

    C. 表示一个控件数组 Command1 的方法是 Command1(Index)

    D. 控件数组 Command1 可以使用同一个事件过程

10. 在窗体上画一个命令按钮,然后编写如下事件过程代码:

```
Option Base 1
Private Sub Command1_Click()
  Dim a()
  a=Array(1,2,3,4,5)
  Print a(3),UBound(a)
End Sub
```

程序运行后,单击命令按钮,则在窗体上显示的内容是_____。

    A. 3   5   B. 3   4   C. 4   5   D. 4   4

11. 在窗体上画一个命令按钮,然后编写如下事件过程代码:

```
Option Base 1
Private Sub Command1_Click()
  Dim a(),i%
  a=Array(1,2,3,4,5)
  For i=LBound(a) To UBound(a)
    a(i)=a(i) * a(i)
  Next i
```

```
    Print a(i)
  End Sub
```

程序运行后,单击命令按钮,则在窗体上显示的内容是_____。

    A. 9   B. 16   C. 25   D. 下标越界

12. 假设有以下程序:

```
Option Base 1
Dim a() As Integer
Private Sub Form_Click()
    Dim i%,j%
    ReDim a(3,2)
    For i=1 To 3
        For j=1 To 2
            a(i,j)=i*2
        Next j
    Next i
    ReDim Preserve a(3,4)
    For j=3 To 4
        a(3,j)=j*3
    Next j
    Print a(3,2); a(3,4)
End Sub
```

程序运行后,单击窗体,输出结果为_____。

    A. 6   12   B. 0   12   C. 0   0   D. 出错

13. 设有如下程序:

```
Option Base 1
Dim a() As Variant
Private Sub Form_Click()
    Dim i%,j%,sum%
    sum=0
    a=Array(1,2,3,4,5,6,7,8,9,10)
    For i=1 To 10
        If a(i)/3=a(i)\3 Then sum=sum+a(i)
    Next i
    Print sum
End Sub
```

单击窗体后,在窗体上显示的结果是_____。

    A. 12   B. 15   C. 18   D. 24

14. 在窗体上画一个名称为 Label1 的标签,然后编写如下事件过程:

```
Private Sub Form_Click()
    Dim a(10,10) As Integer
```

```
        Dim i%,j%
        For i=1 To 4
            For j=2 To 4
                a(i,j)=i * j
            Next j
        Next i
        Label1.Caption=Str(a(2,2))+str(a(3,3))
    End Sub
```

程序执行后,单击窗体,在标签中显示的内容是_____。

    A. 12   B. 13   C. 49   D. 50

15. 在窗体上画一个名称为 Command1 的命令按钮,然后编写如下事件过程:

```
Private Sub Command1_Click()
    Dim x(),i%,c%,d%
    c=6: d=0
    x=Array(2,4,6,8,10,12)
    For i=LBound(x) To UBound(x)
        If x(i)>c Then
            d=d+ x(i): c=x(i)
        Else
            d=d-c
        End If
    Next i
    Print d
End Sub
```

执行程序后,单击命令按钮,则在窗体上显示的内容是_____。

    A. 12   B. 13   C. 15   D. 18

二、填空题

1. 控件数组的名字由_____属性指定,而数组中每个元素由_____属性来区分。

2. 由 Array 函数建立的数组类型必须是_____。

3. 对于正在使用的数组 A,在保留原有数据的基础上再增加一个单元,则应使用语句_____。

4. 在窗体上画一个命令按钮 Command1,然后编写如下代码:

```
Private Sub Command1_Click()
    Dim x(1 To 50),i%,max%,min%
    For i=1 To 50
        x(i)=Int(Rnd * 100)
    Next i
    max=x(1): min=x(1)
```

```
    For i=1 To 50
        If _____ Then max=x(i)
        If _____ Then min=x(i)
    Next i
    Print "max=";max,"min=";min
End Sub
```

程序运行后,将产生 50 个_____范围内的随机数放入 x 数组中,然后求出 x 数组中的最大值 max 和最小值 min。请填空使程序完整。

5. 在窗体上画一个命令按钮 Command1,然后编写如下代码:

```
Private Sub Command1_Click()
    Dim s() As Integer,k%,a%,b%
    a=InputBox("请输入第一个数: ")
    b=InputBox("请输入第二个数: ")
    ReDim s(a To b)
    For k=LBound(s) To UBound(s)
        s(k)=k
        Print "s(";k;")=";s(k)
    Next k
End Sub
```

程序运行后,单击命令按钮,在输入对话框中分别输入 2 和 3,输出结果是_____。

6. 下列程序的功能是产生 10 个[30,80]之间的随机整数,并统计其中 5 的倍数所占的比例,请填空使程序完整。

```
Private Sub Command1_Click()
    Dim s(1 To 10) As Integer,k%,n%
    For k=1 To 10
        s(k)=_____
        If _____ Then n=n+1
        Print s(k);
    Next k
    Print
    Print (n/10) * 100; "%"
End Sub
```

7. 下列程序段的功能是形成一个主对角线上元素值为 1、其他元素为 0 的 6×6 矩阵,请填空使程序完整。

```
Private Sub Command1_Click()
    Dim s(1 To 6,1 To 6) As Integer,m%,n%
        For m=1 To 6
            For n=1 To 6
                If m=n Then
                _____
```

```
        Else
            _____
        End If
        Print _____
    Next n
    Print
  Next m
End Sub
```

8. 在窗体上画一个命令按钮 Command1,然后编写如下程序代码,程序执行后,单击命令按钮,输出结果是_____。

```
Private Sub Command1_Click()
    Dim s(10) As Integer,m%,x%
    For m=1 To 10
        s(m)=12-m
    Next m
    x=6
    Print s(2+s(x))
End Sub
```

三、编程题

1. 利用随机函数产生 20 个学生的成绩,统计 0~59、60~69、70~79、80~89、90~100 分数段的人数,并显示结果。产生的数据在 Picture1 显示,统计结果在 Picture2 显示。运行结果如图 5.20 所示。

2. 利用随机函数产生 20 个两位数,用选择法从小到大排序后输出。

图 5.20　编程题 1 的运行结果

3. 利用随机函数产生两个 4 行 4 列的 **A** 矩阵和 **B** 矩阵,**A** 矩阵的数据范围为[30,70],**B** 矩阵的数据范围为[100,150](数据不一定相同),例如:

$$A=\begin{pmatrix} 54 & 70 & 67 & 39 \\ 42 & 61 & 30 & 62 \\ 63 & 58 & 30 & 46 \\ 65 & 62 & 45 & 69 \end{pmatrix} \quad B=\begin{pmatrix} 114 & 102 & 148 & 118 \\ 126 & 139 & 102 & 130 \\ 123 & 115 & 131 & 133 \\ 113 & 114 & 142 & 120 \end{pmatrix}$$

然后完成下列操作:

(1) 输出 **A** 矩阵两个对角线上的数。

(2) 以上三角显示 **B** 矩阵。

(3) 求 **B** 矩阵的最小值。

(4) 将两个矩阵相加的结果放入 **C** 矩阵中,并显示 **C** 矩阵。

程序运行结果如图 5.21 所示。

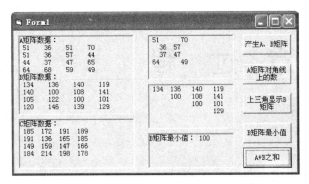

图 5.21　编程题 3 的运行结果

4. 设有如下人员名册：

姓名	性别	年龄	籍贯	姓名	性别	年龄	籍贯
段玉洁	女	25	山东	王道俊	男	24	北京
彭捷	女	28	安徽	…	…	…	…

试编写程序，程序运行后，只要在键盘上输入姓名，就可以对该名册进行检索，将搜索的结果显示在窗体上。操作要求如下：

(1) 使用动态数组，输入的人数可以根据实际情况改变。

(2) 当检索名册中不存在该人员时，输出相应的提示信息。

(3) 每次检索结束后，询问是否继续检索，根据输入的信息确定是否结束程序。

5. 某单位开运动会，共有 8 人参加男子 100 米短跑，运动员号和成绩如下：

运动员号	成绩	运动员号	成绩	运动员号	成绩	运动员号	成绩
207	14.5 秒	341	15.2 秒	077	15.1 秒	129	13.7 秒
156	14.2 秒	403	15.4 秒	231	14.7 秒	108	13.9 秒

请使用自定义类型数组编写程序，按成绩排出名次，并将排名结果输出。

四、简答题

1. 在 Visual Basic 6.0 中，数组的下标下界默认是 0，用什么语句可以重新定义数组的默认下标下界？该语句要放在什么位置？用什么函数可以获得数组的下标上界值？

2. 程序运行时，如果显示"下标越界"，可能有哪些情况？

3. 已知下面的数组声明，写出它的数组名、数组类型、维数、各维的下标上下界和数组的大小。

```
Dim A(-1 To 2,3) As Single
```

4. 简述运行时添加控件数组的步骤。

5. 简述静态数组和动态数组的区别。重新定义动态数组时使用 Preserve 关键字的作用是什么？

第 **6** 章 过 程

在应用程序编写中,有时问题比较复杂,程序代码量不断增加,可能会有多个事件过程使用一段相同的代码,从而造成程序代码的重复,为此,可以使用 Visual Basic 提供的自定义过程将重复使用的程序代码定义成一个个过程,像使用内部函数一样调用这些自定义过程。使用过程的好处是使程序简练,便于调试和维护。

在 Visual Basic 6.0 中,自定义过程分为以下几种:

(1) 以 Sub 关键字开始的子过程。

(2) 以 Function 关键字开始的函数过程。

(3) 以 Property 关键字开始的属性过程。

(4) 以 Event 关键字开始的事件过程。

本章介绍的自定义过程有以 Function 关键字开始的函数过程和以 Sub 关键字开始的子过程。

6.1 函 数 过 程

在第 3 章中介绍了大量的 Visual Basic 常用内部函数,如数学函数、转换函数、字符串函数和日期时间函数等,这些函数使用起来非常方便,只需要写出函数名和相应的参数,就可以得到函数的运算结果。例如,Sin(20)、Left("ABCDE",3)等,执行某个函数时,实际上是执行这个函数所对应的后台代码,从而得到一个函数值,系统将函数值反馈给用户。在实际应用中,如果某些程序代码需要多次反复使用,可以将其定义为函数过程,像 Visual Basic 常用内部函数一样,可以被多次调用。

6.1.1 函数过程的定义

定义自定义函数过程有两种方法。

1. 利用菜单命令"工具|添加过程"定义

操作步骤如下。

（1）在窗体或模块的代码窗口中选择菜单命令"工具|添加过程"，弹出"添加过程"对话框，如图 6.1 所示。

（2）在"名称"框中输入自定义函数过程名（过程名中不允许有空格）；在"类型"选项组中选取"函数"；在"范围"选项组中选取"公有的"定义一个公共级的全过程，选取"私有的"定义一个标准模块级/窗体级的局部过程。

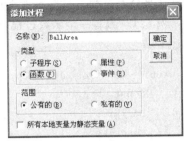

图 6.1 "添加过程"对话框

（3）单击"确定"按钮，出现下列函数过程模板，用户就可以在其中输入代码了：

```
Public Function BallArea ()
    …
End Function
```

2．利用代码窗口直接定义

在窗体/标准模块的代码窗口把插入点定位在所有过程之外，直接输入函数过程。自定义函数过程的格式如下：

[Static][Public][Private]Function 函数过程名**([**参数列表**]) [As 类型]**
  过程体
  函数名= 表达式   '此函数名赋值语句至少出现一次
End Function

说明：

（1）自定义函数过程必须以 Function 开头，以 End Function 结束。

（2）函数过程名的命名规则与变量的命名规则相同。不要与 Visual Basic 关键字同名，不要与内部函数同名，不要与同一级别的变量同名。

（3）参数列表指明了调用时传送给函数过程的简单变量名或数组名，各参数之间用逗号分隔。参数列表同时还指明了参数的类型及个数。参数列表的形式如下：

[ByVal|ByRef] 变量名**[()] [As 类型] [,[ByVal|ByRef]** 变量名**[()] [As 类型]…]**

参数只能是简单变量名或数组名（若为数组名则后加（））,在定义时没有具体的值，所以也叫形式参数（简称形参）或哑元。ByVal 表示当该过程被调用时参数按值传递；ByRef 表示参数按地址（引用）传递；若省略，则默认为是按地址传递。参数的传递将在6.3节详细介绍。函数过程无参数时，函数名后面的括号不能省略，这是函数过程的标志。

（4）过程体中可以包含局部变量或常数定义及语句块。若要在过程体中退出函数过程，可以使用 Exit Function 语句。需要注意的是，在函数过程体中至少要对函数名赋值一次（是给函数名赋值，函数名后面不能加括号和参数）。

（5）"As 类型"表明自定义函数的返回类型，若省略，则默认为是变体型（Variant）。

（6）在编程时可以对用户自定义的函数使用不同的访问修饰符，从而定义它们的访问级别,Visual Basic 中常用的访问修饰符有 Private、Public 和 Static,若省略访问修饰符则默认是公有过程。参见 6.4 节的详细介绍。

例 6.1 编写一个函数过程,在已知半径的条件下计算球体的表面积。函数过程代码如下:

```
Public Function BallArea(r As Single) As Single    '形参 r 为半径
    Const Pi=3.14                                  '常量 Pi 为圆周率
    BallArea=4 * 3.14 * r^2                         '计算球体表面积,并给函数名赋值
End Function
```

6.1.2　函数过程的调用

函数过程的调用与前面使用的标准函数调用相同,格式如下:

函数过程名([参数列表])

说明:

(1) 参数列表称为实际参数(简称实参)或实元,它必须与形参保持个数相同,且位置与类型一一对应。实参可以是同类型的常数、变量、数组元素和表达式。

(2) 调用时,把实参的值传递给形参称为参数传递。如果形参前有 ByVal 关键字,说明是按值传递,即实参的值不随形参的值变化而变化;如果形参前有 ByRef 关键字,说明是按地址传递(或称引用传递),即实参的值随形参的值一起改变。

(3) 当参数是数组时,形参与实参在参数声明时应省略其维数,但括号不能省略。

(4) 由于函数过程名返回一个值,故函数过程不能作为单独的语句加以调用,必须作为表达式或表达式的一部分,再配以其他的语法成分构成语句。例如:

变量名=函数过程名([参数列表])

或

Print 函数过程名([参数列表])

例如,若要调用例 6.1 编写的函数过程 BallArea,可以使用下面的事件过程代码:

```
Private Sub Command1_Click()
    Dim x!,y!
    x=Val(InputBox("请输入球体的半径:"))
    y=BallArea(x)                      '调用 BallArea 函数
    Print "球体表面积为:"; y
End Sub
```

程序运行的流程如下。

(1) 在事件过程 Command1_Click()中执行到 BallArea 函数过程调用时,事件中断,系统记住返回地址,将已经有确定值的实参 x 的值传递给形参 r。

(2) 执行 BallArea 函数的过程体,当执行到 End Function 语句时,返回到主调程序 Command1_Click()中断处,继续执行后面的代码。

(3) 继续执行剩余的代码,直到 End Sub。

以上流程图如图 6.2 所示。

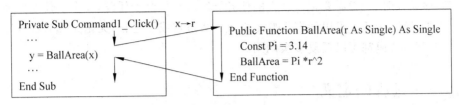

图 6.2 调用 BallArea 函数过程时的执行流程

例 6.2 输入一串汉字、英文字符及其他字符混合的字符串,编写一个函数,统计字符串中汉字的个数。

分析:在 Visual Basic 中,字符以 Unicode 码存放,每个西文字母和汉字字符占有 2 个字节。两者的区别是汉字的机内码最高位为 1,若利用 Asc 函数求其码值为小于 0(数据以补码表示);而西文字符的最高位为 0,利用 Asc 函数求其码值为大于 0。

本例的窗体设计比较简单,属性设置在此省略,窗体的运行结果如图 6.3 所示。

图 6.3 例 6.2 的运行结果

实现该功能的过程如下:

```
Private Sub Command1_Click()
    Dim c1%
    c1=CountC(Text1)                           '调用自定义函数 CountC
    Picture1.Print Text1;Tab(25);"有";c1;"个汉字"
End Sub
Public Function CountC(ByVal s$ )
    Dim i%,k%,c$
    For i=1 To Len(s)
        c=Mid(s,i,1)                           '取字符串中的一个字符
        If Asc(c)<0 Then k=k+1                  '统计汉字个数
    Next i
    CountC=k                                    '给函数名赋值,保证有返回值
End Function
```

6.2 子 过 程

在程序设计时,经常需要把一个大的任务分解成若干个子任务,每个子任务分别完成一部分功能,这些子任务可以根据需要定义成函数过程或子过程,无论是函数过程还是子过程,这些程序代码都可以反复多次调用。

6.2.1 子过程的定义

定义子过程有两种方法。

1. 利用菜单命令"工具|添加过程"定义

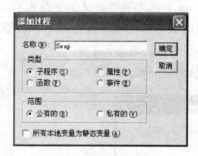

图 6.4 "添加过程"对话框

操作步骤如下。

(1) 在窗体或模块的代码窗口中选择菜单命令"工具|添加过程",弹出"添加过程"对话框,如图 6.4 所示。

(2) 在"名称"框中输入自定义过程名(过程名中不允许有空格);在"类型"选项组中选取"子程序";在"范围"选项组中选取"共有的"定义一个公共级的全过程,选取"私有的"定义一个标准模块级/窗体级的局部过程。

(3) 单击"确定"按钮,出现下列子过程模板,用户就可以在其中输入代码了:

```
Public Sub Swap()
    ...
End Sub
```

2. 利用代码窗口直接定义

在窗体/标准模块的代码窗口把插入点定位在所有过程之外,直接输入子过程。自定义子过程的格式如下:

[Static][Public][Private] Sub 子过程名 [(参数列表)]
    过程体
End Sub

说明:

(1) 自定义子过程必须以 Sub 开头,以 End Sub 结束。

(2) 子过程名的命名规则与变量的命名规则相同。在同一个模块中,简单变量名、Sub 名称和 Function 名称不能相同。

(3) 过程体中可以包含局部变量或常数定义及语句块。若要在过程体中退出子过程,可以使用 Exit Sub 语句,将返回到主调过程的调用处。

(4) 子过程没有返回值。Sub 过程不能嵌套,也就是说,在 Sub 过程内不能定义 Sub 过程或 Function 过程;不能用 GoTo 语句进入或转出一个 Sub 过程,只能通过调用执行 Sub 过程,而且可以嵌套调用。

其余关键字的含义与自定义函数过程的含义相同。

6.2.2 子过程的调用

子过程通过独立的调用语句来调用,有以下两种格式:

Call 子过程名 [(实参列表)]
子过程名 [实参列表]

说明:

(1) 用 Call 语句调用一个过程时,如果过程本身没有参数,则实参和括号可以省略;否则应给出相应的实参,并把实参放在括号内。

(2) 直接用子过程名调用的格式省略了关键字 Call,同时实参也省略了括号。

(3) 若实参要获得子过程的返回值,则实参只能是变量,不能是常量或表达式,也不能是控件名。

例 6.3 编程时经常用到两个数据交换,编写一个子过程实现两个数的交换,以备多次调用。

程序代码如下:

```
Public Sub Swap1(x%,y%)            '定义 Swap 子过程
    Dim temp%
    temp=x: x=y: y=temp            '实现两个数的交换
End Sub
Private Sub Command1_Click()
    Dim a%,b%
    a=10: b=36
    Print "交换数据前:a=";a;"b=";b
    Call Swap1(a,b)                '调用 Swap 子过程
    Print "交换数据后:a=";a;"b=";b
End Sub
```

子过程和函数过程的区别及注意事项如下。

(1) 子过程的关键字是 Sub,函数过程的关键字是 Function。

(2) 子过程可以没有返回值,也可以通过参数获得返回值;函数过程一定有返回值。

(3) 当过程只需要一个返回值时,一般使用函数过程更直观;当过程没有返回值或有多个返回值时,比较适合使用子过程。比如,例 6.1 求球体表面积时,最终得出的是一个具体的面积值,使用函数过程比较明了。

(4) 只要能用函数过程定义的,肯定能用子过程定义,反之不一定,即子过程比函数

过程使用面更广。例如，例 6.3 两个数的交换只能用子过程实现，不能用函数过程实现；而例 6.2 既可以用函数过程实现，也可以用子过程实现。

（5）定义子过程或函数过程时，参数列表中的参数是形参。形参是过程与主调程序交互的接口，过程通过形参从主调程序获得初值，并将计算结果返回给主调程序。选择形参时只要选择必需的参数就可以了，不要将过程中所有使用过的变量均作为形参。

（6）形参没有具体的值，只代表了参数的个数、位置和类型。形参不能是常量、数组元素或表达式。

例 6.4 在已知字符串 S 中找出最短的单词。分别编写 MinWord 的函数过程和子过程。假设字符串 S 中只含有字母和空格，空格用来区分不同的单词。

分析：

（1）不同的单词用空格区分，故可利用 InStr（）函数从 S 左边开始查找第一个出现的空格，利用 Left（）函数分离出空格左边的单词，与最短单词 MinWord 进行比较（MinWord 初始状态为输入的所有文本），看是否需要替换。然后同样处理 S 中剩余的字符串，直到 S 为空。

（2）函数过程和子过程的主要区别是，函数过程有一个返回值，子过程无返回值。若要通过子过程得到返回值，可以将子过程的形参设为变量。这样当定义好函数过程后，要将其改为子过程，只要将函数过程的返回结果作为子过程的形参即可，即在子过程中增加一个参数，反之亦然。程序运行界面如图 6.5 所示。

图 6.5　例 6.4 的程序运行界面

程序代码如下：

```
Public Function FMin(S$) As String            '定义函数过程
    Dim i%,word$
    FMin=S$                                   '设置最短单词变量的初始值
    i=InStr(S," ")                            '确定第一个空格的位置
    Do While i>0                              'i>0,说明找到空格
        word=Left(S,i-1)                      '取空格左边的单词
        If Len(word)<Len(FMin) Then FMin=word '查找当前最短的单词
        S=Mid(S,i+1)                          '取剩余的字符串
        i=InStr(S," ")                        '确定下一个空格的位置
    Loop
    If Len(S)<Len(FMin) Then                  '最后一个空格之后剩余的单词是否为最短
        FMin=S
    End If
End Function
Public Sub SMin(S$,MinWord$)                  '定义子过程
    Dim i%,word$
    MinWord=S$
```

```
        i=InStr(S," ")
        Do While i>0
            word=Left(S,i-1)
            If Len(word)<Len(MinWord) Then MinWord=word
            S=Mid(S,i+1)
            i=InStr(S," ")
        Loop
        If Len(S)<>Len(MinWord) Then MinWord=S
End Sub
Private Sub Command1_Click()
    Text2.Text=FMin(Text1.Text)                    '调用函数过程
End Sub
Private Sub Command2_Click()
    Dim s1$,s2$
    s1=Text1.Text
    Call SMin(s1,s2)          '调用子过程 SMin,求 Text1 中的最短单词,过程返回值给 s2
    Text2.Text=s2
End Sub
```

6.3　参　数　传　递

在自定义函数过程或子过程的参数表中出现的参数称为形式参数(形参)。在调用函数过程或子过程语句或表达式中出现的参数称为实际参数(实参)。在调用一个过程时,必须把实参传递给过程,完成形参与实参的结合,然后用实参执行调用的过程。在 Visual Basic 中,形参与实参的传递有两种方法:地址的传递与值的传递,其中地址的传递又称为引用,是默认的方法;采用值的传递时,形参前要有关键字 ByVal。

1. 地址的传递

在形参前加 ByRef,或省略形参前的说明前缀,称为地址传递(简称传址)。参数传递过程是:当调用过程时,把实参的地址赋给对应的形参,执行过程体时,对形参的任何操作都变成了对相应实参的操作,实参的值会随着过程体内形参的改变而改变。当使用这种方式时,实参与形参的数据类型、位置和个数必须一一对应。

前面例 6.3 已经编写了交换两个数的过程 Swap1,在子过程 Swap1 中形参 x 和 y 没有说明前缀,所以系统默认是地址的传递。因此执行子过程 Swap1 时,对形参 x 和 y 的操作就相当于对实参 a 和 b 的操作,若形参 x 和 y 的值发生改变,就相当于实参 a 和 b 发生变化。数据交换代码如下:

```
Public Sub Swap1(x%,y%)                  '定义 Swap1 子过程,参数为地址的传递
    Dim temp%
    temp=x: x=y: y=temp                  '实现两个数的交换
```

```
End Sub
Private Sub Command1_Click ()
    Dim a%,b%
    a=10: b=36
    Print "交换数据前:a=";a;"b=";b
    Call Swap1(a,b)                       '调用 Swap1 子过程
    Print "交换数据后:a=";a;"b=";b
End Sub
```

2. 值的传递

在形参前有关键字 ByVal,称为值的传递(简称传值)。参数传递过程是:当调用过程时,把实参的值赋给对应的形参,形参和实参就断开了联系。执行过程体时,对形参的任何操作都是在形参自己的存储单元中进行的,当调用过程结束,这些形参所占用的存储单元也同时被释放。因此在过程体中对形参的任何操作不会影响到实参。

如果编写另一个子过程 Swap2,在形参前加上 ByVal 关键字,则形参就变成了值的传递,这时调用 Swap2 时,执行过程体,形参的值发生改变,而实参的值保持原样,并没有真正完成两个数的交换。希望读者仔细体会值的传递与地址的传递的区别。修改后的代码如下:

```
Public Sub Swap2(ByVal x%,ByVal y%)     '定义 Swap2 子过程,形参为值的传递
    Dim temp%
    temp=x:x=y:y=temp                    '实现两个数的交换
End Sub
Private Sub Command1_Click()
    Dim a%,b%
    a=10: b=36
    Print "交换数据前:a=";a;"b=";b
    Call Swap2(a,b)                       '调用 Swap1 子过程
    Print "交换数据后:a=";a;"b=";b
End Sub
```

确定采用传址还是传值的规则如下。

(1) 形参是数组和自定义类型时,只能用传址方式。

(2) 若要将过程中的结果返回给主调程序,则形参必须是传址方式,这时实参必须是同类型的变量名,不能是常量或表达式。

(3) 若不希望过程体修改实参的值,则应选用传值方式。这样可增加程序的可靠性和便于调试,减少各过程间的关联。因为在过程体内对形参的改变不会影响实参。

3. 数组参数的传递

在 Visual Basic 中允许参数使用数组,数组只能通过传址方式进行参数传递。数组作为过程参数有两种情形:传递数组元素和传递整个数组。

1) 数组元素作为实参

数组元素作为实参时,与基本类型参数的情形一致。形参可以是简单变量。参数可以按值传递,也可以按地址传递。下面的程序段调用 FunArr1 子过程,将数组元素 a(2) 和 a(5) 的值按地址传递方式传递给形参 x 和 y,形参 x 和 y 的改变会影响数组元素 a(2) 和 a(5) 的改变,因此调用子过程结束后回到主调程序,重新打印的数组元素发生了改变。

```
Private Sub Command1_Click()
    Dim a(1 To 5) As Integer,i%
    Print "原数组元素: "
    For i=1 To 5
        a(i)=i
        Print a(i);
    Next i
    Call FunArr1(a(2),a(5))
    Print
    Print "调用子过程之后的数组元素: "
    For i=1 To 5
        Print a(i);
    Next i
End Sub
Private Sub FunArr1(ByRef x%,ByRef y%)
    x=x+2
    y=y+5
End Sub
```

2) 数组整体作为参数

在传递数组时,还需要注意以下事项。

(1) 形参是数组,只需要在数组名后加括号表示,不需要给出数组的下标。

(2) 对应的实参也只要以数组名和圆括号(可省略)表示,可以通过 LBound() 和 UBound() 函数确定实参数组的下标下界和下标上界。

例 6.5 用选择法对数组元素按递增顺序排序编写成子过程。程序代码如下:

```
Private Sub FunOrder(x() As Variant)    '形参与实参数据类型、位置和个数要一致
    Dim i%,j%,imin%,temp%,n%
    n=UBound(x)
    For i=LBound(x) To n-1
        imin=i                          '第 i 轮比较时,先假定第 i 个元素最小,记下下标值
        For j=i+1 To n                  '在数组的第 i+1~n 个元素中选出最小元素
            If x(j)<x(imin) Then imin=j
        Next j
        temp=x(i)                       'i+1~n 个元素中选出的最小元素与第 i 个元素交换
        x(i)=x(imin)
```

```
        x(imin)=temp
    Next i
End Sub
Private Sub Command1_Click()
    Dim a() As Variant,i%,j%,temp%,imin%,n%
    a=Array(3,67,2,8,32,19)
    n=UBound(a)                      '获取数组的下标上界
    Print "排序前的数组数据: "
    For i=LBound(a) To UBound(a)
        Print a(i);
    Next i
    Call FunOrder(a())               '调用数组排序子过程
    Print
    Print "排序后的数组数据: "
    For i=LBound(a) To UBound(a)
        Print a(i);
    Next i
End Sub
```

从上面的例子可以看到,由于数组作为参数传递时是按地址传递,所以系统实现时将实参 a 数组的起始地址传递给形参 x 数组,也就是 x 数组具有和 a 数组相同的起始地址。因此,x 数组和 a 数组对应各元素共享同一存储单元,当在函数过程中改变了形参 x 数组元素的值时,也改变了实参 a 数组对应的元素的值,从而完成了数组元素的排序操作。

6.4　变量和过程的作用域

Visual Basic 的一个应用程序也叫一个工程,它由若干个窗体模块、标准模块和类模块(本书不做介绍)组成,每个模块又可以包含若干个过程,如图 6.6 所示。

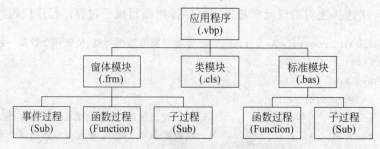

图 6.6　Visual Basic 应用程序的组成

变量在程序中必不可少,它可以在不同模块、过程中声明,还可以用不同的关键字声明。变量由于声明的位置不同,可以被访问的范围不同,变量可被访问的范围通常称为变

Visual Basic 程序设计教程(第 2 版)

量的作用域;同样,过程也可以用不同的关键字声明,从而有不同的作用域。

6.4.1　变量的作用域

变量被声明后,就可以在它的有效作用域内使用。Visual Basic 中变量的作用域分为局部变量(也称为过程级变量)、模块级变量和全局变量。

1. 局部变量

在子过程或函数过程体内,用 Dim 或 Private 关键字声明的变量是局部变量。局部变量的作用域只能在其定义的过程或函数体内,通常用于保存临时数据。不同过程或函数可以定义具有相同名字的局部变量,但它们之间是相互独立的。使用局部变量使得程序更安全、通用,也更有利于程序的调试。

局部变量随子过程或函数的调用而分配存储单元,并进行变量的初始化,在此过程体内进行数据的存取,一旦该过程体结束,变量占用的存储单元释放,其内容自动消失。下一次进入该过程体时,Visual Basic 重新创建和初始化该变量。

2. 模块级变量

在窗体(Form)模块的通用声明段或标准模块(Module)使用 Private 或 Dim 关键字声明的变量称为模块级变量或私有变量。这里的 Private 和 Dim 关键字的作用是一样的,但有助于将模块级变量与 Public 定义的全局级变量区分开来。

模块级变量可被所声明的模块中的任何过程访问,其作用域是它们所在的模块。

模块级变量主要用于实现多个事件过程、过程间数据的共享,但增加了调试程序的难度。

3. 全局变量

全局变量也称为公有的模块级变量,是用 Public 关键字声明的变量。

全局变量的作用域是整个应用程序,即可被应用程序的任何过程访问。全局级变量的值在整个应用程序中始终不会消失或重新初始化,只有当整个应用程序执行结束时才会消失。

在窗体中定义的全局变量若被其他模块访问,必须在变量名前加上窗体的名字。

4. 静态变量

将 Dim 改为 Static,定义的变量就是静态变量。静态变量能够在程序运行过程中保留变量的值。这就是说,每次调用子过程或函数过程体后,静态变量的值仍然存在。在下次进入该子过程或函数过程时,其值不会被重置,仍然保留原来的结果。而用 Dim 声明的变量,每次调用过程时,变量会被重新初始化。

表 6.1 给出了变量声明关键字 Dim、Static、Private 和 Public 的区别。

表 6.1 变量声明关键字 Dim、Static、Private 和 Public 的区别

关键字	声明位置	作用域
Dim	在过程中	在本过程中有效
	在窗体通用段中	在本窗体的任何过程有效
Static	在过程中	在本过程中有效
Private	在窗体的通用段中	在本窗体的任何过程有效
Public	在窗体的通用段中	在整个应用程序中有效,访问时要加上窗体名称
	在标准模块中	在整个应用程序中有效

例 6.6 本例的工程由一个标准模块(Module1)、两个窗体 Form1 和 Form2 组成,其中声明了不同级别的变量,观察其作用域。

```
Rem Form1 声明的变量及代码
Dim a As String                          '声明了模块级变量,作用域为本窗体的任何过程
Private b As String
Public c As String                       '声明了全局变量,作用域为整个工程
Private Sub Command1_Click()
    Dim x%,y%                            '声明了局部变量,作用域为 Command1_Click
    x=10:y=20
    Print x,y
    MsgBox "调用本过程局部变量成功!"
    a="This":b="Windows"                 '给窗体级变量赋值
End Sub
Private Sub Command2_Click()
    Print a,b                            '调用窗体级变量
    MsgBox "调用本窗体模块级变量成功!"
End Sub
Private Sub Command3_Click()
    Pb1=50                               '给标准模块的全局变量赋值
    Print Pb1                            '输出全局变量
    MsgBox "调用标准模块全局变量成功!"
    Form2.Show
End Sub
Rem Form2 代码
Private Sub Command1_Click()
    Print Form1.c                        '调用 Form1 的窗体级变量
    MsgBox "调用 Form1 的窗体级变量成功!"
End Sub
Private Sub Command2_Click()
    Print Pb1                            '调用标准模块的全局变量
    MsgBox "调用标准模块全局变量成功!"
End Sub
```

```
Rem 标准模块中声明的变量
Public Pb1 As Integer                    '声明了一个全局变量,作用域为整个工程
```

一般来说,在同一模块中定义了不同级别而同名的变量时,系统优先访问作用域小的变量名。若想访问全局变量,则必须在全局变量名前加关键字 Me 或窗体名。例如下面的程序段:

```
Public c As String                       '声明了全局变量,作用域为整个工程
Private Sub Command1_Click()
    Dim c%                               '声明了局部变量,与全局变量同名
    c=100                                '访问过程级局部变量
    Me.c=-20                             '访问全局变量,必须加上 Me 关键字
    Print c,Me.c                         '窗体上显示 100 和-20
End Sub
```

例 6.7　编写一个子过程,利用静态变量统计调用自定义函数的次数。

```
Private Sub Form_Click()            Private Sub Form_Click()
    Dim k%                              Dim k%
    k=FunCount()                        k=FunCount()
    Print "第";k;"次调用自定义函数"      Print "第";k;"次调用自定义函数"
End Sub                             End Sub
Private Function FunCount()         Private Function FunCount()
    Dim n%                             Static n%
    n=n+1                              n=n+1
    FunCount=n                         FunCount=n
End Function                        End Function
```

从运行结果看,当使用 Dim 语句定义 n 时,不管单击窗体多少次,显示结果总为 1 次(如图 6.7 所示)。主要原因是局部变量 n 的作用域在本过程,当过程执行时,局部变量临时分配存储单元;当过程执行结束,n 变量占用的存储单元释放,其值不保留。

若要保留 n 变量的值,只要用 Static 声明 n 为静态变量即可。效果如图 6.8 所示。

图 6.7　Dim 声明局部变量的运行结果

图 6.8　Static 声明静态变量的运行结果

6.4.2　过程的作用域

过程的作用域分为窗体/模块级和全局级。

1. 窗体/模块级

在某个窗体或标准模块内定义的过程,如果在关键字 Sub 或 Function 前加关键字 Private,则该过程只能被本窗体(过程在本窗体内定义)或本标准模块(过程在本标准模块内定义)中的过程调用。

2. 全局级

在窗体或标准模块中定义的过程,在关键字 Sub 或 Function 前加关键字 Public(可以省略),则该过程可被整个应用程序的所有过程调用,即其作用域为整个应用程序。全局过程根据所处的位置不同,其调用方式有所区别:

(1) 在窗体中定义的过程,外部过程要调用它时,必须在过程名前加上过程所处的窗体名。

(2) 在标准模块中定义的过程,外部过程均可调用,但过程名必须唯一,否则要加上标准模块名。

表 6.2 给出了过程声明关键字 Private 和 Public 的区别。

表 6.2 过程声明关键字 Private 和 Public 的区别

关键字	声明位置	作 用 域
Private	在窗体的通用段中	可被本窗体的任何过程调用
	在标准模块中	可被本标准模块中的任何过程调用
Public	在窗体的通用段中	可被本窗体的任何过程调用。外部过程调用时,过程名前要加上窗体名
	在标准模块中	可被整个应用程序调用。若过程名不唯一,则要加上标准模块名

例 6.8 仔细阅读理解下面的代码,区分窗体/模块级过程与全局过程的定义位置及作用域。

```
Rem 标准模块代码
Public a!,b!                              '声明全局变量
Public Sub SubLet()                       '声明全局子过程,给全局变量赋值
    a=20.5: b=5
    MsgBox "调用标准模块中的全局子过程成功!"
End Sub
Rem Form1 代码
Dim c!                                    '声明窗体级变量
Rem 声明全局函数过程,可以被其他窗体的过程调用,但要加上窗体名
Public Function add(x!,y!) As Single
    add=x+y
End Function
Private Function subtraction(x!,y!) As Single
                             '声明窗体级函数过程,只能被本窗体的过程调用
    subtraction=x-y
```

```
End Function
Private Sub Command1_Click()
    Call SubLet                          '调用全局子过程 SubLet,完成变量的赋值
    c=subtraction(a,b)                   '调用本窗体的函数过程
    Print a;"-";b;"=";c
    MsgBox "调用本窗体的过程成功!"
End Sub
Private Sub Command2_Click()
    c=add(a,b)                           '调用本窗体的全局函数过程
    Print a;"+";b;"=";c
    MsgBox "调用本窗体的全局过程成功!"
    Form2.Show
End Sub
Rem Form2 代码
Dim c!                                   '声明窗体级变量
Private Sub Command1_Click()
    c=Form1.add(a,b)                     '调用 Form1 的全局函数过程
    Print a;"+";b;"=";c
    MsgBox "调用 Form1 的全局函数过程成功!"
End Sub
```

分析上面的代码可知,工程中有一个标准模块和两个窗体。标准模块中定义的全局子过程 SubLet 可以被任何窗体事件过程调用;Form1 中定义了一个窗体级函数过程 subtraction 和一个全局函数过程 add,因此 subtraction 过程只能被 Form1 的任何过程调用,而 add 过程既可以被 Form1 的任何过程调用,也可以被其他窗体的任何过程调用,调用时过程名前要加窗体名。

总之,不管是一个子程序(Sub)、一个函数(Function)或者是一个变量,在一个窗体模块中定义它,就属于这个窗体所有,如果是用 Public 定义它,在别的窗体过程调用它时要在其前面加上它所在窗体的窗体名或模块名。

6.5 过程的嵌套调用和递归调用

1. 过程的嵌套调用

所谓过程的嵌套调用,就是主过程(一般为事件过程)可以调用子过程(包括函数过程等),在子过程中还可以调用另外的子过程,这种程序结构称为过程的嵌套调用。过程的嵌套调用的执行过程如图 6.9 所示。

2. 过程的递归调用

所谓递归,就是用自身的结构来描述自身。递归是一种描述问题的方法或算法,一个典型的例子是对阶乘运算做如下定义:

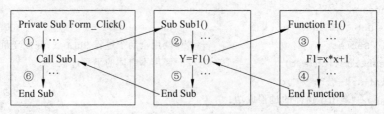

图 6.9 过程的嵌套调用的执行过程

$$n! = n(n-1)!$$

用阶乘本身来定义阶乘,这样的定义就称为递归。过程的递归调用就是在过程中"自己调用自己"。

Visual Basic 允许一个自定义子过程或函数过程体的内部调用自己,这样的子过程或函数称为递归子过程或递归函数。许多问题都具有递归的特性,用递归调用描述它们会非常方便。

例 6.9 分别编写函数过程 fac(n) 和子过程 sac(n),求 $n!$。窗体效果图如图 6.10 所示。

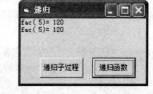

图 6.10 例 6.9 的递归调用窗体

分析:根据 $n!$ 的定义,$n! = n(n-1)!$,可将其写成如下形式:

$$\mathrm{fac}(n) = \begin{cases} 1, & n = 1 \\ n * \mathrm{fac}(n-1), & n > 1 \end{cases}$$

由此,可编写出计算 $n!$ 的函数过程和子过程。程序代码如下:

```
Public Function fac(n As Integer) As Integer    '定义递归函数过程
    If n=1 Then
        fac=1
    Else
        fac=n * fac(n-1)                         '调用 fac 函数本身
    End If
End Function
Public Sub sac(result!,n%)                       '定义递归子过程
    If n=1 Then
        result=result * 1
    Else
        result=result * (n-1)
        Call fac(result,n-1)                     '调用 sac 函数本身
    End If
End Sub
Private Sub Command1_Click()
    Dim n%,result!
    n=Val(InputBox("请输入整数 n 的值"))
    result=n
    Call sac(result,n)
```

```
    Print "sac("+Str(n)+")=";result
End Sub
Private Sub Command2_Click()
    Dim n%
    n=Val(InputBox("请输入整数 n 的值"))
    Print "fac("+Str(n)+")=";fac(n)
End Sub
```

在 fac(n) 的定义中,当 $n>1$ 时,连续调用 fac 自身共 $n-1$ 次,直到 $n=1$ 为止。在 sac(result!,n%) 的定义中,当 $n>1$ 时,连续调用 sac 自身共 $n-1$ 次,直到 $n=1$ 为止,通过传址变量 result 将运算结果返回到主调程序。现设 $n=5$,则执行 fac(5) 的过程如图 6.11 所示。

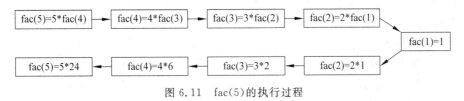

图 6.11 fac(5) 的执行过程

图 6.11 中的 → 为递推轨迹,← 为回归轨迹,图中递推与回归各重复了 4 次。

递归的处理采用栈来实现。栈中存放形参、局部变量和调用结束时的返回地址。每调用一次自身,就把当前参数压栈,直到达到递归结束条件,这个过程叫递推过程;然后不断从栈中弹出当前的参数,直到栈空,这个过程叫回归过程。

试考虑:根据递归的处理过程,在上述 fac 函数中,若少了结束条件 If n=1 Then fac=1,只有语句 fac=n*fac(n-1),程序将会如何运行?

很显然,程序将陷入无限循环,直至栈溢出。

由此可见,构成递归必须满足以下的条件:

(1) 有递归结束的条件及结束时的值。

(2) 能用递归形式表示,并且递归向结束条件发展。

习 题 六

一、选择题

1. 以下关于过程及过程参数的描述中错误的是_____。
    A. 过程的参数可以是值的传递,也可以是地址的传递
    B. 用数组作为过程的参数时,使用的是地址传递方式
    C. 只有函数过程能够将过程中处理的信息传回到主调程序中
    D. 使用子过程也可以将过程中处理的信息传回到主调程序中,这时形参一定是地址的传递

2. 以下叙述正确的是_____。

    A. 一个 Sub 过程至少要有一个 Exit Sub 语句

    B. 一个 Sub 过程必须要有一个 End Sub 语句

    C. 可以在 Sub 过程中定义一个 Function 过程,但不能定义 Sub 过程

    D. 调用一个 Function 过程可以获得多个返回值

3. 以下关于函数过程的叙述中正确的是_____。

    A. 如果不指明函数过程参数的类型,则该参数没有数据类型

    B. 函数过程的返回值可以有多个

    C. 当数组作为函数过程的参数时,既能以传值方式传递,也能以传址方式传递

    D. 函数过程形参的类型与函数返回值的类型没有关系

4. 若有一个子过程 Well 在工程中有多个窗体,为了便于调用子过程 Well,应该将子过程 Well 放在_____。

    A. 窗体模块中   B. 标准模块中

    C. 某个过程中   D. 任何位置都可

5. 定义一个子过程 sky,希望从子过程调用后返回两个结果,下面的定义语句中_____是合法的。

    A. Sub sky(ByVal a%,ByVal b%)   B. Sub sky(ByVal a%, b%)

    C. Sub sky(a%, b%)   D. Sub sky(a%,ByVal b%)

6. 从子过程退出并返回到主调程序,可以使用语句_____。

    A. Return   B. Exit Sub   C. Exit   D. Stop

7. 在过程定义中,_____关键字表示传值方式。

    A. Variant   B. ByRef   C. ByVal   D. Val

8. 下列_____方式声明的变量在每次调用该过程时其值不能保留。

    A. 在窗体通用段声明的窗体级变量

    B. 在过程体中用 Static 语句声明的静态变量

    C. 在过程体中用 Dim 语句声明的局部变量

    D. 在标准模块中声明的全局变量

9. 关于建立子过程的目的,以下叙述中不正确的是_____。

    A. 为了提高编写程序的效率

    B. 为了提高程序的可读性

    C. 为了提高执行程序的效率

    D. 过程的递归调用能提高程序的执行效率

10. 过程通过实参将数据传递给子过程 A 的形参,并得到一个返回值,下列子过程定义中正确的是_____。

    A. Sub A(m+1,n+2)   B. Sub A(ByVal m!,ByVal n!)

    C. Sub A(ByVal m!,n+2)   D. Sub A(ByVal m!, n!)

11. 在过程 A 中定义了静态变量 y。当调用过程 A 后,在退出过程 A 前,y 的值为 5。在下次再进入过程 A 时,y 的值为_____。

A. 0   B. 5   C. 不一定   D. 出错

12. 假设有以下两个过程：

```
Sub s1(ByVal x As Integer,ByVal y As Integer)
  Dim t As Integer
  t=x: x=y: y=t
End Sub
Sub s2(x As Integer,y As Integer)
  Dim t As Integer
  t=x: x=y: y=t
End Sub
```

当调用这两个子过程时，以下说法正确的是_____。

    A. 子过程 s1 可以实现两个变量值的交换，s2 不能实现

    B. 子过程 s2 可以实现两个变量值的交换，s1 不能实现

    C. 子过程 s1 和 s2 都可以实现两个变量值的交换

    D. 子过程 s1 和 s2 都不能实现两个变量值的交换

13. 若有一个子过程定义成如下形式：

```
Public Sub s1(ByRef x As Integer, z As Integer)
```

调用该子过程的正确格式是_____。

    A. s1(x,3)   B. Call s1 x,3   C. Call s1(x,3)   D. Call x,3

14. 关于标准模块，下列说法中错误的是_____。

    A. 标准模块也称为程序模块文件，扩展名为.bas

    B. 标准模块也是由程序代码组成的

    C. 标准模块只能用来定义一些通用过程

    D. 标准模块不附属于任何一个窗体

15. 在窗体上画一个命令按钮 Command1，然后编写如下代码，程序运行后，单击命令按钮，在窗体上显示的是_____。

```
Private Sub Command1_Click()
    Dim i As Integer,k As Integer
    k=0
    For i=1 To 5
        k=k+fun(i)
    Next i
    Print k
End Sub
Public Function fun(ByVal m As Integer)
    If m Mod 2=0 Then
        fun=2
    Else
        fun=1
```

```
        End If
    End Function
```

    A. 5   B. 7   C. 8   D. 10

16. 在窗体上画一个命令按钮 Command1,然后编写如下代码,程序运行后,单击命令按钮,在窗体上显示的是 t=_____。

```
Private Sub Command1_Click()
    Dim b(1 To 4) As Integer,i%,t#
    For i=1 To 4
        b(i)=i
    Next i
    t=Tof(b())
    Print "t="; t
End Sub
Public Function Tof(a() As Integer)
    Dim t#,i%
    t=1
    For i=1 To UBound(a)
        t=t * a(i)
    Next i
    Tof=t
End Function
```

    A. 10   B. 4   C. 24   D. 0

17. 在窗体上画一个命令按钮,然后编写如下事件过程:

```
Private Sub Command1_Click()
    Dim m As Integer,n As Integer,p As Integer
    m=3: n=5: p=0
    Call Y(m,n,p)
    Print Str(p)
End Sub
Private Sub Y(ByVal a As Integer,ByVal b As Integer,k As Integer)
    k=a+b
End Sub
```

程序运行后,单击命令按钮,则在窗体上显示的内容是_____。

    A. 0   B. 8   C. 10   D. 12

18. 在窗体上画一个命令按钮,然后编写如下程序:

```
Sub inc(a As Integer)
    Static x As Integer
    x=x+a
    Print x;
End Sub
```

```
Private Sub Command1_Click()
    Dim k%
    For k=2 To 4
        inc k
    Next k
End Sub
```

运行程序后,单击命令按钮,输出结果是_____。

A. 2　3　4　　　　B. 2　2　2　　　　　C. 2　5　8　　　　D. 2　5　9

二、简答题

1. 简述子过程和函数过程的共同点和不同点。

2. 什么是形参? 什么是实参? 在调用子过程或函数过程时,实参和形参的对应关系如何? 应注意什么问题?

3. 值的传递与地址的传递各有什么特点? 在地址的传递时,对应的实参有什么限制?

4. 要使变量在某事件过程中保留值,有哪几种变量声明的方法?

5. 为了使变量在所有的窗体中都能使用,应该在何处声明变量?

6. 在 Form1 窗体通用段声明的变量在 Form2 中是否可用?

三、编程题

1. 通过键盘输入 A、B 和 C 的值,求 S＝A!＋B!＋C!,分别用函数过程和子过程两种方法实现。

2. 编写一个过程,以整型数作为形参。当该参数为奇数时输出 False,当该参数是偶数时输出 True。

3. 编写一个过程,计算并输出下列表达式的值:
$$S＝1＋1/2＋1/3＋1/4＋\cdots＋1/n$$
其中 n 的值通过键盘输入。

第 **7** 章 常用控件

控件是在图形用户界面(GUI)上实现输入和输出信息、启动事件程序等交互操作的图形对象,是进行可视化程序设计的基础和重要工具。Visual Basic 工具箱提供了一套基本的控件模板,使用这些标准的对象时,应用程序的操作也要遵循一定的标准,这些标准就是控件的属性、事件和方法。只有掌握了这些控件的属性、事件和方法,才能编写出具有实用价值的应用程序。

本章集中介绍 Visual Basic 工具箱中的常用控件以及一些常用的 ActiveX 控件,如单选按钮、复选框、框架、列表框、组合框、水平滚动条、垂直滚动条、滑块、进度条、动画控件、SSTab 控件、定时器和图形等控件的用法。

7.1 常用控件分类

Visual Basic 6.0 中的常用控件大致可以分为 3 类:标准控件、ActiveX 控件和可插入对象。

1. 标准控件

标准控件又称为内部控件。在工具箱中提供的 20 个控件都是标准控件,如文本框、命令按钮和图片框等。

2. ActiveX 控件

ActiveX 控件是 Visual Basic 系统以及第三方开发商提供的类似于工具箱标准控件的控件,用于开发更加复杂的应用程序。标准控件可以在工具箱中找到并添加到窗体上,而 ActiveX 控件对象必须通过菜单命令先添加到工具箱中,然后才能像标准控件一样使用。不用 ActiveX 控件时,可以将其从工具箱中删除。目前,Internet 上大约有数千种 ActiveX 控件可供下载,从而大大节约了程序员的开发时间。

ActiveX 控件是扩展名为.ocx 的独立文件,是可以重复使用的编程代码和数据,通常放在 Windows 的 System32 目录中。表 7.1 给出了常用的 ActiveX 控件及其所在的部件和文件名。

在使用 ActiveX 控件和可插入对象之前,必须先将它们加载到工具箱中。添加 ActiveX 控件的方法和步骤如下。

表 7.1　ActiveX 控件及其部件和文件名

AvtiveX 控件	ActiveX 部件	文件名
CommonDialog(通用对话框)	Microsoft Common Dialog Control 6.0	COMDLG32.OCX
Slider(滑块)	Microsoft Windows Common Controls 6.0	MSCOMCTL.OCX
ProgressBar(进度条)		
Animation	Microsoft Windows Common Controls-2 6.0	MSCOMCT2.OCX
UpDown		
SSTab	Microsoft Tabbed Dialog Control 6.0	TABCTL32.OCX

(1) 选择菜单命令"工程|部件",弹出如图 7.1 所示的对话框,在该对话框中包含了全部的 ActiveX 控件。在"部件"对话框中,选中所需部件左边的复选框。如果所添加的 ActiveX 控件不是在 Windows\System32 目录下,而是在其他目录下,则在"部件"对话框中单击"浏览"按钮,如图 7.2 所示,寻找扩展名为.ocx 的文件。

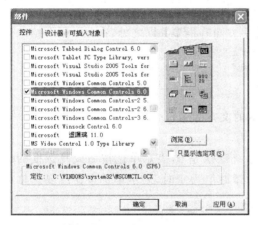

图 7.1　"部件"对话框

图 7.2　在其他目录下寻找.ocx 文件

(2) 单击"确定"按钮,即可将选中的 ActiveX 控件添加到工具箱中。

将可插入对象添加到工具箱的方法和步骤基本同上,只需在"部件"对话框中选择"可插入对象"选项卡即可。

除了 ActiveX 控件之外,ActiveX 部件中还有被称为代码部件的 ActiveX DLL 和 ActiveX EXE。它们向用户提供了对象形式的库。ActiveX 控件和 ActiveX DLL/EXE 部件的明显区别是:ActiveX 控件有可视的界面,当用菜单命令"工程|部件"加载到工具箱上后会有相应的图标显示;而 ActiveX DLL/EXE 部件是由代码组成的,没有界面,当用菜单命令"工程|引用"设置对象库的引用后,工具箱上没有图像显示,但可以用"对象浏览器"查看其中的对象、属性、方法和事件。

3. 可插入对象

可插入对象是 Windows 应用程序对象,例如 Microsoft Excel 工作表、Microsoft PowerPoint 演示文稿等。可插入对象也可以加载到工具箱中,具有与标准控件类似的属性,可以同标准控件一样使用。

7.2 单选按钮和复选框

单选按钮(OptionButton)的左边有一个○。当用户选择了某项后,其左边的圆圈中出现一个黑点◉。如果选中了一组单选按钮中的一个,则其他按钮会自动关闭,也就是说单选按钮具有排他性。

复选框(CheckBox)的左边有一个□。当用户选择了某项后,其左边的方框中出现一个对勾☑,表示选中;如果再次单击☑,对勾消失,表示未被选中。在默认情况下,每单击一次复选框,它的状态在"选中"与"未选"之间切换一次,对勾☑也随同在有与无之间切换。

由于单选按钮和复选框在属性、事件和方法方面有很多共同之处,在此一同介绍。

1. 单选按钮和复选框的重要属性

1) Caption 属性

该属性用于设置单选按钮和复选框所显示的文本标题。

2) Alignment 属性

该属性用于设置标题在控件上的位置。系统默认是 0,表示单选按钮或复选框的标题在右边,如图 7.3 中的 Option1(或 Check1);属性值为 1 时,表示单选按钮或复选框的标题在左边,如图 7.3 中的 Option2(或 Check2)。

3) Value 属性

该属性用于设置或返回单选按钮或复选框的状态值,单选按钮取值为 True 或 False,复选框取值为 0、1、2。

(1) 单选按钮 Value 值及其含义如下:

True:单选按钮被选中。

False:单选按钮未被选中(默认设置)。

(2) 复选框 Value 值及其含义如下:

0——Unchecked:复选框未被选中(默认设置)。

1——Checked:复选框被选中。

2——Grayed:复选框处于被选中状态,此时方框及其中的对勾"√"变成灰色,禁止用户选择。

如果连续单击同一个单选按钮时,该单选按钮始终是被选中状态;而如果连续单击同一个复选框时,该复选框在选中和未选中两个状态之间切换。

4）Enabled 属性

该属性用于设置单选按钮或复选框是否可用。当控件的 Enabled 属性值为 False 时，程序运行时呈灰色，表示该控件不可用，如图 7.3 中的 Option2（或 Check2）。默认值为 True，表示该控件可用，如图 7.3 中的 Option1（或 Check1）。

5）Style 属性

该属性用于设置单选按钮或复选框的显示风格，用于改善外观效果。该属性为只读属性，只能在属性窗口中设置。

0——Standard：标准方式，如图 7.3 的 Option1（Check1）所示。

1——Graphical：图形方式，如图 7.3 的 Option4（Check4）所示。这时可以在 Picture、DownPicture、DisabledPicture 中分别设置不同的图形，以代表按钮的不同状态。

单选按钮处于被选中状态，则凹下；若处于未选中状态，则凸起。将处于选中状态的图形装入 DownPicture 属性中，处于未选中状态的图形装入 Picture 属性中，控件不可用时的图片装入 DisabledPicture 属性中，运行时就可以体现一种真实的开关效果。如图 7.3 所示窗口下方的 4 个单选按钮和 4 个复选框，依次为未选中、选中、未选中（装载图形）和选中（装载图形）状态。

2. 单选按钮和复选框的常用事件

单选按钮和复选框的常用事件是 Click 事件。当用户选择单选按钮或复选框时将触发 Click 事件。

例如，在图 7.4 所示的窗体中单击单选按钮选择政治面貌"党员"时，将触发单选按钮的 Click 事件；单击复选框选择个人爱好"唱歌"时，将触发复选框的 Click 事件。上述两个事件分别将字符串"党员"赋值给变量 MM，以及将字符串"唱歌"赋值给变量 AH。实现代码如下：

图 7.3　单选按钮和复选框的不同属性设置

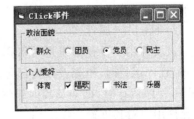

图 7.4　单选按钮和复选框 Click 事件

```
Private Sub Option3_Click()
    Dim MM As String
```

```
    If Option3.Value=True Then
        MM="党员"
    End If
End Sub
Private Sub Check2_Click()
    Dim AH As String
    If Check2.Value=1 Then
        AH="唱歌"
    End If
End Sub
```

3. 单选按钮和复选框的常用方法

单选按钮和复选框支持的方法较少,常用的主要有 SetFocus 和 Move 方法。

7.3 框 架

框架(Frame)控件是一种辅助性控件,用于对同类型的控件进行分组,以增强视觉效果。在窗体上创建框架及其内部控件时,必须先建立框架,然后在其中建立各种控件。创建控件不能用双击工具箱上控件对象的自动方式,而应该先单击工具箱上的控件对象,然后以手动方式在框架内部创建。框架属于容器性控件,当移动框架时,框架内所包含的所有控件一起跟着移动;当删除框架时,其内部的控件也一同被删除。如果要用框架将已有的控件分组,则可以在旁边先建立框架,将控件剪切下来,粘贴到框架里,然后再调整框架的位置。

1. 框架的常用属性

1) Caption 属性

该属性用于设置框架的文本标题。如图 7.4 中"政治面貌"和"个人爱好"就是框架的标题文字。框架默认名称为 Frame1、Frame2 等,用户可以根据需要更改名字。如果 Caption 为空字符串,则框架为封闭的矩形框,但是框架中的控件仍然和单纯用矩形框框起来的控件不同。

2) Enabled 属性

该属性用于设置框架是否可用(处于激活状态)。如果框架的 Enabled 属性取值为 True,程序运行时,框架及其内部包含的控件都为可用;如果框架的 Enabled 属性取值为 False,程序运行时,框架及其内部包含的控件呈灰色,表示框架内的所有对象均被屏蔽,不允许用户对其进行操作。

2. 框架的常用事件

框架可以响应 Click 和 DblClick 事件。但是,在应用程序中一般不需要编写有关框架的事件过程。

3. 框架的应用

例 7.1 利用框架、单选按钮和复选框建立一个字体、字型和字号的对话框,根据不同的选择在文本框中显示不同的文字。运行界面如图 7.5 所示。

分析:根据运行界面可知,窗体上有 1 个文本框、3个框架、6 个单选按钮和 3 个复选框。3 个框架控件属性设置见表 7.2。

图 7.5　例 7.1 的运行界面

表 7.2　例 7.1 的框架控件数组属性设置

控件名	属性名及其属性值
Frame1	Caption＝"字体"
Frame2	Caption＝"字型"
Frame3	Caption＝"字号"

在"字体"、"字型"和"字号"3 个框架内分别建立单选按钮控件数组和复选框控件数组,这样有利于程序的编写。控件数组名称和属性值的设置见表 7.3。

表 7.3　各框架内控件数组名称及其属性设置

"字体"框架内		"字型"框架内		"字号"框架内	
Option1(0)	Caption＝"黑体" Index＝0	Check1(0)	Caption＝"倾斜" Index＝0	Option2(0)	Caption＝"18" Index＝0
Option1(1)	Caption＝"宋体" Index＝1	Check1(1)	Caption＝"加粗" Index＝1	Option2(1)	Caption＝"24" Index＝1
Option1(2)	Caption＝"幼圆" Index＝2	Check1(2)	Caption＝"下划线" Index＝2	Option2(2)	Caption＝"28" Index＝2

程序代码如下:

```
Rem 字体设计过程代码
Private Sub Option1_Click(Index As Integer)
    Select Case Index
        Case 0
            Text1.FontName="黑体"
        Case 1
            Text1.FontName="宋体"
        Case 2
            Text1.FontName="幼圆"
    End Select
End Sub
Rem 字型设计过程代码
```

```
Private Sub Check1_Click(Index As Integer)
    Select Case Index
        Case 0
            Text1.FontItalic=Not Text1.FontItalic          '复选框具有开关的效果
        Case 1
            Text1.FontBold=Not Text1.FontBold
        Case 2
            Text1.FontUnderline=Not Text1.FontUnderline
    End Select
End Sub
Rem 字号设计过程代码
Private Sub Option2_Click(Index As Integer)
    Select Case Index
        Case 0
            Text1.FontSize=18
        Case 1
            Text1.FontSize=24
        Case 2
            Text1.FontSize=28
    End Select
End Sub
```

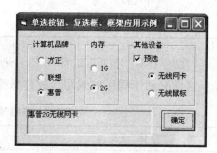

例 7.2 设计一个如图 7.6 所示的应用程序。
程序运行时,当"预选"复选框(Check1)没有选中
时,它下面的两个单选按钮是不能使用的。如果单
击"确定"按钮(Command1),则在图片框(Picture1)

图 7.6 例 7.2 的运行界面

中显示用户所选择的配置。窗体上主要控件名称及其属性设置见表 7.4。

表 7.4 例 7.2 主要控件名称及其属性设置

"计算机品牌"框架内		"内存"框架内		"其他设备"框架内	
Option1	Caption="方正"	Option4	Caption="1G"	Check1	Caption="预选"
Option2	Caption="联想"	Option5	Caption="2G"	Option6	Caption="无线网卡"
Option3	Caption="惠普"			Option7	Caption="无线鼠标"

分析:在上面的例 7.1 中,框架内的单选按钮和复选框使用的是控件数组。本例将
使用普通控件的方式,望读者注意编写代码时的区别。

程序代码如下:

```
Private Sub Form_Load()                          '程序开始运行时,两个单选按钮不可用
    Option6.Enabled=False
    Option7.Enabled=False
End Sub
Private Sub Check1_Click()
    Option6.Enabled=Not Option6.Enabled          '复选框具有开关的效果
```

Visual Basic 程序设计教程(第 2 版)

```
        Option7.Enabled=Not Option7.Enabled
    End Sub
    Private Sub Command1_Click()
        Dim PP As String, NC As String, QT As String
        Picture1.Cls
        If Option1 Then                              '非 0 值为 True
            PP="方正"
        ElseIf Option2.Value=True Then
            PP="联想"
        Else
            PP="惠普"
        End If
        If Option4 Then
            NC="1G"
        Else
            NC="2G"
        End If
        If Check1.Value=1 Then
            If Option6 Then
                QT="无线网卡"
            Else
                QT="无线鼠标"
            End If
        End If
        Picture1.Print PP; NC; QT
    End Sub
```

7.4 列表框和组合框

列表框和组合框在实际应用中随处可见。列表框(ListBox)以列表形式显示一系列数据,用户只能在列表框提供的一系列数据中进行一个或多个项目的选择。与列表框功能相似的是组合框(ComboBox),组合框是列表框和文本框的组合,用户可以在显示的一系列数据中选择,也可以根据需要自己输入数据。列表框和组合框是两个进行快速浏览和标准化输入数据的重要控件,在实际应用中非常常见。

7.4.1 列表框

1. 列表框的常用属性

1) Columns 属性

该属性用于设置列表框所显示的列数,默认值为 0,即单列显示。若设置为非 0 值,则采用多列显示。当列表框容纳不下所有项目时,系统会自动产生水平滚动条。该属性只能在设计阶段通过属性窗口设置,不能在程序运行时修改。

例如,窗体上列表框 List1 和 List2 都有 5 个项目,List1 的 Columns 属性为默认值 0,List2 的 Columns 属性值设置为 3,显示形式如图 7.7 所示。

2) List 属性

该属性用于在设计时向列表框添加列表项目,每输入一个列表项目结束时按回车键换行。List 属性是一个字符型数组,数组中的每一项都对应列表框中的一个项目,List 数组的下标从 0 开始,即第一个项目的下标是 0。例如,在图 7.8 中,List1. List(0)的值是"大学计算机基础",List1. List(2)的值是"操作系统"。

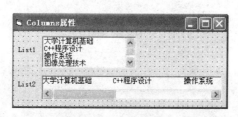

图 7.7 设置不同的 Columns 值时的效果

图 7.8 List 属性示例

List 属性值也可以在程序中编写代码向列表框添加列表项目,这需要使用列表框的 AddItem 方法。

3) ListIndex 属性

该属性用于设置或返回控件中当前选择项目的索引值,列表框中的第一项 ListIndex 属性值为 0,第二项 ListIndex 属性值为 1,以此类推。该属性只能在程序中使用,不能在属性窗口中设置。程序运行时如果没有在列表框中选择项目,ListIndex 属性值为 -1。

4) ListCount 属性

该属性用于返回列表框中列表项目的总数。由于列表项的 ListIndex 属性值从 0 开始编号,因此 ListCount-1 表示最后一项的索引值。

该属性只能在程序中设置或引用,不能在属性窗口中设置。

5) Text 属性

该属性用于获取被选中列表项的内容。该属性只能在程序中设置或引用。

例如,在图 7.7 中,如果程序运行时用鼠标单击选中了第 3 项"操作系统",此时 List1. ListIndex$=2$,选中的列表项的内容可以表示为 List1. List(List1. ListIndex),也可以表示为 List1. Text,也就是说 List1. List(List1. ListIndex)$=$List1. Text。

6) MultiSelect 属性

该属性用于设置列表框是否允许多项选择,以及如何进行多项选择。该属性只能在属性窗口中设置,共有 3 个属性值:

0——None:只能单项选择,禁止多项选择(默认值)。

1——Simple:简单多项选择。用鼠标单击选中某项后,按住 Ctrl 键,然后再分别单击其他要选择的列表项,此时单击的项全部被选中;再次单击被选中的项则取消选中。

2——Extended:扩展多项选择。此时支持以下两种选择方式:

(1)选择不连续选项的操作方法:用鼠标单击选中某项后,按住 Ctrl 键,然后再分别单击其他要选择的列表项,此时单击的项全部被选中;再次单击被选中的项则取消选中。

(2)选择连续选项的操作方法:用鼠标单击选中某项后,按住 Shift 键,然后再单击所选范围的最后一项,此时所选范围内的列表项全部被选中。

7)Sorted 属性

该属性用于决定在程序运行时列表框选项内容是否按字母顺序排列。若属性设置为 True,则列表项内容按字母顺序排列显示;若属性设置为 False(系统默认),则列表项内容按照输入的先后顺序显示。

2. 列表框的常用事件

列表框常用的事件有 Click、DblClick、ItemCheck、GotFocus、LostFocus 和 Scroll 等,但通常不用编写 Click 事件过程代码,而是当单击一个命令按钮或发生 DblClick 事件时读取 Text 属性值。

3. 列表框的常用方法

列表框的常用方法主要有 AddItem、ReMoveItem、Clear、Refresh 和 SetFocus 等。

1)AddItem 方法

该方法用于在程序运行时向列表框添加一个列表项。其格式如下:

列表框对象名.AddItem 项目字符串[,索引值]

其中"项目字符串"是将要加入到列表框的项目。"索引值"决定新增选项在列表框中的位置,原位置的项目依次后移;如果省略,则新增项目添加在最后。添加的第一个项目索引值为 0。例如:

List1.AddItem "JAVA 程序设计",5

上面的语句表示将"JAVA 程序设计"添加到 List1 列表框中作为第 6 项。

2)ReMoveItem 方法

该方法用于在程序运行时删除列表框指定的一个列表项。其格式如下:

列表框对象名.ReMoveItem 索引号

3)Clear 方法

该方法用于在程序运行时清除列表框中所有的列表项。其格式如下:

列表框对象名.Clear

4)Refresh 方法

该方法用于在程序运行时刷新列表框。其格式如下:

列表框对象名.Refresh

5) SetFocus 方法

该方法用于在程序运行时将焦点移动到列表框中。其格式如下：

列表框对象名.SetFocus

4．列表框的应用

例 7.3 假设有 5 位学生的专业信息如表 7.5 所示，利用列表框设计一个程序，其功能是：在程序运行后，用户从列表框中选择某位学生的姓名，则在 Picture1 中显示该学生的相关专业信息。程序运行结果如图 7.9 所示。

表 7.5　学生姓名及所学专业

姓　名	专　业
唐佳红	计算机专业
王尔康	新闻专业
李晓钢	外语专业
安江庆	材料工程专业
段玉洁	钢琴专业
彭　捷	生物工程

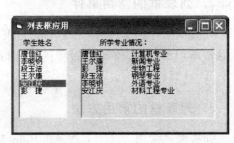

图 7.9　例 7.3 的运行结果

程序代码如下：

```
Private strName() As Variant,study() As Variant    '声明窗体级数组,以备多个事件过程共享
Private Sub Form_Load()
    List1.AddItem "唐佳红"                           '向列表框添加项目
    List1.AddItem "李晓钢"
    List1.AddItem "段玉洁"
    List1.AddItem "王尔康"
    List1.AddItem "安江庆"
    List1.AddItem "彭　捷"
    strName=Array("唐佳红","李晓钢","段玉洁","王尔康","安江庆","彭　捷")
    study=Array("计算机专业","外语专业","钢琴专业","新闻专业","材料工程专业","生物工程")
End Sub
Private Sub List1_Click()                           '单击列表项,在图片框中显示专业信息
    Select Case List1.ListIndex
        Case 0
            Picture1.Print strName(0),study(0)
        Case 1
            Picture1.Print strName(1),study(1)
        Case 2
            Picture1.Print strName(2),study(2)
        Case 3
```

```
        Picture1.Print strName(3),study(3)
    Case 4
        Picture1.Print strName(4),study(4)
    Case 5
        Picture1.Print strName(5),study(5)
  End Select
End Sub
```

说明：本例的关键是在输入每个学生的信息时，姓名数组 strName() 和专业数组 study() 的下标必须相同，以构成对应关系；上面的 List1_Click() 事件代码中姓名是通过选中项的 ListIndex 属性值得到输出数据，也可以采用 List1.Text 得到选中项的内容。

7.4.2　组合框

组合框是一种兼有文本框和列表框两者的功能特性的控件，因此，组合框不但可以供用户选择列表项目，还可以根据需要由用户自己通过文本框向组合框中添加项目。组合框的常用属性、事件和方法与列表框基本相同。下面介绍组合框所特有的属性和事件。

1．组合框特有的 Style 属性

该属性决定了组合框的外观风格和行为，共有 3 种不同的样式风格，如图 7.10 所示。

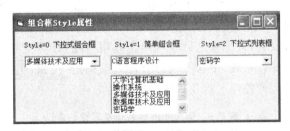

图 7.10　组合框的 3 种样式风格示例

0——Dropdown Combo：下拉式组合框。显示在屏幕上的仅是文本框和一个下拉按钮，执行时，用户可以直接在文本框内输入新的项目，也可以用鼠标单击下拉按钮，打开列表框从中选择，选中的内容将显示在文本框中。可识别 DropDown 事件。默认值为 0。

1——Simple Combo：简单组合框。显示在屏幕上的包括一个文本框和一个标准列表框。执行时，它列出所有项目供用户选择，当项目超过可显示的限度时，系统将自动插入一个垂直滚动条，列表不是下拉式的，而是一直显示在屏幕上，右边没有下拉按钮，列表框不能被收起和拉下，用户可以直接在文本框内插入新的项目，也可以用鼠标单击列表框的选项进行选择，选中的内容将显示在文本框中。可识别 DblClick 事件。

2——Dropdown List：下拉式列表框。显示在屏幕上的仅是文本框和一个下拉按钮。执行时，用户可以用鼠标单击下拉按钮或文本框，打开项目列表从中选择，选中的内容将显示在文本框中。此样式不允许用户输入新内容。不能识别 DblClick 和 Change 事件，但可以识别 DropDown 事件。

2. 组合框的常用事件

组合框常用的事件主要有 Change、Click、DblClick、DropDown、KeyPress、GotFocus 和 LostFocus 等。

1) Click 事件

用户在列表框中选择列表项的同时触发 Click 事件,此时组合框控件的 ListIndex 属性值就是所选表项的索引值。

2) DblClick 事件

只有简单组合框(Style 属性值为 1)能够响应 DblClick 事件。

3) DropDown 事件

当用户单击组合框右边的下拉按钮时将会触发 DropDown 事件。下拉式组合框和下拉式列表框(Style 属性值为 0 和 2)能够响应 DropDown 事件。

4) KeyPress 事件

向列表框中添加列表项时将会触发 KeyPress 事件。

3. 组合框的应用

例 7.4 列表框和组合框的综合应用。设计一个如图 7.11 所示的应用程序。程序运行后,"预安装操作系统"框架内的两个单选按钮

图 7.11 例 7.4 的运行界面

不可用,当用户选中"安装"复选框之后才可用。当用户在"计算机品牌"组合框、"购买数量"组合框和"预安装操作系统"中选择项目后,单击"确定"按钮,则在列表框中将选择的内容显示出来。窗体上的控件名称及属性设置见表 7.6。

表 7.6 例 7.4 控件名称及属性设置

控件名称(Name)	属性名及属性值	控件名称(Name)	属性名及属性值
Label1	Caption="计算机品牌"	Combo1	Style=0
Label2	Caption="购买数量"	Combo2	Style=0
Frame1	Caption="预安装操作系统"	Option2	Caption="Windows 2007"
Check1	Caption="安装"	List1	
Option1	Caption="Windows 2000"	Command1	Caption="确定"

程序代码如下:

```
Private Sub Form_Load()
    Combo1.AddItem "联想"                '向"计算机品牌"组合框添加项目
    Combo1.AddItem "IBM"
    Combo1.AddItem "戴尔"
    Combo1.AddItem "惠普"
```

```
      Combo1.ListIndex=0
      Combo2.AddItem "50"                    '向"购买数量"组合框添加项目
      Combo2.AddItem "80"
      Combo2.AddItem "100"
      Combo2.ListIndex=0
      Option1.Enabled=False                  '设置两个单选按钮不可用
      Option2.Enabled=False
   End Sub
   Private Sub Check1_Click()                 '单击复选框后,两个单选按钮在可用/不可用之间切换
      Option1.Enabled=Not Option1.Enabled
      Option2.Enabled=Not Option2.Enabled
   End Sub
   Private Sub Command1_Click()               '向列表框添加各个选项内容
      List1.Clear
      List1.AddItem Combo1.Text
      List1.AddItem Combo2.Text
      If Check1.Value=1 Then
         If Option1.Value=True Then
            List1.AddItem Option1.Caption
         End If
         If Option2 Then
            List1.AddItem Option2.Caption
         End If
      End If
   End Sub
```

7.5 滚动条和滑块控件

滚动条(ScrollBar)和滑块(Slider)控件通常用来附在窗体上协助观察数据或确定位置,也可以用来作为数据输入的工具,它们广泛应用于 Windows 的应用程序中,例如音量控制、颜色值大小设置以及屏幕分辨率大小设置等。在前面介绍的列表框和组合框中已经使用了滚动条,所不同的是这种滚动条是系统自动加上的,不需要用户设计。这里介绍的滚动条和滑块是根据需要由用户自己设计的。

7.5.1 滚动条

滚动条有水平滚动条(HScrollBar)和垂直滚动条(VScrollBar)两种。滚动条是 Visual Basic 的标准控件,可以直接通过工具箱中的水平滚动条和垂直滚动条控件在窗体中创建。水平滚动条和垂直滚动条除了方向不同外,其功能和操作是一样的。

1. 滚动条的属性

1) Max、Min 属性

Max 属性用于设置当滑块处于最大位置时所代表的值。Max 默认值为 32 767。

Min 属性用于设置当滑块处于最小位置时所代表的值。Min 默认值为 0。最小值为 —32 768。

2) Value 属性

该属性表示滑块所处位置的值。默认值为 0。

3) SmallChange 属性

该属性表示用户单击滚动条两端的箭头时 Value 属性所增加或减少的值。默认值为 1，取值范围为 1~32 767。

4) LargeChange 属性

该属性表示用户单击滚动条空白处时，Value 属性所增加或减少的值。默认值为 1，取值范围为 1~32 767。

2. 滚动条的常用事件

1) Change 事件

运行时，当改变 Value 属性时（滚动条内的滑块位置改变）会触发 Change 事件。

2) Scroll 事件

运行时，拖动滑块时会触发 Scroll 事件。

3. 滚动条的应用

例 7.5 设计一个调色板程序，利用滚动条作为红、绿、蓝 3 种基色的输入控件，然后将合成的颜色作为文本框的前景色或背景色。程序运行界面如图 7.12 所示。窗体上的控件名称及属性设置见表 7.7。

图 7.12　例 7.5 的运行界面

表 7.7　例 7.5 的控件名称及其属性设置

控件名称（Name）	属性名及属性值	控件名称（Name）	属性名及属性值
Label1	Caption="红色分量值"	HScroll1	Min=0,Max=255,LargeChange=25
Label2	Caption="绿色分量值"	HScroll2	Min=0,Max=255,LargeChange=25
Label3	Caption="蓝色分量值"	HScroll3	Min=0,Max=255,LargeChange=25
Label4	Caption="合成颜色"	Text1	Text=""
Command1	Caption="设置前景色"	Text2	Text="调色板像变色龙"
Command2	Caption="设置背景色"	Form1	Caption="调色板"

说明：颜色可以通过 RGB 函数获得，RGB 函数格式是：RGB(Red,Green,Blue)，每个参数的取值范围是 0～255。因此需要设置 3 个水平滚动条，将每个滚动条的 Min 属性设置为 0，Max 属性设置为 255。颜色还可以通过表达式获得：Red＋Green＊256＋Blue＊256＊256。

程序代码如下：

```
Dim Red,Green,Blue As Long              '在窗体通用段声明红、绿、蓝三色变量
Private Sub Command1_Click()            '设置文本框的前景色
    Text2.ForeColor=Text1.BackColor
End Sub
Private Sub Command2_Click()            '设置文本框的背景色
    Text2.BackColor=Text1.BackColor
End Sub
Private Sub HScroll1_Change()           '设置红色分量值事件
    Red=HScroll1.Value
    Green=HScroll2.Value
    Blue=HScroll3.Value
    Text1.BackColor=RGB(Red,Green,Blue) 'Text1 用于预览颜色
End Sub
Private Sub HScroll2_Change()           '设置绿色分量值事件
    Red=HScroll1.Value
    Green=HScroll2.Value
    Blue=HScroll3.Value
    Text1.BackColor=RGB(Red,Green,Blue)
End Sub
Private Sub HScroll3_Change()           '设置蓝色分量值事件
    Red=HScroll1.Value
    Green=HScroll2.Value
    Blue=HScroll3.Value
    Text1.BackColor=RGB(Red,Green,Blue)
End Sub
```

7.5.2　滑块

滑块也有水平和垂直两种。滑块在 Windows 操作系统中的应用很多，例如控制面板的"键盘属性"和"鼠标属性"、"声音与多媒体属性"中的"音量控制"等，如图 7.13 所示。

滑块由两部分组成：跟踪条和刻度线。跟踪条上有一个滑块，滑块是可以调整的部分，其位置与 Value 属性相对应。滑块不是标准控件，在使用前需要将它添加到工具箱中，滑块控件位于 Microsoft Windows Common Control 6.0 部件中，选择菜单命令"工程|部件"，选择该部件左边的复选框即可将滑块添加到工具箱中。滑块的属性和事件与

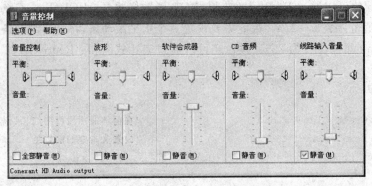

图 7.13　滑块应用于音量控制

滚动条基本相同,这里主要介绍滑块特有的属性、事件和方法。

1. 滑块的主要属性

滑块控件的 Min、Max、SmallChange、LargeChange 和 Value 属性与滚动条相同。

1) BorderStyle 属性

该属性用于设置滑块的边框样式,取值为 0 或 1。

0——ccNone:滑块四周无边框(默认值)。

1——ccFixedSingle:滑块四周有单线边框。

2) Orientation 属性

该属性用于设置滑块的放置方向是水平还是垂直,取值为 0 或 1。

0——ccOrientationHorizontal:滑块水平放置(默认值)。

1——ccOrientationVertical:滑块垂直放置。

3) TickStyle 属性

该属性用于设置滑块刻度标记的样式,取值为 0~3。

0——sldBottomRight:刻度显示在滑块的底端或右侧。若滑块水平放置,则刻度显示在底端;若滑块垂直放置,则刻度显示在右侧。

1——sldTopLeft:刻度显示在滑块的顶端或左侧。若滑块水平放置,则刻度显示在顶端;若滑块垂直放置,则刻度显示在左侧。

2——sldBoth:滑块的上下或左右均有刻度。

3——sldNoTicks:滑块的上下或左右均无刻度。

4) TickFrequency 属性

该属性用于设置或返回滑块刻度标记的频率。默认值为 1,表示每隔 1 个单位就有一个刻度点。若设置为 2,表示每隔两个单位就有一个刻度点。

5) TextPosition 属性

该属性用于设置滑块移动时 Value 值的显示位置,取值为 0 或 1。

0——sldAboveLeft:滑块的 Value 值显示在上方或左方。

1——sldBelowRight:滑块的 Value 值显示在下方或右方。

滑块的属性可以在属性窗口中设置,也可以在滑块的属性页中设置。打开滑块的属性页的方法是:右击在窗体上选中的滑块控件,在弹出的快捷菜单中选择"属性"命令,弹出如图7.14和图7.15所示的滑块属性页。

图 7.14　属性页"通用"选项卡

图 7.15　属性页"外观"选项卡

2. 滑块的常用事件

滑块的常用事件主要有 Click、Change、Scroll、MouseDown 和 MouseUp 等。其中当拖动滑块时会触发 Scroll 事件,当改变滑块 Value 属性值时会触发 Change 事件。

3. 滑块的常用方法

滑块的常用方法主要有 GetNumTicks、SetFocus、Move 和 Refresh。

4. 滑块的应用

例 7.6　用滑块控件设置一个程序,运行程序时拖动滑块,能够针对物品的实际价格计算出折扣价。窗体上控件名称及其属性设置见表7.8。窗体运行界面如图7.16所示。

表 7.8　例 7.6 控件名称及属性值

控件名称(Name)	属性名及属性值	控件名称(Name)	属性名及属性值
Label1	Caption＝"实际价格"	Text1	Text＝""
Label2	Caption＝"折扣价"	Label3	Caption＝""
Label4	Caption＝"折扣"	Label5	Caption＝""
Slider1	Min＝1，Max＝10 SmallChange＝1，LargeChange＝2	Form1	Caption＝"Slider"

程序代码如下：

图 7.16　例 7.6 的运行界面

```
Private Sub Form_Load()          '设置 Slider 的属性
    Slider1.Min=1
    Slider1.Max=10
    Slider1.SmallChange=1
    Slider1.LargeChange=2
End Sub
Private Sub Slider1_Scroll()
    Label3.Caption=Val(Text1.Text) * Slider1.Value/10
    Label5.Caption=Slider1.Value & "折"
End Sub
```

7.6　进　度　条

在 Windows 及其应用程序中，当执行一个耗时较长的操作时通常会用进度条(ProgressBar)显示事务处理的进程，例如打开网页的进度、下载文件的进度、复制文件的进度和应用程序安装的进度等。进度条通过在水平条中显示适当数目的矩形填充块来指示进程的进度，进程完成时，进度栏被填满。

进度条不是标准控件，在使用前需要将它添加到工具箱中，它和滑块控件一样位于 Microsoft Windows Common Control 6.0 部件中。

进度条控件有水平和垂直两种形式，由属性 Orientation 属性决定：

0——ccOrientationHorizontal：进度条水平放置（默认值）。

1——ccOrientationVertical：进度条垂直放置。

进度条还有 3 个主要属性：Max、Min 和 Value。其中，Max 和 Min 属性用于设置进度条的最大值和最小值界限，Value 属性（在设计状态不可用）用来指明在进程范围内的当前位置。

在显示某个操作的进展情况时，Value 属性将持续增长，直到达到了由 Max 属性定义的最大值。因此，要显示某个操作的进展情况，即该控件显示的填充块的数目，就是通过 Value 属性值与 Min 和 Max 属性之间范围的比值来实现的。例如，如果 Min 属性被设置为 1，Max 属性被设置为 100，Value 属性为 50，那么该进度条将显示 50％的矩形填充块。又比如,如果正在下载文件,并且应用程序能够确定该文件有多少字节,那么就可将 Max 属性设置为这个数。在该文件下载的过程中,应用程序还必须能够确定该文件已经下载了多少字节,并将 Value 属性设置为这个数。

例 7.7 使用进度条设计一个程序来模拟文件下载的进度。假设文件长度为 1000B,每次只能下载 1B。窗体界面如图 7.17 所示。

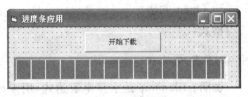

图 7.17 例 7.7 的窗体界面

程序代码如下:

```
Private Sub Form_Load()            '进度条属性设置
    ProgressBar1.Min=1
    ProgressBar1.Max=1000
    ProgressBar1.Value=1
End Sub
Private Sub Command1_Click()
    Dim i As Double
    For i=1 To 1000 Step 0.001     '步长设置为 0.001,表示一个字节
        ProgressBar1.Value=i
    Next i
End Sub
```

7.7 动　　画

动画(Animation)控件用来显示无声的 AVI 视频文件,即播放无声动画。它位于 Microsoft Windows Control-2 6.0 部件中,在使用前需要将它添加到工具箱中。

AVI 动画类似于电影,由若干帧位图组成。扩展名为.avi 的文件都属于此类文件。

1. Animation 的主要属性

1) Center 属性

该属性用来设置 AVI 文件在动画控件中的位置。该属性是只读属性,只能在属性窗口中设置。

若 Center 值为 False,则动画控件在运行时会自动根据 AVI 文件画面的大小设置自身的大小。在设计时,控件左上方决定了运行时的起始位置。若 Center 值为 True,则动画控件不会改变自身的大小,AVI 文件在控件中央播放,如果 AVI 文件画面比动画控件大,则画面的边缘部分会被裁掉。

2) AutoPlay 属性

该属性用来设置 AVI 文件在程序运行时是否自动播放。若 AutoPlay 值为 True,则打开 AVI 文件时自动播放;若 AutoPlay 值为 False,则 AVI 文件不自动播放。

2．Animation 的主要方法

1）Open 方法

格式：

对象名.Open(Filename)

说明：filename 是字符串表达式，用来指定一个文件名，可以包括文件夹和驱动器。例如：

```
Animation1.Open("D:\图片\avi\ clock.AVI")
```

如果 AVI 文件与工程文件放在同一目录下，则文件路径可以写成如下形式：

```
Animation1.Open(app.path+"\clock.AVI")
```

2）Play 方法

格式：

对象名.Play [重复次数,起始帧,结束帧]

说明：如果"重复次数"省略，则默认值为−1，可以连续重复播放下去；如果"起始帧"省略，则默认值为 0，表示从第一帧开始播放；如果"结束帧"省略，则默认值为−1，表示播放到最后一帧。

若 AutoPlay 属性设置为 True，则不需要 Play 方法，AVI 文件就能自动播放。

例如，在动画控件 Animation1 中打开名称为 clock. AVI 的文件，只播放 1～6 帧，共播放两次，语句如下：

```
Animation1.Play 2,1,6
```

3）Stop 方法

格式：

对象名.Stop

说明：停止播放 AVI 文件。

4）Close 方法

格式：

对象名.Close

说明：关闭打开的 AVI 文件。

例 7.8　用动画控件设计一个复制文件的程序，窗体界面如图 7.18 所示。当单击"开始复制"按钮时，将 FileCopy. AVI 文件打开，同时进度条可见；在播放 AVI 文件的同时，进度条也被矩形填充块填充以表示文件复制的进度；当矩形块填满进度条时表示文件复制结束，停止 AVI 文件的播放，进度条不可见，同时弹出"文件复制结束"的信息框。

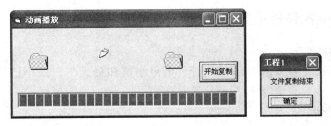

图 7.18　例 7.8 的运行界面及信息提示框

程序代码如下：

```
Private Sub Form_Load()
    ProgressBar1.Visible=False
    Animation1.AutoPlay=False
End Sub
Private Sub Command1_Click()
    Dim k As Double
    Animation1.Open(App.Path+"\filecopy.avi")
    ProgressBar1.Visible=True
    Animation1.Play
    ProgressBar1.Min=1
    ProgressBar1.Max=28000
    For k=1 To 28000 Step 0.01
        ProgressBar1.Value=k
    Next k
    ProgressBar1.Visible=False
    Animation1.Stop
    Animation1.Close
    MsgBox "文件复制结束"
End Sub
```

7.8　UpDown 控件

　　UpDown 控件也是在 Windows 应用程序中常见的一种控件，比如 Word"页面设置"中上下左右边距的设置就是 UpDown 控件。该控件与 Animation 一样位于 Microsoft Windows Controls-2 6.0 部件中，在使用前需要将该部件添加到工具箱中。该控件往往与其他控件"捆绑"在一起使用，方便用户修改与它关联的伙伴控件。图 7.19 中有一个与文本框关联的 UpDown 控件，当用户单击向上或向下的箭头按钮时，文本框中的值相应地增加或减少。

图 7.19　UpDown 与其绑定伙伴

1. UpDown 控件的主要属性

1）Min、Max 属性

该属性用来设置与 UpDown 绑定控件的最小值和最大值。最小值默认为 0,最大值默认为 10。

2）Value 属性

该属性用来设置或返回与 UpDown 绑定的控件的属性值。

3）Increment 属性

该属性用来设置或返回当单击 UpDown 控件向上或向下的箭头按钮时,与其绑定的控件属性的增加数量或减少数量。

4）Alignment 属性

该属性用来设置 UpDown 控件与绑定控件的相对位置。

0——cc2AlignmentLeft：UpDown 控件在绑定控件的左边。

1——cc2AlignmentRight：UpDown 控件在绑定控件的右边。

5）Orientation 属性

该属性用来设置 UpDown 控件的方向。

0——cc2OrientationVertical：UpDown 控件垂直放置,具有向上和向下箭头按钮。

1——cc2OrientationHorizontal：UpDown 控件水平放置,具有向左和向右箭头按钮。

6）BuddyControl 属性

该属性用来设置与 UpDown 控件绑定的控件名称。

7）BuddyProperty 属性

该属性用来设置与 UpDown 控件绑定的控件属性名。

8）Wrap 属性

该属性用来设置当绑定控件属性值达到最大值(最小值)时,是否从最小值(最大值)回绕显示。True 表示回绕;False 表示不回绕。

UpDown 控件的属性也可以在属性页中设置。打开该控件属性页的方法是：右击在窗体上选中的 UpDown 控件,在弹出的快捷菜单中选择"属性"命令,弹出如图 7.20 和图 7.21 所示的属性页。

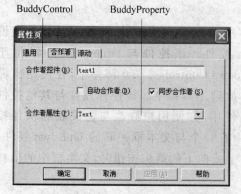

图 7.20　属性页"合作者"选项卡

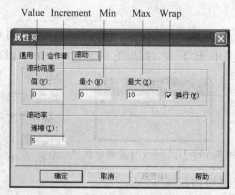

图 7.21　属性页"滚动"选项卡

2．UpDown 控件的主要事件

UpDown 控件的主要事件有 UpClick 和 DownClick。当单击向上的箭头按钮时，会触发 UpClick 事件；当单击向下的箭头按钮时，会触发 DownClick 事件。一般不需要编写它们的事件过程，因为与 UpDown 关联的控件会自动改变。

3．UpDown 控件的应用

例 7.9 设计如图 7.22 所示的窗体，将 UpDown1 与 Text1 绑定，当单击 UpDown1 控件的向上或向下箭头按钮时，绑定文本框内容发生改变，将其值作为 Text2 文本框字体的大小。窗体上的控件名称及属性设置见表 7.9。

表 7.9　例 7.9 的控件名称及属性值

控件名称	属性名及属性值
Text1	Text = ""
Text2	Text = ""
UpDown	Value = 24，Min = 18，Max = 32，Warp = True，Increment = 2，BuddyControl = Text1，BuddyProperty = Text

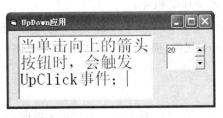

图 7.22　例 7.9 的运行界面

程序代码如下：

```
Private Sub UpDown1_DownClick()
    Text2.FontSize=UpDown1.Value
End Sub
Private Sub UpDown1_UpClick()
    Text2.FontSize=UpDown1.Value
End Sub
```

7.9　SSTab 控件

SSTab 控件提供了一组选项卡，选项卡是一个容器，其中可以放置其他控件。在 SSTab 控件中，一次只能激活一个选项卡（处于活动状态），当某个选项卡被激活后，其内容被显示，而其他选项卡被隐藏起来。如图 7.23 所示的"查找和替换"对话框就包含了 3 个选项卡。

SSTab 控件不是标准控件，它位于 Microsoft Tabbed Dialog Control 6.0 部件中。

图 7.23　包含多个选项卡的对话框

1. SSTab 的主要属性

1) Style 属性

该属性用于设置 SSTab 控件上选项卡的样式。

0——ssStyleTabbedDialog：默认值。选项卡看起来就像 Microsoft Office for Microsoft Windows 3.1 中的那样。活动选项卡的字体是粗体。

1——ssStylePropertyPage：选项卡看起来像 Microsoft Windows 95 中的那样，选项卡中显示非粗体的文本。此时，忽略 TabMaxWidth 属性，而每个选项卡的宽度都调整到其标题文本的长度。

2) Tabs 属性

该属性用来决定 SSTab 控件上的选项卡总数。在运行时可以更改 Tabs 属性，从而添加新的选项卡或删除选项卡。整数值 n 由用户根据实际需要设置。

3) TabsPerRow 和 Rows 属性

TabsPerRow 属性用来设置 SSTab 控件中每一行选项卡的数目。可以在运行时更改该属性来添加或删除选项卡。

Rows 属性用来设置 SSTab 控件中选项卡的总行数。设计时，其值等于 Tabs/TabsPerRow（若不能整除，则取该数的整数位加 1）。

4) TabOrientation 属性

该属性用来设置 SSTab 控件上选项卡的位置。属性取值为 0～3，分别代表选项卡可以出现在控件的顶端、底部、左边或右边。

5) ShowFocusRect 属性

该属性用于返回或设置一个值，当 SSTab 控件上的选项卡获得焦点时，由这个值可确定在该选项卡上的焦点矩形是否可见。

True：在获得焦点的选项卡中，其标题显示聚焦框（默认值）。

False：在获得焦点的选项卡中，其标题不显示聚焦框。

6) Tab 属性

该属性决定 SSTab 控件上的当前选项卡。如果 Tab 属性值为 1，则第二个选项卡为当前活动选项卡。

图 7.24 给出了 4 个方向的 SSTab 控件使用不同属性值设置的效果。

以上属性可以在属性窗口中设置,也可以在"属性页"中设置。SSTab 控件的"属性页"如图 7.25 所示。

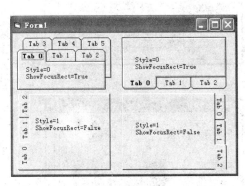

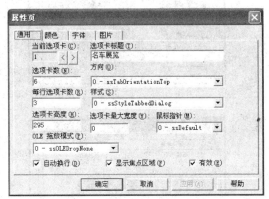

图 7.24　SSTab 控件的不同属性设置效果　　　图 7.25　SSTab 控件的"属性页"对话框

2. SSTab 的主要事件

SSTab 控件能够响应 Click 和 DblClick 事件。

DblClick 事件与其他控件一样,而 Click 事件是在用户选定一个选项卡时发生的,事件过程的格式如下:

```
Private Sub SSTab1_Click(PreviousTab As Integer)
    …
End Sub
```

参数 PreviousTab 用于标识先前的活动选项卡。第一个选项卡的 PreviousTab 参数值为 0,第二个选项卡的 PreviousTab 参数值为 1,以此类推。

需要注意的是,Click 事件发生在 SSTab 控件上,不是发生在选项卡上。当在同一个 SSTab 的不同选项卡上单击会触发同一个 Click 事件,区别仅仅是 PerviousTab 参数值不同。

3. SSTab 的应用

例 7.10　设计一个 SSTab 控件的应用程序,如图 7.26 所示,在不同的选项卡上显示一张图像,当单击"放大"命令按钮时,在当前选项卡右侧显示放大后的图像。

分析:本例需要一个 SSTab 控件,SSTab 控件每张选项卡上的各类控件除了名称不同外其他是一样的,因此在这里使用 3 个控件数组:

Image1 控件数组:用于存放小图像。程序运行时小图像是可见的。

Image2 控件数组:用于存放大图像。程序运行时大图像是不可见的。

Command1 控件数组:当单击命令按钮时,可以看到放大的图像。

窗体上各个控件的名称及属性设置见表 7.10。

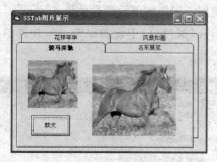

(a) "骏马奔驰" 选项卡

(b) "名车展览" 选项卡

(c) "花样年华" 选项卡

(d) "风景如画" 选项卡

图 7.26 例 7.10 程序的运行界面

表 7.10 例 7.10 的控件名称及属性设置

控件名称(Name)	属性名及属性值
Form1	Caption= "SSTab 图片展示"
SSTab	Rows=4, TabsPerRow=2, 选项卡标题根据图 7.26 设置,其余属性默认
Image1(0)~Image1(3)	对应的 Index 值为 0~3
Image2(0)~Image2(3)	对应的 Index 值为 0~3
Command1(0)~Command1(3)	Caption= "放大"

程序代码如下:

```
Rem 在窗体通用段声明存放各个大图像文件名和小图像文件名的数组
Dim PicSmall() As Variant,Pic() As Variant,k%
Private Sub Form_Load()
    '将小图像文件名赋值给 PicSmall 数组
    PicSmall=Array("s1_small.jpg","138_small.jpg","a1_small.jpg","s3_small.jpg")
    '将大图像文件名赋值给 Pic 数组
    Pic=Array("s1.jpg","138.jpg","a1.jpg","s3.jpg")
    For k=0 To UBound(PicSmall)
        Image1(k).Stretch=True                    '设置图片以图像框为准自动调整大小
    Next k
```

Visual Basic 程序设计教程(第 2 版)

```
        For k=0 To UBound(PicSmall)                        '装载小图像文件
            Image1(k).Picture=LoadPicture(App.Path+"\image\"+PicSmall(k))
        Next k
        For k=0 To UBound(Pic)
            Image2(k).Stretch=True
            Image2(k).Visible=False                    '设置大图像不可见
        Next k
        For k=0 To UBound(Pic)                          '装载大图像文件
            Image2(k).Picture=LoadPicture(App.Path+"\image\"+Pic(k))
        Next k
    End Sub
    Private Sub Command1_Click(Index As Integer)    '判断单击了哪个命令按钮
        Select Case Index
        Case 0
            Image2(Index).Visible=True
        Case 1
            Image2(Index).Visible=True
        Case 2
            Image2(Index).Visible=True
        Case 3
            Image2(Index).Visible=True
        End Select
    End Sub
```

7.10   图 形 控 件

Visual Basic 中与图形有关的标准控件有 4 种,即图片框、图像框、直线和形状。直线和形状将在 9.3 节介绍,本节主要介绍图片框和图像框。

大多数 Windows 应用程序的用户界面不仅包含文本,还包括各式各样的图片,图片的加入使得界面更加丰富多彩。图片框(PictureBox)和图像框(Image)是 Visual Basic 用来显示图形的两种基本控件,它们属于标准控件,通过工具箱相应的对象就可以在窗体上创建控件。它们可以显示 BMP、ICO、WMF、GIF 和 JPEG 等文件的图形,而且图片框(PictureBox)还可以作为容器放置其他控件,以及通过 Print、Pset、Line 和 Circle 等方法在其中输出文本和图形。

7.10.1   图片框

1. 图片框的主要属性

1) Picture 属性

该属性用来决定控件中所显示的图片文件,其值可以通过下列 3 种途径获得:

（1）在设计时直接选择图片文件设置 Picture 属性。

（2）在程序运行时使用 LoadPicture()函数装入图片。格式如下：

图形框控件名.Picture=LoadPicture("图形文件名")

（3）将一个图片框中的图片加载到另一个图片框中。格式如下：

图片框 2.Picture=图片框 1.Picture

2）AutoSize 属性

该属性用来决定是否自动调整图片框的大小，以适应所显示图片的大小。

True：图片框能自动调整大小，以适应所显示图片的大小。

False：默认值。图片框不能自动调整大小。若加载的图片比控件大，则超过的部分将被剪裁掉。

2. 图片框的主要事件

图片框的主要事件有 Click、DblClick、GotFocus、KeyPress、MouseDown 和 MouseUp 等。

3. 图片框的主要方法

图片框的主要方法有 SavePicture、Print、Cls、Pset、Line 和 Circle 等。其中 Print 和 Cls 方法与 2.2.2 节窗体的方法相同，SavePicture、Pset、Line 和 Circle 方法将在第 9 章详细介绍。

4. 图片框的应用

例 7.11 使用图片框 PictureBox 设计一个程序，运行界面如图 7.27 所示。程序完成的功能如下。

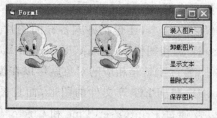
(a)装入图片

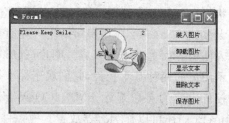
(b)卸载图片并显示文本

图 7.27　例 7.11 的程序运行部分界面

（1）单击"装入图片"按钮，在 Picture1 和 Picture2 中分别装入图片，其中 Picture1 控件不能自动调整大小，而 Picture2 控件可以根据装入图片的大小自动调整。

（2）单击"卸载图片"按钮，将 Picture1 控件中的图片删除。

（3）单击"显示文本"按钮，则在两个图片框中分别显示文本信息。

（4）单击"删除文本"按钮，则将两个图片框中的文本信息删除。

（5）单击"保存图片"按钮，则将 Picture1 中的图形以 MyPic.BMP 为文件名保存到 D:\。

窗体中各个控件的名称及属性值的设置见表 7.11。

表 7.11 例 7.11 的控件名称及属性值设置

控件名称（Name）	属性名及属性值	控件名称（Name）	属性名及属性值
Picture1	Width＝2000，Height＝2000，AutoSize＝False	Picture2	Width＝2000，Height＝2000，AutoSize＝True
Command1	Caption＝"装入图片"	Command2	Caption＝"卸载图片"
Command3	Caption＝"显示文本"	Command4	Caption＝"删除文本"
Command5	Caption＝"保存图片"		

程序代码如下：

```
Private Sub Command1_Click()                    '装入图片事件过程
    Picture1.AutoSize=False                     '图片框不自动调整大小
    Picture1.Picture=LoadPicture(App.Path+"\Cookey.gif")
    Picture2.AutoSize=True                      '图片框自动调整大小
    Picture2.Picture=LoadPicture(App.Path+"\Cookey.gif")
End Sub
Private Sub Command2_Click()                    '卸载图片事件过程
    Picture1.Picture=LoadPicture("")
End Sub
Private Sub Command3_Click()                    '显示文本事件过程
    Picture1.Print 1,2,3
    Picture2.Print "Please With Smile."
End Sub
Private Sub Command4_Click()                    '删除文本事件过程
    Picture1.Cls
    Picture2.Cls
End Sub
Private Sub Command5_Click()                    '保存图片事件过程
    SavePicture Picture1.Picture,"d:\MyPic.bmp"
End Sub
```

需要注意的是，Cls 方法只能清除图片框中的文本信息以及调用绘图方法画的图形，不能清除图片。PictureBox 控件是一个容器性控件，就像窗体和框架（Frame）一样可以在其中放置其他控件。当用户在 PictureBox 中加载其他控件时，其他控件对象的 Top 和 Left 是相对于 PictureBox 而言的，与窗体无关，当 PictureBox 大小改变时，这些控件在 PictureBox 中的相对位置保持不变。

7.10.2　图像框

图像框与图片框有很多共同之处,不同之处主要体现在以下 4 方面。

（1）图像框比图片框占用更少的内存,描绘图形的速度更快。

（2）图片框是一个容器,可以在其中放置其他控件;而图像框内不能放置其他控件。

（3）图片框可以通过 AutoSize 属性值的设置,确定是否改变控件的大小;而图像框可以通过 Stretch 属性值的设置,确定是改变显示图像的大小,还是改变控件的大小。

（4）图片框支持 Print 方法显示文本信息,而图像框不支持该方法。

图像框的属性主要有两个:Picture 属性和 Stretch 属性。

1) Picture 属性

该属性用于返回或设置控件中要显示的图像。与图片框的 Picture 属性相同。

2) Stretch 属性

该属性用于确定是拉伸显示的图像以适应控件的大小,还是拉伸控件以适应显示图像的大小。

True:设计时,图像框可自动改变大小以适应显示图形的大小;程序运行时,伸缩显示的图形以适应图像框控件的大小,显示的图像可能会失真。

False:程序运行时,伸缩图像框以适应显示图像的大小。

例 7.12　演示图片框和图像框加载图形的方法,观察图片框 AutoSize 属性与图像框 Stretch 属性对加载图形的影响。设计如图 7.28(a)所示的窗体,窗体上各个控件的名称及属性设置见表 7.12。程序运行结果如图 7.28(b)、(c)和(d)所示。

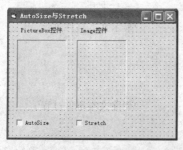

(a) 窗体设计界面

(b) 窗体启动界面

(c) AutoSize 为 True 的界面

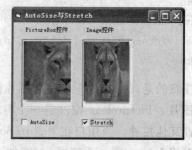

(d) Stretch 为 True 的界面

图 7.28　例 7.13 的窗体设计界面与运行结果

表 7.12　例 7.12 的控件名称及属性设置

控件名称（Name）	属性名及属性值	控件名称（Name）	属性名及属性值
Label1	Caption= "PictureBox 控件"	Label2	Caption= "Image 控件"
Picture1	Width=1500, Height=2000, AutoSize=False	Image1	Width=1500, Height=2000, Stretch=False
Check1	Caption= "AutoSize"	Check2	Caption= "Stretch"

程序代码如下：

```
Private Sub Form_Load()
    Picture1.Picture=LoadPicture("D:\图片\Jpg\anuteha.jpg")
    Image1.Picture=LoadPicture("D:\图片\Jpg\anuteha.jpg")
    Picture1.AutoSize=False          'Picture1 不拉伸,显示的图形被剪裁
    Image1.Stretch=False             '拉伸 Image1 控件,以适应显示图形的大小
End Sub
Private Sub Check1_Click()
    Picture1.Height=2000
    Picture1.Width=1500
    Picture1.AutoSize=Check1.Value   '若选中 Check1,则拉伸 Picture1 控件
End Sub
Private Sub Check2_Click()
    Image1.Height=2000
    Image1.Width=1500
    Image1.Stretch=Check2.Value      '若选中 Check2,则拉伸显示图形
End Sub
```

7.11　定　时　器

定时器（Timer）控件是一个用于计时的特殊控件,它能够借助计算机系统内部的时钟实现定时控制,每隔一定的时间间隔自动触发一个定时器事件而执行相应的程序代码。

该控件在设计时可见,而在程序运行时不可见。

1. 定时器的重要属性

1) Enabled 属性

该属性用来设置程序运行时是否激活定时器。当属性值为 True 时,表示激活定时器,默认值为 True。当属性值为 False 时,定时器无效,相当于关闭时钟。

2) Interval 属性

该属性用来设置定时器时间间隔,即决定每隔多长时间触发一次 Timer 事件。其值以 ms（毫秒）（0.001s）为单位,因此 Interval 值为 1000 代表 1s,500 代表 0.5s,0 代表屏蔽

定时器。Interval 属性的取值范围为 0～65 535。

2. 定时器的主要事件

定时器只有一个唯一的 Timer 事件。在 Enabled 属性值为 True 时,由 Interval 属性值决定多长时间触发一次 Timer 事件。需要注意的是,如果 Enabled 属性值为 True,但是 Interval 属性值为 0,则 Timer 事件不被触发。

3. 定时器的应用

例 7.13　在窗体上画一个标签,使其 BorderStyle 属性为 1。使用 Timer 设计一个简单的时钟程序。程序运行时,在标签上显示不断变化的系统当前时间。窗体设计图及运行结果如图 7.29 所示。

图 7.29　例 7.13 的窗体界面及运行结果

分析:在 Label1 上显示系统时间,使用语句

```
Label1.Caption=Time
```

如果不用 Timer 控件,在 Label1 上只能显示一次系统时间,不会像电子表一样每隔 1s 时间变化一次。所以本例要用到 Timer 控件,将时间间隔设置为 1s,即 Timer1. Interval＝1000,并让时钟可用,即 Timer1. Enabled＝True,然后将 Label1. Caption＝ Time 放置在 Timer 事件过程中,这样每隔 1s 就会执行一次该语句,读取一次系统时间,像电子表一样在计时。

程序代码如下:

```
Private Sub Form_Load()
    Timer1.Enabled=True
    Timer1.Interval=1000
End Sub
Private Sub Timer1_Timer()
    Label1.Caption=Time
End Sub
```

例 7.14　设计一个如图 7.30(a)所示的定时器程序。窗体上有一个命令按钮、一个定时器和两个图片框。操作要求如下。

(1) 设置定时器的属性,使其在初始状态下不计时。

(2) 当单击"发射"按钮时,定时器才开始计时,使其每隔 0.1s 调用 Timer 事件过程一次。

(3) 当用户单击"发射"按钮时,P2 开始向上移动,系统同时开始计时,当到达 P1 的下方时停止移动。窗体上各个控件名称及属性设置见表 7.13。程序运行结果如

图 7.30(b)所示。

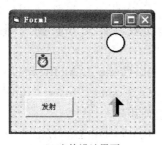
(a) 窗体设计界面

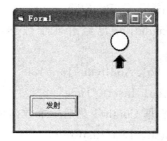
(b) 运行效果

图 7.30　例 7.14 的窗体界面与运行结果

表 7.13　例 7.14 的控件名称及属性值

控件名称(Name)	属性名及属性值	控件名称(Name)	属性名及属性值
P1	Picture="ICO 文件"	P2	Picture="ICO 文件"
Timer1	Enabled=False,Interval=0	C1	Caption="发射"

程序代码如下:

```
Private Sub Form_Load()
    P1.Picture=LoadPicture(App.Path+"\MOON05.ICO")
    P2.Picture=LoadPicture(App.Path+"\ARW07UP.ICO")
    Timer1.Interval=100
    Timer1.Enabled=False
End Sub
Private Sub C1_Click()
    Timer1.Enabled=True
End Sub
Private Sub Timer1_Timer()
    If P2.Top>P1.Top+P1.Height Then
        P2.Move P2.Left,P2.Top-40
    Else
        P2.Top=P1.Top+P1.Height
    End If
End Sub
```

习　题　七

一、选择题

1. 当单选按钮被选中时,单选按钮的 Value 属性值为_____。
   A. 0　　　　　　B. 1　　　　　　C. True　　　　　　D. False

2. 若要使复选框的标题显示在左侧，应通过_____属性设置。

    A. Caption   B. Alignment   C. Value   D. Style

3. 假设 Combo1 中已经有 6 项数据，能实现将数据 June 插入到第 4 项的语句是_____。

    A. Combo1. AddItem "June",4   B. Combo1. AddItem "June",3

    C. Combo1. Insert "June",4   D. Combo1. Insert "June",3

4. 引用组合框 Combo1 最后一个数据项应使用_____。

    A. Combo1. List(ListCount)   B. Combo1. List(List1. ListCount−1)

    C. Combo1. List(ListCount−1)   D. Combo1. List(Combo1. ListCount−1)

5. 要使列表框中的项目显示成复选框形式，则应将其 Style 属性设置为_____。

    A. 0   B. 1   C. True   D. False

6. 假设窗体上有一个列表框 List1，其中放有若干个列表项，则_____表示当前被选中的列表项的内容。

    A. List1. List   B. List1. ListIndex   C. List1. Index   D. List1. Text

7. 在程序运行期间，如果拖动滚动条的滑块，则将触发_____事件。

    A. Move   B. Scroll   C. Change   D. GotFocus

8. 程序运行时，当用户单击滚动条空白处时，可以表示滑块移动时增加或减少的值的属性是_____。

    A. SmallChange   B. LargeChange

    C. Value   D. Max

9. 关于 Animation 控件，下列说法错误的是_____。

    A. Center 属性是只读属性，只能在属性窗口中设置

    B. 若 AutoPlay 值为 True，则打开 AVI 文件时自动播放；若 AutoPlay 值为 False，则打开 AVI 文件时不自动播放

    C. Open 方法可以打开一个 AVI 文件，当用该方法打开文件时，该文件自动播放

    D. Play 方法可以循环播放 AVI 文件，也可以播放一个片段

10. UpDown 控件通常与其他控件"捆绑"在一起使用，因此使用时需要指明绑定控件的名称及其属性，表示这两个内容的属性分别是_____。

    A. BuddyControl 和 Increment   B. Increment 和 BuddyProperty

    C. BuddyControl 和 Wrap   D. BuddyControl 和 BuddyProperty

11. 程序运行时，如果希望加载的图形能自动调整大小以适应控件的大小，则应选择的控件及其属性设置为_____。

    A. PictureBox 和 AutoSize 为 True   B. PictureBox 和 AutoSize 为 False

    C. Image 和 Stretch 为 True   D. Image 和 Stretch 为 false

12. Timer 控件可用于后台进程中，要在 Timer 事件内编程，必须设置_____属性。

    A. Tag 和 Interval   B. Enabled 和 Interval

C. Visible 和 Interval D. Enabled 和 Visible

13. Timer 控件用于后台进程中,可在 Timer 事件内编程。要停止触发 Timer 事件,可设置 Timer 控件的_____属性值。

    A. Enabled＝False 或 Visible＝False　　B. Enabled＝False 且 Visible＝False

    C. Enabled＝False 或 Interval＝0　　　D. Enabled＝False 且 Interval＝0

14. Timer 控件能每隔一定的时间间隔自动触发一个定时器事件(Timer)而执行相应的程序代码。如果要每隔半秒钟触发一次 Timer 事件,则需要设置 Interval 属性为_____。

    A. 0.5 B. 5 C. 50 D. 500

15. 要改变一个控件的 Tab 键序,只需修改该控件的_____属性值。

    A. TabIndex B. TabStop C. Index D. Name

二、简答题

1. 框架的作用是什么? 如何在框架中建立控件?

2. 程序运行时,列表框和组合框的共同点是什么? 主要区别是什么?

3. 滚动条的 Scroll 事件和 Change 事件的区别是什么?

4. 简述图片框与图像框的主要区别。

5. 程序运行时,如果希望加载的图形能适应图形控件的大小,采用哪个控件比较好? 相应的属性如何设置? 程序运行时,如果希望图形控件能适应图形的大小,采用哪个控件比较好? 相应的属性如何设置?

6. 默认情况下,进度条是水平的,若要让进度条变成垂直方向,应如何设置?

7. 如果要让定时器每 0.5s 产生一个 Timer 事件,则 Interval 属性应设置为多少?

8. 什么是 Tab 键序? 创建控件初期,Tab 键序是怎么确定的? 如何更改控件的 Tab 键序?

三、编程题

1. 创建如图 7.31 所示的窗体,利用列表框在有序数组中做如下操作。

(1)在文本框中输入一个数,单击"插入"按钮,则将该数插入到数组中,使数组仍然有序。

(2)在文本框中输入一个数,单击"查找删除"按钮,则在数组中查找该数并删除,如果该数不存在,则给出提示信息。

(3)在列表框中选中某一数据,单击"删除选定内容"按钮,则将其从列表框中删除。

图 7.31 编程题 1 的窗体界面

2. 创建如图 7.32 所示的窗体,在文本框中输入一个定时时间(秒),单击"开始"按钮后,在标签内显示经过的秒数,当达到定时时间则响铃并停止计时。

3. 创建如图 7.33 所示的窗体,用户在"性别"和"爱好"框架中做出选择后,单击"确定"按钮,则在 Text1 中显示选择的性别内容,在 Text2 中显示选择的爱好内容。

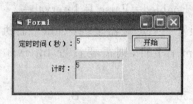

图 7.32　编程题 2 的窗体界面

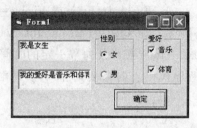

图 7.33　编程题 3 的窗体界面

 第 **章 菜单及窗体的设计**

在 Windows 环境下,几乎所有应用软件的用户界面都是菜单界面。菜单的主要作用是为程序使用者提供一个方便操作和控制程序功能的运行途径,使用户可以用交互的方式完成操作。本章将介绍 Visual Basic 中用户界面设计的工具及方法,包括菜单、对话框、工具栏、状态栏、多重窗体和 MDI 窗体等。

8.1 菜 单

菜单把各种命令结构化,它是一系列命令组成的列表,以特殊的窗口方式显示,其中的每个菜单项对应一条命令或一个子菜单。菜单的作用类似于按钮,但它只有一个 Click 事件。

在实际应用中,菜单分为两种基本类型:下拉式菜单和弹出式菜单。下拉式菜单位于窗口的顶部,弹出式菜单是独立于窗体菜单栏而显示在窗体内的浮动式菜单。图 8.1 说明了下拉式菜单系统的组成结构。菜单栏出现在窗体的标题栏下面,包含一个或多个菜单名,每个菜单名以下拉式列表形式包含若干个菜单项。菜单项可以包括菜单命令、分隔条和子菜单标题。只有菜单名而没有菜单项的菜单称为"顶层菜单"。每个菜单项可以有热键与快捷键,而菜单名只有热键。

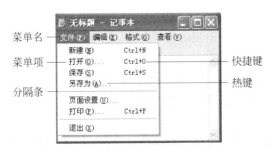

图 8.1 下拉式菜单的组成结构

8.1.1 菜单编辑器的使用

Visual Basic 提供了一个菜单编辑器,专门用来设计各式各样的菜单。可以使用以下 4 种方式进入菜单编辑器。

（1）在窗体环境下选择菜单命令"工具|菜单编辑器"。

（2）使用快捷键 Ctrl＋E。

（3）单击常用工具栏中的"菜单编辑器"按钮 ▤。

（4）在要建立菜单的窗体上右击鼠标，在弹出的快捷菜单中选择"菜单编辑器"命令。

注意，只有当某个窗体为活动窗体时，才能用上面的方法打开"菜单编辑器"窗口。打开的"菜单编辑器"对话框如图 8.2 所示。

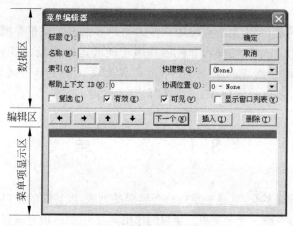

图 8.2 "菜单编辑器"对话框

"菜单编辑器"对话框分 3 部分：数据区、编辑区和菜单项显示区。数据区用来输入或修改菜单项以及设置菜单项的属性；编辑区共有 7 个按钮，用来对输入的菜单项进行简单的编辑；菜单项显示区用来显示输入的各个菜单项并通过前导符（"…"）表明菜单项的层次。每一个菜单项都是一个控件对象，只有 Click 事件。菜单项主要的属性如下：

1）标题（Caption）

用于设置应用程序菜单上出现的菜单名称，它与控件的 Caption 属性类似。

2）名称（Name）

用于定义菜单项的控制名，这个属性不会出现在屏幕上，主要用于在程序中引用该菜单项。名称最好用英文名。名称必须填写，不允许留空。

3）复选（Checked）

用于定义是否在菜单项左边加上对勾（"√"）标记。默认值为 False，表示菜单项左边不显示对勾（"√"）标记；如果该属性值为 True，表示菜单项左边显示对勾标记。通常菜单项标记是动态地加上或取消的，因此应在程序代码中根据执行情况设置，语句格式如下：

菜单项名称.Checked=True|False

4）有效（Enabled）

用于控制菜单项是否可操作。默认值为 True，表明相应的菜单项可以对用户事件作出响应。如果该属性值为 False,则相应的菜单项呈灰色,不响应用户事件。

5）可见（Visible）

该属性决定菜单项是否可见。默认值为 True,表明菜单项可见。如果该属性值为 False,表明该菜单项不可见,一个不可见的菜单项不能响应用户事件。

6）显示窗口列表

当该选项被设置为 On（复选框内有"√"）时,将显示当前打开的一系列子窗口。用于多文档应用程序。

1. 创建菜单项

创建菜单项的步骤如下。

(1) 在标题栏输入该菜单项的文本。

(2) 在名称栏输入程序中要引用该菜单项的名称。

(3) 单击"下一个"按钮或"插入"按钮,建立下一个菜单项。

(4) 单击"确定"按钮,关闭菜单编辑器。

菜单编辑器中的上、下箭头可调整菜单项在列表框中的排列位置,左、右箭头按钮可调整菜单项的层次。在菜单列表框中,下级菜单项标题前比上一级菜单项多一个前导符"…"标志。

2. 创建分隔条

菜单中使用分隔条,可以将菜单项分组。分隔条是一条水平线,在菜单编辑器中建立菜单分隔条的步骤与建立菜单项的步骤相似,唯一的区别就是在标题栏输入一个连字符"-"。

3. 创建热键与快捷键

所谓热键,就是指使用 Alt 键和菜单项标题中的一个字符来打开菜单。建立热键的方法是在菜单标题的首字符前加上一个 & 符号,菜单项上会在这个字符下面显示一个下划线,表示该字符是一个热键字符。

所谓快捷键,就是指不使用菜单,直接用键盘上的控制键 Ctrl（或 Shift）加一个字符键就可以执行相应的菜单项的操作。建立快捷键的方法是:打开"菜单编辑器"对话框,在该对话框中打开"快捷键"下拉式列表框并选中一个键,则菜单项标题的右边会显示快捷键名称。

8.1.2 下拉式菜单

下面通过一个简单的例子说明下拉式菜单的创建过程。

例 8.1 仿照 Windows 附件中的"记事本",创建下拉式"文件"菜单,如图 8.3 所示,各个菜单项的名称及其属性见表 8.1。

表 8.1 "文件"菜单的菜单项名称及属性

Caption 属性	Name 属性	快捷键	热 键	其他属性	所属级别
文件	FileMenu		&F	Visible＝True	主菜单
新建	NewFileMenu	Ctrl＋N	&N	Visible＝True	一级子菜单
打开	OpenMenu	Ctrl＋O	&O	Visible＝True	一级子菜单
保存	SaveMenu	Ctrl＋S	&S	Visible＝True	一级子菜单
-	Bar1Menu			Visible＝True	一级子菜单
退出	ExitMenu		&X	Visible＝True	一级子菜单

创建下拉式菜单的步骤如下。

（1）首先执行菜单命令"工具|菜单编辑器"，打开"菜单编辑器"对话框。

（2）在标题中输入"文件(&F)"，名称为 FileMenu，然后单击"下一个"按钮，建立主菜单。

（3）单击向右的箭头按钮，为建立下一级菜单做准备。

（4）在标题中输入"新建(&N)"，名称为 NewFileMenu，在快捷键下拉式列表框中选择 Ctrl＋N，然后单击"下一个"按钮。

重复上面的步骤（4），建立所有的第一级菜单。设置分隔条时标题为"-"，即连字符。下拉式菜单创建完成后的效果如图 8.3 所示。

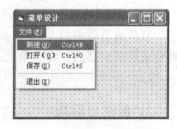

图 8.3 例 8.1 的下拉式菜单窗体

8.1.3 弹出式菜单

设计弹出式菜单与设计一般菜单类似，如果不希望菜单出现在窗体的顶部，只需要将菜单名的 Visible 属性设置为 False，即在菜单编辑器内部选中"可见"复选框。然后应用 PopupMenu 方法来显示弹出菜单。PopupMenu 方法的语法格式如下：

[对象.]PopupMenu 菜单名 [,标志,x,y]

说明：菜单名是必需的，其他参数是可选的。x 和 y 参数指定弹出菜单显示的位置。标志参数用于进一步定义弹出菜单的位置和性能，可以采用表 8.2 中的值。

表 8.2 PopupMenu 标志参数取值及说明

分类	常 数	值	说 明
位置	vbPopupMenuLeftAlign	0	x 位置确定弹出菜单的左边界（默认）
	vbPopupMenuCenterAlign	4	弹出菜单以 x 为中心
	vbPopupMenuRightAlign	8	x 位置确定弹出菜单的右边界
性能	vbPopupMenuLeftButton	0	只能用鼠标左键触发弹出菜单（默认）
	vbPopupMenuRightButton	2	能用鼠标左键和右键触发弹出菜单

例如,在例8.1中加入"编辑"菜单,"编辑"菜单所包含的菜单项采用弹出式菜单功能,用鼠标单击窗体的任何位置时能弹出菜单中的菜单项,并以鼠标指针坐标x为弹出菜单的中心。"编辑"菜单各个菜单项名称及属性设置见表8.3。

表8.3 "编辑"菜单的菜单项名称及属性

Caption 属性	Name 属性	快捷键	热键	其他属性	所属级别
编辑	EditMenu		&E	Visible=False	主菜单
剪切	CutMenu	Ctrl+X	&T	Visible=True	一级子菜单
复制	CopyMenu	Ctrl+C	&C	Visible=True	一级子菜单
粘贴	PasteMenu	Ctrl+V	&P	Visible=True	一级子菜单

"编辑"菜单按照表8.3设置完成后,编写弹出式菜单命令代码如下:

```
Private Sub Form_MouseDown(Button As Integer,Shift As Integer,X As Single,_
Y As Single)
    If Button=2 Then
        PopupMenu EditMenu,vbPopupMenuCenterAlign
    End If
End Sub
```

在上面的代码中,Button = 2 表示右击鼠标;EditMenu 为"编辑"菜单名称;vbPopupMenuCenterAlign 指定菜单的弹出位置。如果窗体上含有多个控件,要在各个控件对象上都能弹出 EditMenu 菜单,就需要在各个控件对象的 MouseDown 事件过程使用 PopupMenu 方法。

执行上面的程序代码后,窗体运行结果如图8.4所。

例8.2 设计一个如图8.5所示的窗体,窗体上有4个标签、两个文本框以及菜单。两个文本框用于输入数据,Label4 标签用于显示运算结果;"加减运算"菜单能够完成加减运算以及清除功能;弹出式菜单"乘除运算"能够完成乘除运算。菜单项名称及属性设置见表8.4。

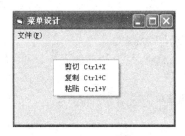

图8.4 弹出式菜单的运行结果

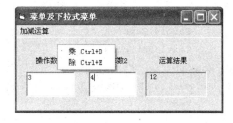

图8.5 例8.2的运行结果

本例的设计步骤如下。

(1)设计界面。在窗体上画出4个标签和两个文本框,按照图8.5进行属性设置。

表 8.4　菜单项名称及属性设置

菜单类别	Caption 属性	Name 属性	快捷键	其他属性	所属级别
下拉式菜单	加减运算	Call1Menu		Visible＝True	主菜单
	加	AddMenu	Ctrl＋A	Visible＝True	一级子菜单
	减	MinMenu	Ctrl＋B	Visible＝True	一级子菜单
	清除	CleanMenu	Ctrl＋C	Visible＝True	一级子菜单
	-	Bar1Menu		Visible＝True	一级子菜单
	退出	ExitMenu		Visible＝True	一级子菜单
弹出式菜单	乘除运算	Call2Menu		Visible＝False	主菜单
	乘	MulMenu	Ctrl＋D	Visible＝True	一级子菜单
	除	DivMenu	Ctrl＋E	Visible＝True	一级子菜单

(2) 设计菜单。打开"菜单编辑器"对话框,按照表 8.4 进行菜单设计,其中"加减运算"菜单的 Visible 属性为 True,"乘除运算"菜单的 Visible 属性为 False,需要时用 PopupMenu 方法弹出。

(3) 编写代码。每一个菜单项都有一个 Click 事件,编写菜单项的事件过程代码。程序代码如下:

```
Dim X As Double
Private Sub AddMenu_Click()              '加法菜单运算
    X=Val(Text1)+Val(Text2)
    Label4.Caption=Str(X)
End Sub
Private Sub MinMenu_Click()              '减法菜单运算
    X=Val(Text1)-Val(Text2)
    Label4.Caption=Str(X)
End Sub
Private Sub CleanMenu_Click()            '清除菜单
    Text1=""
    Text2=""
    Label4.Caption=""
    Text1.SetFocus
End Sub
Private Sub ExitMenu_Click()             '退出菜单
    End
End Sub
Private Sub Form_MouseDown(Button As Integer,Shift As Integer,X As Single,_
Y As Single)
    If Button=2 Then
        PopupMenu Call2Menu,2
```

```
        End If
    End Sub
    Private Sub MulMenu_Click()                  '乘法菜单运算
        X=Val(Text1) * Val(Text2)
        Label4.Caption=Str(X)
    End Sub
    Private Sub DivMenu_Click()                  '除法菜单运算
        If Val(Text2.Text)=0 Then
            MsgBox "除数不能为 0"
            CleanMenu_Click                      '调用清除事件过程
        Else
            X=Val(Text1)/Val(Text2)
            Label4.Caption=Str(X)
        End If
    End Sub
```

8.2 对 话 框

在 Visual Basic 中对话框分为 3 类：预定义对话框、自定义对话框和通用对话框。预定义对话框就是可以调用函数直接显示的系统定义对话框，如第 4 章介绍的 InputBox() 函数和 MsgBox() 函数；自定义对话框就是用户根据应用程序的需要自行定义的对话框。下面主要介绍通用对话框(CommonDialog)。

通用对话框是一种 ActiveX 控件，位于 Microsoft Common Dialog Control 6.0 部件中，使用前先将其添加到工具箱中。通用对话框控件与时钟(Timer)控件一样，在程序运行时该控件不可见，所以设计时可将其放置到窗体的任何位置。设计窗体时通用对话框控件图标如图 8.6 所示。

图 8.6 通用对话框控件图标

Visual Basic 系统提供了 6 种通用对话框，分别是"打开"对话框、"另存为"对话框、"颜色"对话框、"字体"对话框、"打印"对话框、"帮助"对话框。

下面介绍通用对话框的共有属性与方法。

1) Action 属性与 Show 方法

Action 属性用于设置对话框的类型，该属性在属性窗口中不存在，必须通过程序代码设置。Action 属性值、对应的对话框以及等价的 Show 方法见表 8.5。

2) CancelError 属性

通用对话框内有一个"取消"按钮，用于判断用户是否进行了正确的操作和设置。若该属性值为 True，表示单击"取消"按钮关闭对话框或者直接关闭对话框时将显示出错信息；若该属性值为 False(默认值)，单击"取消"按钮关闭对话框或者直接关闭对话框时不会出现错误提示信息。

表 8.5　**Action 属性和 Show 方法**

Action 属性值	对　话　框	等价的 Show 方法
1	"打开"对话框	ShowOpen
2	"另存为"对话框	ShowSave
3	"颜色"对话框	ShowColor
4	"字体"对话框	ShowFont
5	"打印"对话框	ShowPrint
6	"帮助"对话框	ShowHelp

3) DialogTitle 属性

该属性用于设置对话框的标题。对话框根据其类型有不同的默认标题,用户可以根据实际需要重新设置。该属性可在属性窗口中设置,也可在程序中设置。

4) 属性页

通用对话框的属性可在"属性"窗口中设置,也可在"属性页"对话框中设置。打开"属性页"的方法如下:右击窗体上的通用对话框控件,选择快捷菜单中的"属性"命令,弹出"属性页"对话框,如图 8.7 所示。通用对话框控件的"属性页"对话框中有 5 个选项卡,选择不同的选项卡,可以对不同的对话框设置属性。

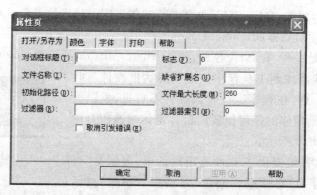

图 8.7　通用对话框控件"属性页"对话框

8.2.1 "打开"对话框

几乎所有的应用程序都有"打开"对话框,图 8.8 是 Microsoft Office 应用程序的"打开"对话框各部分的名称以及组成。

"打开"对话框是当 Action 属性值为 1 时或者用 ShowOpen 方法显示的通用对话框,供用户选定所要打开的文件。"打开"对话框并不能真正打开一个文件,它仅仅提供一个打开文件的用户界面,供用户选择所要打开的文件,打开文件的具体工作还需要通过编程

图 8.8 "打开"对话框

来完成。

"打开"对话框除了具有上面介绍的通用属性外,还具有自己特有的如下属性。

1）FileName 属性

该属性用来设置或者返回要打开的文件的路径及文件名。如果在"打开"文件对话框中选择了一个文件（或双击所选择的文件）并单击"打开"按钮,所选择的文件即作为属性FileName 的值。

2）FileTitle 属性

该属性用来指定文件对话框中所选择的文件名（不包括路径）。该属性与 FileName 的区别是：FileName 属性用来指定完整的路径,如 CommonDialog1.FileName="d:\vb\test.frm";而 FileTitle 属性只指定文件名,如 CommonDialog1.FileTitle="test.frm"。

3）Filter 属性

该属性用来指定对话框中显示的文件类型。用该属性可以设置多个文件类型,供用户在对话框的"文件类型"的下拉列表框中选择。Filter 属性由一对或多对文本字符串组成,每对字符串用管道符"|"隔开,在"|"前面的部分称为描述符,后面的部分称为过滤器。其格式如下：

对话框控件名.Filter=描述符 1|过滤器 1|描述符 2|过滤器 2|…

例如,假设名称为 CommonDialog1 的对话框控件 Action 属性值为 1,要在"打开"对话框中的"文件类型"列表框中显示下列 3 种文件类型以供用户选择：

图片文档(* .JPG)　　　　　扩展名为 JPG 的图片文件

Word 文档(* .DOC)　　　　　扩展名为 DOC 的 Word 文件

All File(* . *)　　　　　　　所有文件

那么 Filter 属性应设置为

CommonDialog1.Filter="图片文档(* .JPG)| * .JPG|Word文档(* .DOC)| * .DOC| All File

```
(*.*)|*.*"
```

4) FilterIndex 属性

该属性用来设置"文件类型"列表框中显示过滤器的第几项。第一个过滤器的值为1,第二个过滤器的值为2,依此类推。例如:

```
CommonDialog1.FilterIndex=3
```

将把第 3 个过滤器作为默认显示的过滤器。对于上面的例子来说,在"文件类型"列表框中默认显示的是 All File(*.*)。

5) InitDir 属性

该属性用来设置"打开"对话框中的初始化路径。

6) DefaultExt 属性

该属性用来设置默认文件类型,即扩展名。如果在打开的文件名中没有给出扩展名,则自动将 DefaultExt 属性值作为其扩展名。

需要注意的是,在程序中设置"打开"对话框属性时,Action 属性或 Show 方法的设置应该放在其他属性之后,这样属性的设置在打开的对话框中才起作用。

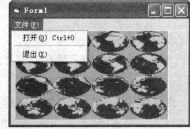

图 8.9 "打开"图片文件运行界面

例 8.3 编写一个应用程序,如图 8.9 所示。窗体上有一个"文件"菜单,该菜单里包含"打开"和"退出"菜单项。当单击"打开"菜单命令时,弹出"打开"对话框,从中选择一个 BMP 位图文件并单击"确定"按钮后,在窗体上的 Image1 图像框中显示该图片。当单击"退出"菜单命令时,关闭窗体。

窗体上的控件名称及属性设置见表 8.6。

表 8.6 例 8.3 控件名称及属性设置

对　象	控件名称(Name)	属性名及属性值
菜单	FileMenu	Caption= "文件(&F)"
	OpenMenu	Caption= "打开(&O)"
	Bar1	Caption= "-"
	Quit	Caption= "退出(&X)"
图像框	Image1	Stretch=True
通用对话框	CommonDialog1	InitDir="d:\"
		Filter="All File(*.*)|*.*|位图文件(*.BMP)|*.BMP"
		FilterIndex=2
		Action=1

程序代码如下:

```
Private Sub Form_Load()
    Image1.Stretch=True                    '伸缩图形以适应 Image1 控件的大小
End Sub
Private Sub OpenMenu_Click()
    CommonDialog1.InitDir="d:\"            '设置初始化路径
    CommonDialog1.Filter="All File(*.*)|*.*|位图文件(*.BMP)|*.BMP"
                                           '设置文件类型过滤器
    CommonDialog1.FilterIndex=2
    CommonDialog1.Action=1                 '"打开"文件对话框
    '将"打开"文件对话框中选择的文件装入 Image1 图像框中
    Image1.Picture=LoadPicture(CommonDialog1.FileName)
End Sub
Private Sub QuitMenu_Click()
    End
End Sub
```

8.2.2　"另存为"对话框

"另存为"对话框是当 Action 属性值为 2 时或者用 ShowSave 方法显示的对话框,供用户指定要保存文件的驱动器、文件夹、文件名和扩展名。"另存为"对话框并不能真正地保存文件,保存文件的操作需要单独编程来完成。

对于"另存为"对话框,其属性基本上和"打开"对话框一样。

例 8.4　"打开"文件和"另存为"文件的应用。设计如图 8.10 所示的窗体,编写程序在文本框中可以打开任意的文本文档(*.TXT),并将文本框中的内容以另外的文件名保存在磁盘上。窗体上的控件名称及属性设置见表 8.7。

图 8.10　例 8.4 的界面设计

表 8.7　例 8.4 的控件名称及属性设置

对　象	控件名称(Name)	属性名及属性值
窗体	Form1	Caption="打开与另存为示例"
菜单	FileMenu	Caption="文件(&F)"
	OpenMenu	Caption="打开(&O)",快捷键:Ctrl+O
	SaveMenu	Caption="另存为",快捷键:Ctrl+S
	Bar1	Caption="-"
	Quit	Caption="退出(&X)"

对　象	控件名称(Name)	属性名及属性值
文本框	Text1	MultiLine＝True,ScrollBar＝2
通用对话框	CommonDialog1	InitDir＝"d:\"
		Filter＝"All File(＊.＊)|＊.＊|文本文件(＊.TXT)|＊.TXT"
		FilterIndex＝3
		Action＝1 和 Action＝2

程序代码如下:

```
Private Sub OpenMenu_Click()                    '"打开"菜单
    CommonDialog1.InitDir="d:\"                  '设置初始化路径
    '设置文件类型过滤器
    CommonDialog1.Filter="All File(＊.＊)|＊.＊|文本文件(＊.TXT)|＊.TXT"
    CommonDialog1.FilterIndex=2                  '设置"打开"对话框默认的文件类型为"文本文件"
    CommonDialog1.Action=1                       '"打开"对话框
    Open CommonDialog1.FileName For Input As #1  '打开文件进行读操作
    Do While Not EOF(1)
        Line Input #1,Data                       '读一行数据
        Text1.Text=Text1.Text+Data+vbCrLf        '将数据显示在文本框中,并换行
    Loop
    Close #1
End Sub
Private Sub SaveMenu_Click()                     '"另存为"菜单
    CommonDialog1.InitDir="d:\"                  '设置初始化路径
    '设置文件类型过滤器
    CommonDialog1.Filter="All File(＊.＊)|＊.＊|文本文件(＊.TXT)|＊.TXT"
    CommonDialog1.FilterIndex=2                  '设置"另存为"对话框默认的文件类型为"文本文件"
    CommonDialog1.Action=2                       '"另存为"对话框
    Open CommonDialog1.FileName For Output As #1 '打开文件进行写操作
    Print #1,Text1.Text
    Close #1
End Sub
Private Sub QuitMenu_Click()
    End
End Sub
```

8.2.3　"颜色"对话框

"颜色"对话框是当 Action 属性值为 3 或者用 ShowColor 方法打开的对话框。常用的属性主要有 Color 和 Flags,这两个属性也可以通过"属性页"对话框进行设置。"颜色"

对话框如图 8.11 所示,在"颜色"对话框中提供了基本颜色(Basic Colors),还提供了用户自定义颜色(Custom Colors),用户可以自己调色。

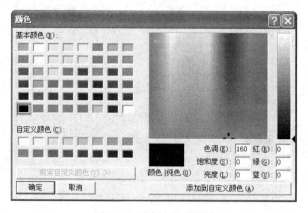

图 8.11 "颜色"对话框

1) Color 属性

该属性用来设置初始颜色值或返回在"颜色"对话框中所选择的颜色值。每种颜色对应一个颜色值,例如,红色为 255,黄色为 65 535 等。当用户在"颜色"对话框中选中某颜色时,该颜色值赋给 Color 属性。

2) Flags 属性

该属性用来定义"颜色"对话框的标志值,常用的 Flags 值与对应的功能见表 8.8。

表 8.8 "颜色"对话框的常用 Flags 值与对应的功能

Flags 值	系 统 常 量	对应的功能
1	vbCCRGBInit	使 Color 属性定义的颜色为"颜色"对话框的初始默认值,该颜色值被框起来
2	vbCCFullOpen	打开"颜色"对话框的全部元素,包括"自定义颜色"
4	vbCCPreventFullOpen	不能使用"规定自定义颜色"按钮
8	vbCCShowHelp	显示一个 Help 按钮

8.2.4 "字体"对话框

"字体"对话框是当 Action 属性值为 4 或者用 ShowFont 方法打开的对话框。"字体"对话框用来供用户设置字体、字号、颜色和样式。其重要的属性有 Flags,也可以通过"属性页"对话框进行设置。"字体"对话框如图 8.12 所示。

1) Flags 属性

在打开"字体"对话框之前,必须先设置通用对话框(CommonDialog1)控件的 Flags 属性值。Flags 属性值以及所对应的功能见表 8.9。

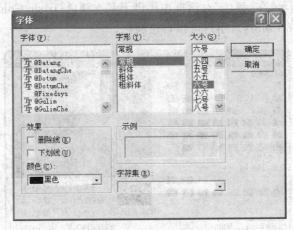

图 8.12 "字体"对话框

表 8.9 "字体"对话框的 Flags 属性值及对应的功能

Flags 值	系 统 常 量	对应的功能
1	cdlCFScreenFonts	显示屏幕字体
2	cdlCFPrinterFonts	显示打印机字体
3	cdlCFBoth	显示打印机字体和屏幕字体
256	cdlCFEffects	在"字体"对话框显示"删除线"和"下划线"复选框以及"颜色"组合框

若要同时设置多项 Flags 值,则各个值之间可以用 OR 或"+"号连接,例如:

```
CommonDialog1.Flags=3+256
```

2) 其他属性

FontName：返回或设置所选择的字体名。

FontSize：返回或设置所选择字体的大小,以磅为单位。

FontBold：属性值为 True,则选定为粗体;属性值为 False,则未选定。

FontItalic：属性值为 True,则选定为斜体;属性值为 False,则未选定。

FontStrikethru：属性值为 True,则选定删除线;属性值为 False,则未选定。

FontUnderline：属性值为 True,则选定下划线;属性值为 False,则未选定。

Color：当用户在"颜色"列表框中选定某颜色时,Color 属性值即为所选颜色值。

例 8.5 在例 8.4 的基础上增加一个"格式"菜单,该菜单包含两个菜单项："字体"和"颜色",对文本框中打开的文本文件使用"格式"菜单进行格式化。新增加的"格式"菜单控件名称及属性设置见表 8.10。程序运行结果如图 8.13 所示。

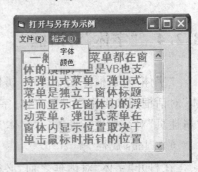

图 8.13 例 8.5 的运行结果

表 8.10　例 8.5"格式"菜单控件名称及属性设置

对　　　象	控件名称(Name)	属性名及属性值
"格式"菜单	FormatMenu	Caption="格式(&O)"
"字体"一级菜单	FontMenu	Caption="字体"
"颜色"一级菜单	ColorMenu	Caption="颜色"

"字体"菜单项和"颜色"菜单项的过程代码如下：

```
Private Sub ColorMenu_Click()              '"颜色"菜单项
    CommonDialog1.Flags=2                  '设置"颜色"对话框标志值
    CommonDialog1.ShowColor
    Text1.ForeColor=CommonDialog1.Color    '用"颜色"对话框返回的颜色格式化 Text1
End Sub
Private Sub FontMenu_Click()               '"字体"菜单项
    CommonDialog1.Flags=1+256              '设置字体标志值
    CommonDialog1.ShowFont
    Text1.FontName=CommonDialog1.FontName
    Text1.FontSize=CommonDialog1.FontSize
    Text1.FontBold=CommonDialog1.FontBold
    Text1.FontUnderline=CommonDialog1.FontUnderline
End Sub
```

8.2.5　"打印"对话框

"打印"对话框是当 Action 属性值为 5 或者用 ShowPrint 方法打开的对话框。"打印"对话框如图 8.14 所示。

图 8.14　"打印"对话框

"打印"对话框的主要属性如下。

1) Copies 属性

该属性为整数值,用来指定打印份数。

2) FromPage 和 ToPage 属性

FromPage 属性用来指定打印时的起始页号,ToPage 属性用来指定打印时的终止页号。

3) Max 和 Min 属性

Max 和 Min 属性用来限制 FromPage 和 ToPage 的范围。其中 Min 指定所允许的起始页号,Max 指定所允许的终止页号。

4) Flags 属性

该属性用来设置默认打印页面范围,Flags 属性值与对应的默认打印页面范围见表 8.11。

表 8.11　"打印"对话框的 Flags 属性值及与对应的默认打印页面范围

Flags 值	系 统 常 量	对应的功能
0	vbPDAPages	全部页
1	vbPDSelection	选定范围
2	vbPDPageNums	页码
64	vbPDPrintSetup	显示"打印设置"对话框而不是"打印"对话框

例 8.6　在例 8.5 中完成了对文本框文本的格式化操作,现将格式化之后的文本内容通过打印机打印输出。程序代码如下:

```
Private Sub PrintMenu_Click()
    Dim firstpage%,lastpage%
    firstpage=1: lastpage=50
    CommonDialog1.Copies=1
    CommonDialog1.Max=lastpage
    CommonDialog1.Min=firstpage
    CommonDialog1.ShowPrinter            '打开"打印"对话框
    For i=1 To CommonDialog1.Copies
        Printer.Print Text1.Text          '打印文本框内容
    Next i
    Printer.EndDoc                        '结束文档打印
End Sub
```

8.3　工　具　栏

工具栏(ToolBar)在 Windows 应用程序中已成为标准功能,几乎所有的应用程序都有工具栏。工具栏一般位于窗体的顶部,也可以通过 Align 属性设置工具栏出现在窗体中的位置。工具栏为用户提供了对于应用程序中最常用的菜单命令的快捷访问方式,进一步增强了应用程序的菜单界面。

制作工具栏有两种方法:一是手工制作,即利用图形框和命令按钮制作,比较麻烦;二是通过使用 ToolBar 控件和 ImageList 控件,使得工具栏制作与菜单制作一样简便。

ToolBar 控件和 ImageList 控件不是标准控件,使用前必须先添加到工具箱中,执行菜单命令"工具|部件",在"部件"对话框中选中 Microsoft Windows Common Controls 6.0 复选框即可将其添加到工具箱中。如图 8.15 所示,ToolBar 控件用来创建工具栏的 Button(按钮)对象集合。ImageList 控件用于为工具栏的 Button 对象集合提供需要显示的图像。

创建工具栏的步骤如下。

(1) 在 ImageList 控件中添加所需的图像。

(2) 在 ToolBar 控件中创建 Button 对象,并为 ToolBar 控件与 ImageList 控件建立关联。

(3) 在 ButtonClick 事件中使用 Select Case 语句对每个按钮进行相应的编程。

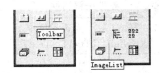

图 8.15　ToolBar 控件和 ImageList 控件

图 8.16　例 8.7 的工具栏界面

例 8.7　创建如图 8.16 所示的窗体,窗体上有一个工具栏,工具栏按钮分 3 组:第一组为新建、打开和存盘;第二组为剪切、复制和粘贴;第三组为加粗、倾斜和下划线。然后编写相应的事件过程代码。

本例的操作步骤见上面的介绍,此处从略。

8.3.1　在 ImageList 中添加图像

ImageList 控件其实是一个图像容器控件,专门为其他控件提供图像,因此不能单独使用。工具栏按钮的图像就是通过 ToolBar 控件从 ImageList 的图像库中获得的。

在窗体上添加 ImageList 控件后,控件的默认名称为 ImageList1。ImageList 控件属性设置比较简单,通常使用"属性页"对话框进行属性设置。在该控件上右击鼠标,从弹出的快捷菜单中选择"属性"命令,然后在"属性页"对话框中选择"图像"选项卡,如图 8.17 所示。

该选项卡中的主要属性及功能如下。

(1) 索引(Index):表示每个图像的编号,该索引号将在 ToolBar 的按钮中引用。

(2) 关键字(Key):表示每个图像的标识符,在 ToolBar 的按钮中引用。

(3) 图像数:表示已插入的图像数目。

例如,在窗体上创建一个名称为 ImageList1 的 ImageList 控件,参照图 8.17 的顺序

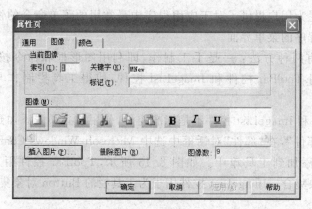

图 8.17 ImageList 控件的"属性页"中的"图像"选项卡

装入 9 个图像,使用添加图像的顺序号作为图像索引属性值,各图像的属性如表 8.12 所示。

表 8.12 ImageList1 控件与 ToolBar 控件按钮的链接对应关系

ImageList1 控件属性			ToolBar1 控件按钮属性				
索引 (Index)	关键字 (Key)	图像 (Bmp)	索引 (Index)	关键字 (Key)	样式 (Style)	工具提示文本 (ToolTipText)	关联图像 (Image)
1	INew	New	1	TNew	0	新建	INew
2	IOpen	Open	2	TOpen	0	打开	IOpen
3	ISave	Save	3	TSave	0	存盘	ISave
4	ICut	Cut	4	TBar1	3	说明:分隔条	
5	ICopy	Copy	5	TCut	2	剪切	ICut
6	IPaste	Paste	6	TCopy	2	复制	ICopy
7	IBold	Bold	7	TPaste	2	粘贴	IPaste
8	IItalic	Italic	8	TBar2	3	说明:分隔条	
9	IUnderline	Underline	9	TBold	0	加粗	IBold
			10	TItalic	0	倾斜	IItalic
			11	TUnderline	5	下划线	IUnderline

8.3.2 在 ToolBar 中添加按钮

Visual Basic 6.0 提供的 ToolBar 工具栏类似于 Windows 窗口中的工具栏,工具栏上的每个按钮上都显示一个图像,当鼠标指向某个按钮时,会出现文本提示;每个按钮都响应 Click 事件,而且有的按钮还可以响应 DblClick 事件。工具栏内有若干个按钮 (Button),这些按钮实际上是按钮数组 Buttons,通过按钮的索引值引用,如 Buttons(1)、

Buttons(2)等。

ToolBar 工具栏中每个按钮的图像来自 ImageList 控件的图像库,因此 ToolBar 控件的某个按钮和 ImageList 控件的某个图像需要建立一种链接关系。

1. 为工具栏链接图像

单击工具箱上的 ToolBar 控件 ,在窗体标题栏的下方创建一个名称为 ToolBar1 的控件,在该控件上右击鼠标,从弹出的快捷菜单中选择"属性"命令,然后在"属性页"对话框中选择"通用"选项卡,如图 8.18 所示。

图 8.18　ToolBar 控件的"属性页"对话框中的"通用"选项卡

该选项卡中的主要属性与功能如下。

(1) 图像列表:在图像列表框中会列出窗体上的 ImageList 控件的名称,从列表中选择某个 ImageList 控件,使该工具栏与选择的 ImageList 控件相关联。例如,ToolBar1 控件与 ImageList1 控件相关联。对应的属性名称为 ImageList。

(2) 按钮高度和按钮宽度:用于指定具有命令按钮、复选框或选项按钮组样式的控件的按钮大小。对应属性名称为 ButtonHeight 和 ButtonWidth。

(3) 外观:用于决定工具栏是否带有三维效果。对应的属性名称为 Appearance。

(4) 文本对齐:用于确定文本在按钮上的显示位置。对应的属性名称为 TextAlignment。

0——tbrTextAlignBottom:使文本显示在按钮的底部。

1——tbrTextAlignRight:使文本显示在按钮的右侧。

(5) 样式:用于决定工具栏按钮的外观样式,对应的属性名称为 Style。

0——tbrStandard:按钮呈标准凸起形状。

1——tbrFlat:按钮呈平面形状。

(6) 可换行的:该复选框被选中时,表示当工具栏的长度不能容纳所有的按钮时可在下一行显示;若不选中该复选框,则多余的按钮不显示。对应的属性名称为 Wrappable。

（7）显示提示：该复选框被选中时，表示当鼠标指向工具栏按钮时显示文本提示；若不选中该复选框，则不显示文本提示。对应的属性名称为 ShowTips。

（8）有效：该复选框被选中时，表示工具栏及其按钮可操作；若不选中该复选框，则不可操作。对应的属性名称为 Enabled。

以上在"通用"选项卡上设置的属性也可以在属性窗口中设置。在代码中设置这些属性与设置普通控件的属性方法相同。例如，要设置工具栏 ToolBar1 的文本对齐属性为右对齐，使用以下代码：

```
ToolBar1.TextAlignment=tbrTextAlignRight
```

要使工具栏无效，使用以下代码：

```
ToolBar1.Enabled=False
```

说明：当 ImageList 控件与 ToolBar 控件相关联后，就不能对其进行编辑。若要对 ImageList 控件进行增、删图像，必须先在 ToolBar 控件的"图像列表"下拉式列表框中设置"无"，也就是与 ImageList 控件切断联系，否则，Visual Basic 会提示无法对 ImageList 控件进行编辑。

2. 为工具栏增加按钮

在图 8.18 中选择属性页的"按钮"选项卡，如图 8.19 所示。单击"插入按钮"按钮可以在工具栏上插入 Button 对象，单击"删除按钮"按钮可以删除由当前索引指定的 Button 对象。

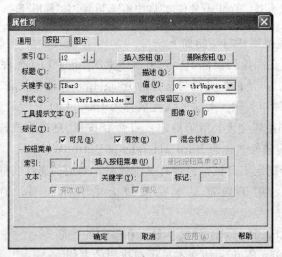

图 8.19　ToolBar 控件的"属性页"对话框中的"按钮"选项卡

该选项卡中的主要属性与功能如下。

（1）索引：表示每个按钮的数字编号，该索引由添加 Button 对象的次序决定，在 ButtonClick 事件中引用。对应的属性名称为 Index。

例如，要设置工具栏 ToolBar1 中索引为 3 的按钮的标题为"显示"，代码如下：

```
ToolBar1.Buttons(3).Caption="显示"
```

（2）标题：用来设置要在按钮对象上显示的文本。对应的属性名称为 Caption。

（3）关键字：表示每个按钮的标识符，在 ButtonClick 事件中引用。对应的属性名为 Key。

（4）图像：可以为每个按钮对象添加图像。图像由关联的 ImageList 控件提供，可以使用 ImageList 控件图像的 Key 值或 Index 值。对应的属性名称为 Image。

（5）样式：用来指定 ToolBar 控件上按钮的样式，共有 6 种，如表 8.13 所示。对应的属性名称为 Style。

表 8.13　按钮样式

Style 值	系统常量	按钮样式	说　　明
0	tbrDefault	普通按钮	按钮按下后恢复原态，如"新建"按钮
1	tbrCheck	开关按钮	按钮按下后保持按下状态，如"加粗"按钮
2	tbrButtonGroup	编组按钮	一组按钮同时只能一个有效，如"左对齐"等按钮
3	tbrSeparator	分隔按钮	把左右按钮分隔开
4	tbrPlaceholder	占位按钮	用于安放其他控件，可设置按钮宽度
5	tbrDropdown	菜单按钮	具有下拉式菜单，如 Word 中的"下划线"按钮

按钮样式取值为 3 时，该 Button 对象可用于分隔其他按钮；当工具栏采用平面风格时，它显示一条细窄的竖线；当工具栏采用标准风格时，它显示为一点空间。效果如图 8.20 所示。

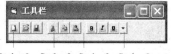

Style=0　Style=2　Style=3　Style=5

图 8.20　设计的工具栏效果

按钮样式取值为 5 时，按钮呈按钮菜单的样式，在按钮的右侧会有一个下拉箭头。运行时单击下拉箭头可以打开一个下拉菜单，下拉菜单的菜单项可以在本选项卡下部的"菜单按钮"中进一步设置。

（6）值：表示按钮的状态，有按下（tbrPressed）和未按下（tbrUnpressed）两种，对样式 1 和样式 2 有用。对应的属性名称为 Value。

（7）工具提示文本：设置提示文本信息。程序运行时，鼠标指向按钮会显示提示文本信息。对应的属性名称为 ToolTipText。

其他属性，如"有效"、"可见"等一般采用默认值。

8.3.3　响应 ToolBar 控件事件

ToolBar 控件常用的事件有 ButtonClick 和 ButtonMenuClick。

当按钮样式为 0～2 时，可以响应 ButtonClick 事件；当按钮样式为 5 时，可以响应 ButtonMenuClick 事件。实际上，工具栏上的按钮是控件数组，单击工具栏上的按钮会发生 ButtonClick 事件或 ButtonMenuClick 事件，利用控件数组的 Index 属性值或 Key 关键字来识别被单击的按钮,再使用 Select Case 语句完成代码的编写。

以 ButtonClick 事件为例,用 Index 索引确定按钮,代码如下:

```
Private Sub Toolbar1_ButtonClick(ByVal Button As MSComctlLib.Button)
    Select Case Button.Index
        Case 1
            MsgBox "您单击了新建按钮"
            NewMenu_Click                      '调用 NewMenu_Click 事件过程
        Case 2
            MsgBox "您单击了打开按钮"
            OpenMenu_Click                     '调用 OpenMenu_Click 事件过程
        Case 3
            MsgBox "您单击了存盘按钮"
            SaveMenu_Click                     '调用 SaveMenu_Click 事件过程
        ⋮
    End Select
End Sub
```

以 ButtonMenuClick 事件为例,用 Key 关键字确定按钮,代码如下:

```
Private Sub Toolbar1_ButtonClick(ByVal Button As MSComctlLib.Button)
    Select Case Button.Key
        Case "TNew"
            MsgBox "您单击了新建按钮"
            NewMenu_Click                      '调用 NewMenu_Click 事件过程
        Case "TOpen"
            MsgBox "您单击了打开按钮"
            OpenMenu_Click                     '调用 OpenMenu_Click 事件过程
        Case "TSave"
            MsgBox "您单击了存盘按钮"
            SaveMenu_Click                     '调用 SaveMenu_Click 事件过程
        ⋮
    End Select
End Sub
```

两者比较而言,使用 Button. Key 程序可读性较好,而且当按钮增加或删除时,使用关键字不影响程序。

8.4 状 态 栏

状态栏(StatusBar)一般位于窗体的底部,也可以通过 Align 属性设置出现在窗体中的位置。状态栏为用户显示各种状态信息,使用户及时准确地了解光标的当前位置、系统时间、操作员身份、键盘的状态和软件版本等信息。状态栏内的若干个小格称为窗格

(Panel),这些窗格实际上是窗格数组 Panels,它们以窗格的索引值引用,如 Panels(1)、Panels(2)等。

使用 StatusBar 控件设计状态栏的基本步骤如下。

(1) 在窗体上建立一个状态栏。

(2) 设置 StatusBar 控件的"属性页"对话框中的各项属性。

(3) 编写代码。

1. 建立状态栏

状态栏(StatusBar)控件与工具栏(ToolBar)控件同属于一个 OCX 文件,因此只要添加了工具栏控件,就可以在工具箱中找到状态栏控件。执行菜单命令"工具|部件",在"部件"对话框中选中 Microsoft Windows Common Controls 6.0 复选框即可将其添加到工具箱中。

2. "窗格"选项卡的各项功能

设计时,在窗体上增加 StatusBar 控件后,在该控件上右击鼠标,从弹出的快捷菜单中选择"属性"命令,然后在"属性页"对话框选择"窗格"选项卡,如图 8.21 所示。

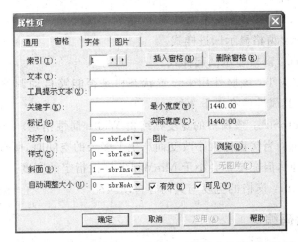

图 8.21 StatusBar 控件的"属性页"对话框中的"窗格"选项卡

该选项卡中的主要属性与功能如下。

(1) 插入窗格:该按钮可以在状态栏增加新的窗格,最多可分成 16 个窗格。

(2) 索引:表示每个窗格的编号,对应的属性名称为 Index。

(3) 删除窗格:该按钮可以删除当前索引所指向的窗格。

(4) 文本:表示窗格内显示的文本信息,对应的属性名称为 Text。

(5) 工具提示文本:运行时,当鼠标指向窗格时的提示文本信息。

(6) 关键字:表示每个窗格的标识符,对应的属性名称为 Key。

(7) 对齐:表示窗格内文本的对齐方式。有 3 种对齐方式:0——sbrLeft(左对齐),1——sbrCenter(居中对齐),2——sbrRight(右对齐)。

(8) 浏览:该按钮可插入图像,图像文件的扩展名为.ico 或.bmp。

(9) 样式：指定系统提供的显示信息，在下拉列表框中共有 7 种样式，各个样式的含义如表 8.14 所示。对应的属性名称为 Style。

表 8.14　窗格（Panel）的 7 种样式的含义

Style 属性值	系统常量	含　　义
0	sbrText	显示文本或位图信息
1	sbrCaps	显示 Caps Lock(大小写)控制键的状态
2	sbrNum	显示 Num Lock(数字键盘)控制键的状态
3	sbrIns	显示 Insert(插入)控制键的状态
4	sbrScrl	显示 Scroll Lock 控制键的状态
5	sbrTime	显示系统当前时间
6	sbrDate	显示系统当前日期

(10) 斜面：该属性用来设置状态栏中每个窗格的显示外观。对应的属性名称为 Bevel。其属性值有以下 3 种：

0——strNoBevel：窗格显示平面样式。

1——sbrInsert：窗格显示凹进样式。

2——sbrRaised：窗格显示凸起样式。

(11) 自动调整大小：该属性用来设置状态栏是否能够自动调整大小。对应的属性名称为 AutoSize。其属性值有以下 3 种：

0——strNoAutoSize：该窗格的宽度始终由 Width 属性指定。

1——sbrSpring：当父窗体大小改变而产生了多余的空间时，所有具有该属性设置的窗格平分该多余空间，但宽度不会小于 MinWidth 属性指定的宽度。

2——sbrContent：窗格的宽度与其内容自动匹配。

3. 状态栏代码编写

给状态栏添加若干个窗格（Panel）的同时，给每个窗格都赋予了一个索引值（Index），这样就形成了窗格数组 Panels，通过索引值就可以引用某个窗格，对其编写代码。

例如，StatueBar1 的第 4 个窗格的最小宽度为 1200，代码如下：

```
StatusBar1.Panels(4).MinWidth=1200
```

StatusBar1 的第 2 个窗格的显示文本为"编辑中"，代码如下：

```
StatusBar1.Panels(2).Text="编辑中"
```

例 8.8　在例 8.7 的基础上在窗体上添加一个文本框，让其 MultiLine 属性值为 True，ScrollBar 属性值为 2。在窗体的底部创建如图 8.22 所示的状态栏。状态栏共设置了 6 个窗格，分别显示光标位置、操作员名称、大小写控制键和系统时间。各个窗格的属性设置如表 8.15 所示。

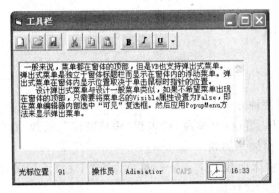

图 8.22　例 8.8 的状态栏窗体效果

表 8.15　各窗格（Panel）的主要属性设置

索引（Index）	样式（Style）	最小宽度（MinWidth）	文本（Text）或位图	说　　明
1	sbrText	800	光标位置	
2	sbrText	800		运行时获得当前光标位置的值
3	sbrText	800	操作员	
4	sbrText	1200		运行时获得系统操作员名称
5	sbrCaps	800		显示大小写控制键的状态
6	sbrTime	1400	Clock. ico	显示当前时间和时钟图像

本例需要通过编程获得显示内容的只有第 2 个窗格和第 4 个窗格。程序代码如下：

```
Private Sub Form_Load()
    StatusBar1.Panels(4).Text="Adimiatior"    '在第 4 个窗格内显示操作员是 Adimiatior
End Sub
Private Sub Text1_Click()
    StatusBar1.Panels(2).Text=Text1.SelStart    '在第 2 个窗格内显示当前光标位置
End Sub
```

8.5　多重窗体与 MDI 窗体

到现在为止，创建的应用程序都是只有一个窗体。在实际应用中，往往需要编程解决非常复杂的问题，单一窗体是不能满足需要的，必须通过多个窗体来实现，这就是多重窗体。在一个工程中，多重窗体是多个并列的普通窗体，每个窗体有自己的界面和程序代码，分别完成不同的功能。

8.5.1 多重窗体

1. 添加窗体

添加窗体有以下两种方法。

(1) 新建一个窗体。执行菜单命令"工程|添加窗体",选择"新建"选项卡,然后选择窗体即可建立一个新窗体并加载。

(2) 将已建好的窗体加载进来。执行菜单命令"工程|添加窗体",选择"现存"选项卡,然后选择需要添加的窗体即可。

2. 设置启动对象

在拥有多个窗体的工程中,要有一个开始窗体,即启动窗体。系统默认第一个创建的窗体为启动窗体。在 Visual Basic 中,启动对象可以是窗体,也可以是 Main 子过程。当用户设置启动对象时,可以采用下面的步骤进行。

(1) 执行菜单命令"工程|工程名属性",打开"工程属性"对话框。

(2) 选择"通用"选项卡,在"启动对象"下拉列表框中选择启动窗体或子过程,如图 8.23 所示。

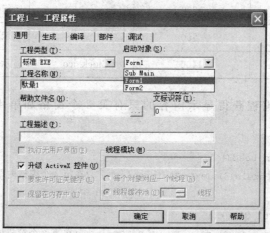

图 8.23 "工程属性"对话框

(3) 单击"确定"按钮。

如果要设置 Main 子过程为启动对象,则应在"工程属性"对话框的"启动对象"下拉列表框中选择 Sub Main。如果启动对象是 Main 子过程,则程序启动时不加载任何窗体,以后由该子过程根据情况决定是否加载或加载哪一个窗体。需要注意的是,Main 过程必须放在标准模块中,不能放在窗体模块中。

下面是一个在标准模块中定义的 Main()子过程代码:

```
Sub Main()
    Dim k As Integer
```

```
        k=MsgBox("欢迎使用本系统!要继续吗?",vbYesNo+vbQuestion)
        If k=6 Then                        '单击"是"按钮显示 Form1 窗体
            Form1.Show
        Else                               '单击"否"按钮显示 Form2 窗体
            Form2.Show
        End If
    End Sub
```

3. 窗体加载和卸载

窗体的加载是指将窗体文件载入内存,窗体的卸载是指将窗体从内存中清除。加载的窗体可以显示在屏幕上,也可以隐藏起来,不在屏幕上显示。窗体的加载、卸载、显示和隐藏的相关语句有如下几个。

(1) 用 Load 语句加载窗体,语句格式为

Load　窗体名

说明:执行 Load 语句后,可以把指定的窗体装入内存,包括窗体中的控件及各种属性,但是窗体没有显示出来。在首次用 Load 语句将窗体装入内存时,依次触发 Initialize 和 Load 事件。

(2) 用 UnLoad 语句可以卸载窗体,语句格式为

UnLoad　窗体名

说明:执行 UnLoad 语句后,将指定的窗体从内存中删除,其功能与 Load 语句相反。UnLoad 的一种常见用法是 UnLoad Me,其含义是关闭窗体自己,在这里,关键字 Me 代表 UnLoad Me 语句所在的窗体。

(3) 用 Show 方法可以显示窗体,语句格式为

[窗体名].Show　[窗体模式]

说明:窗体被 Load 加载后,并没有显示出来,使用 Show 方法可以将指定的窗体显示出来。如果执行 Show 方法时窗体不在内存中,则 Show 方法自动把窗体装入内存,然后再显示出来。

"窗体模式"用来确定窗体的状态,取值为 0 或 1。当取值为 0 时,窗体为非模态方式,这时还可以对其他窗体进行操作;当取值为 1 时,窗体为模态方式,此时屏幕只有该窗体为活动窗体,其他窗体都不能被操作,只有关闭该窗体后才能对其他窗体进行操作。

省略"窗体名"时默认为当前窗体。

当窗体成为活动窗体时,触发窗体的 Activate 事件。

(4) 用 Hide 方法可以隐藏窗体,语句格式为

[窗体名].Hide

说明:该方法用来将指定的窗体暂时隐藏起来,但并没有从内存中删除。省略"窗体

名"时默认为当前窗体。

4. 不同窗体数据的访问

不同窗体数据的访问分为两种情况。

（1）读取控件的属性值。在当前窗体中读取另一个窗体中某个控件的属性，语法格式如下：

另一窗体名.控件名.属性名

例如，假设当前窗体 Form2 中有 Text1，要读取窗体 Form1 中的 Text1.Text 属性值，实现语句如下：

```
Text1.Text=Form1.Text1.Text
```

（2）读取变量的值。语法格式为

另一窗体名.全局变量

说明：要获得不同窗体间变量的值，该变量必须在窗体通用段声明为全局（Public）变量。局部变量不能在窗体间读取。如果全局变量的声明是在标准模块中，则可以省略"窗体名"。

5. 多重窗体应用

例 8.9 为系统增加一个登录子窗体来控制非法用户的使用。当在"登录"窗体中输入密码正确时可以使用 Welcom 窗体，否则提醒再次输入密码；如果输入密码错误次数等于或超过 3 次，系统将退出。假设密码为 123123。窗体运行结果如图 8.24 所示。

图 8.24　例 8.9 的运行结果

具体操作步骤如下。

（1）按照图 8.24 所示的效果创建 Form1 和 Form2 两个窗体。其中 Form1 窗体上有 1 个标签、1 个文本框和 2 个命令按钮，Form2 窗体上有 1 个标签和 1 个 Image。

（2）两个窗体上的控件属性设置在此省略。

（3）编写代码如下：

```
Private Sub Form_Load()
    Text1.MaxLength=6                    '设置密码位数
```

```
        Text1.PasswordChar="*"            '设置密码显示符号
    End Sub
    Private Sub Command1_Click()
        Static N As Integer
        N=N+1
        If Text1.Text="123123" Then
            Unload Me
            Form2.Show
        Else
            MsgBox "对不起,密码错误。" & Chr(13) & "这是您第" & N & "次验证密码。"
            Text1.Text=""
            Text1.SetFocus
        End If
        If N>=3 Then
            MsgBox "对不起,您输入的密码次数已超过 3 次,系统退出。"
            End
        End If
    End Sub
    Private Sub Command2_Click()
        End
    End Sub
```

8.5.2　MDI 窗体

　　多重窗体中各个窗体是彼此独立的,不具有从属关系。而多数的 Windows 大型应用程序都是多文档界面(MDI)的,如 Word 和 Excel 等。具有这种特点的程序在运行时可以同时打开多个文档,但这些文档都被局限在父窗体中,父窗体有自己的标题栏、菜单栏和工具栏等。这样的应用程序通常称为 MDI 应用程序。

　　一个 MDI 应用程序可以包含 3 类窗体,即普通窗体(也称为标准窗体)、MDI 父窗体和 MDI 子窗体。通常把 MDI 父窗体简称为父窗体或 MDI 窗体,而把 MDI 子窗体简称为子窗体。用户可以在父窗体内建立和维护多个子窗体,子窗体可以显示各自的文档,但所有子窗体具有相同的功能。

1. 创建和设计 MDI 窗体

　　要建立一个 MDI 窗体,可以执行菜单命令"工程|添加 MDI 窗体"。

　　一个应用程序只能有一个 MDI 窗体,所以当创建 MDI 窗体成功后,菜单命令呈灰色不可操作状态。

　　MDI 窗体是子窗体的容器,在该窗体中可以有菜单栏、工具栏、状态栏、图片框控件和定时器控件,但不可以有文本框等其他控件。

2. 创建和设计子窗体

子窗体是一个 MDIChild 属性为 True 的普通窗体。因此,要创建一个子窗体,应先创建一个新的普通窗体,然后将其 MDIChild 属性设置为 True 即可。

在工程资源管理器窗口可以看到,创建的 MDI 窗体、子窗体和普通窗体的图标是不同的,如图 8.25 所示。

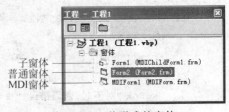

图 8.25　3 种形式的窗体

3. 设置 MDI 窗体为启动窗体

执行菜单命令"工程|工程 1 属性",弹出"工程属性"对话框,从"启动对象"下拉列表框中选择 MDI 窗体名称,然后单击"确定"按钮。

说明:如果设置 MDI 窗体为启动窗体,则加载 MDI 窗体时,其子窗体并不会自动加载并显示。但是,如果设置子窗体为启动窗体,则加载子窗体时,其 MDI 窗体会自动加载并显示。

4. MDI 窗体与子窗体的交互

1）显示 MDI 窗体和子窗体

显示 MDI 窗体及其子窗体仍然使用 Show 方法。

加载子窗体时,其父窗体会自动加载并显示。而加载 MDI 窗体时,其子窗体并不会自动加载。MDI 窗体有 AutoShowChildren 属性,该属性决定是否自动加载子窗体。

True：当改变子窗体的属性值后,会自动显示该子窗体,不再需要 Show 方法。

False：当改变子窗体的属性值后,不会自动显示该子窗体,子窗体处于隐藏状态,直到用 Show 方法把它显示出来。

2）Arrange 方法

大多数 MDI 应用程序都有"窗口"菜单,在该菜单上显示了所有打开的子窗体。

对于层叠、平铺和排列子窗体或子窗体图标的命令,则通常是利用了 MDI 窗体的 Arrange 方法,该方法的格式如下:

MDI 窗体名.Arrange　方式

其中"方式"决定了子窗体的排列方式,是一个整数值,取值范围为 0～3,其含义如表 8.16 所示。

表 8.16　Arrange 方法中"方式"的取值含义

系统常量	值	含　　义
vbCascade	0	使各子窗体呈"层叠式"排列
vbTileHorizontal	1	使各子窗体呈"水平平铺式"排列
vbTileVertical	2	使各子窗体呈"垂直平铺式"排列
vbArrangeIcons	3	当子窗体被最小化为图标后,该方式将使图标在 MDI 窗体底部重新排列

例 8.10 创建一个具有多文档界面的简易文本编辑器,运行结果之一如图 8.26 所示。

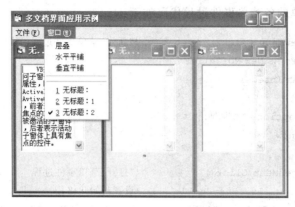

图 8.26 例 8.10 的运行结果

具体实现步骤如下。

(1) 创建 MDI 窗体和子窗体。

创建 MDI 窗体,该窗体的名称为 MDIForm1。MDI 窗体上有两个菜单,分别是"文件"和"窗口"("文件"菜单与例 8.4 基本相同)。两个菜单控件属性名及属性值如表 8.16 所示。创建名称为 MDIChildForm 的子窗体,子窗体控件属性设置如表 8.17 所示。

表 8.17 例 8.10 的菜单控件名称及属性设置

窗 体	控件名称(Name)	属性名及属性值	说 明
父窗体 MDIForm1	MDIForm1	Caption＝"多文档界面应用示例"	父窗体
	FileMenu	Caption＝"文件(&F)"	主菜单
	NewMenu	Caption＝"新建"	一级菜单
	OpenMenu	Caption＝"打开(&O)",快捷键:Ctrl＋O	一级菜单
	SaveMenu	Caption＝"另存为(&A)",快捷键:Ctrl＋S	一级菜单
	Bar1	Caption＝"-"	一级菜单
	Quit	Caption＝"退出(&X)"	一级菜单
	WindowMenu	Caption＝"窗口(&W)",WindowsList＝True	主菜单
	CascadeMenu	Caption＝"层叠"	一级菜单
	TileHorizontal	Caption＝"水平平铺"	一级菜单
	TileVertical	Caption＝"垂直平铺"	一级菜单
	CommonDialog1	Filter＝"All File(＊.＊)｜＊.＊｜文本文件(＊.TXT)｜＊.TXT"	对话框设置
		FilterIndex＝2,Action＝1,Action＝2	
子窗体 MDIChildForm	MDIChildForm	Caption＝"无标题:",MDIChild＝True	子窗体
	Text1	MultiLine＝True,ScrollBar＝2	

（2）编写各个菜单事件代码。

①"文件"菜单的各菜单事件过程代码如下：

```
Private Sub NewMenu_Click()                  '"新建"菜单事件过程
    Dim DocForm As New MDIChildForm
    Static N As Integer
    N=N+1
    DocForm.Caption="无标题： " & N
    DocForm.Show
End Sub
Private Sub OpenMenu_Click()                 '"打开"菜单事件过程
    CommonDialog1.InitDir="d:\"              '设置初始化路径
    CommonDialog1.Filter="All File(＊.＊)|＊.＊|文本文件(＊.TXT)|＊.TXT"
                                             '设置文件类型过滤器
    CommonDialog1.FilterIndex=2              '设置"打开"对话框默认的文件类型为"文本文件"
    CommonDialog1.Action=1                   '"打开"对话框
    Open CommonDialog1.FileName For Input As #1    '打开文件进行读操作
    Do While Not EOF(1)
        Line Input #1, Data                  '读一行数据
        '将数据显示在活动窗体 Text1 文本框中，并换行
        MDIForm1.ActiveForm.Text1.Text=MDIForm1.ActiveForm.Text1.Text+
        Data+vbCrLf
    Loop
    Close #1
End Sub
Private Sub SaveMenu_Click()                 '"保存"菜单事件过程
    CommonDialog1.InitDir="d:\"              '设置初始化路径
    CommonDialog1.Filter="All File(＊.＊)|＊.＊|文本文件(＊.TXT)|＊.TXT"
    CommonDialog1.FilterIndex=2              '设置"另存为"对话框默认的文件类型为"文本文件"
    CommonDialog1.Action=2                   '"另存为"文件对话框
    Open CommonDialog1.FileName For Output As #1    '打开文件进行写操作
    '将活动窗体具有焦点的控件的 Text 属性值写入文件
    Print #1, MDIForm1.ActiveForm.ActiveControl.Text
    Close #1
End Sub
Private Sub QuitMenu_Click()                 '"退出"菜单事件过程
    End
End Sub
```

②"窗口"菜单各个菜单事件过程如下：

```
Private Sub CascadeMenu_Click()              '层叠子窗体
    MDIForm1.Arrange vbCascade
End Sub
```

```
Private Sub TileHorizontal_Click()                          '水平平铺子窗体
    MDIForm1.Arrange vbTileHorizontal
End Sub
Private Sub TileVertical_Click()                            '垂直平铺子窗体
    MDIForm1.Arrange vbTileVertical
End Sub
```

③ 在本例中,子窗体的设计非常简单,为了保证文本框 Text1 的大小随着子窗体的变化而改变,在子窗体的 Resize 事件中做了如下设置:

```
Private Sub Form_Resize()
    Text1.Height=2 * ScaleHeight/3
    Text1.Width=3 * ScaleWidth/4
End Sub
```

8.5.3 应用程序向导

对于一般的 Windows 应用程序来说,虽然它们的功能不同,但界面都是相似的,即都是由菜单、工具栏和状态栏等控件组成。为了提高应用程序的开发效率,Visual Basic 提供了"VB 应用程序向导",这是一个非常方便的程序生成器,主要用来生成一个应用程序的界面。选择菜单命令"文件|新建工程",打开"新建工程"对话框,如图 8.27 所示,选择其中的"VB 应用程序向导",然后单击"确定"按钮即可。

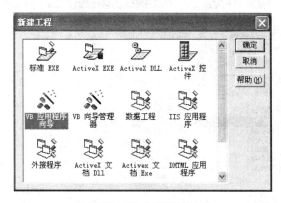

图 8.27 VB 应用程序向导

1. 选择操作界面

"VB 应用程序向导"一般提供 3 种常用的操作界面,如图 8.28 所示。

(1) 多文档界面:同时打开多个文件,如 Office 应用程序。

(2) 单文档界面:只能打开一个文档,如 Windows 的"画图"程序。

(3) 资源管理器样式:类似于 Windows 资源管理器,窗体分为左右两个部分,有 TreeView 等控件。

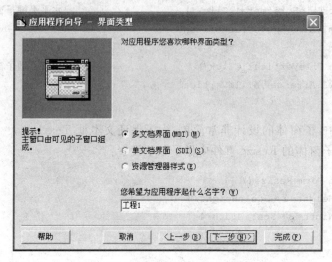

图 8.28　选择应用程序操作界面

2. 选择菜单和子菜单项

应用程序向导提供了文件、编辑、视图、工具、窗口和帮助 6 个菜单名，每个菜单名下有若干个菜单项，如图 8.29 所示，可自由地选择、取消菜单或菜单项。由此可见，应用程序向导帮助用户省去了编辑菜单的时间。

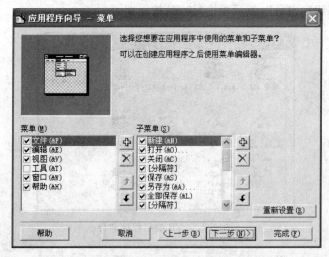

图 8.29　选择菜单和子菜单项

3. 选择工具栏按钮

应用程序向导提供了工具栏中常用的 13 个按钮，如图 8.30 所示。另外用户还可以根据需要增加或删除按钮。应用程序向导还提供了装载其他窗体的功能，使应用程序更完美。

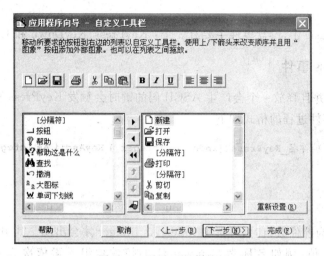

图 8.30　选取工具栏按钮

说明：

（1）在使用应用程序向导的过程中，任何时候单击"完成"按钮，则表示以默认的方式快速生成应用程序。

（2）生成应用程序主要是节省了用户设计界面的工作量，这仅仅是完成了应用程序的框架，如果想要实现相应的功能，还需要编程来实现。

8.6　键盘和鼠标

键盘和鼠标是人们操作计算机的主要工具，应用程序的大多数用户界面都可以用鼠标操作，数据基本上都能用键盘输入，因此对键盘和鼠标进行编程是程序设计人员必须掌握的基本技术。Visual Basic 应用程序能够响应多种键盘和鼠标事件，并能实现拖放（drag and drop）技术。

8.6.1　键盘

键盘上的键大致分为两大类，一类是能够产生 ASCII 码的键，如大小写字母键、数字键、Enter、Backspace、Esc 和 Tab 键等；另一类是不能产生 ASCII 码的控制键，如 F1～F12、方向键等。

虽然大多数情况下，用户只需使用鼠标就可以操作 Windows 应用程序，但有时也需要用键盘进行操作。尤其是对于接收文本输入的控件（如文本框），需要控制其中输入的内容或处理 ASCII 字符等，都需要对键盘事件编程。另外，需要借助键盘上的功能键（如 Ctrl 键、Alt 键、F1～F12 功能键、光标移动键等）完成复杂的操作时，也需要键盘事件。所谓键盘事件，就是指当用户操作键盘时引发的能被 Visual Basic 中的各种对象识别的事件。

在 Visual Basic 中,键盘事件主要有 3 个: KeyPress、KeyDown 和 KeyUp。

1. KeyPress 事件

当用户按下并且释放一个会产生 ASCII 码的键时会触发 KeyPress 事件。

KeyPress 事件过程的格式如下:

Private Sub 控件名_KeyPress([Index As Integer,] KeyAscii As Integer)
    ...
End Sub

说明:

(1) 当控件为控件数组时,可选项 Index As Integer 才会出现。其中的 Index 是控件数组元素的索引值,例如名称为 Command1 的控件数组元素依次为 Command1(1)、Command1(2)等。

(2) KeyPress 事件被触发时,被按键的 ASCII 码会自动传输给事件过程中的 KeyAscii 参数,不产生 ASCII 码的键将不会触发该事件。在程序中,可以通过访问该参数来判断用户按下了哪一个键,并可识别大小写字母。

例 8.11 窗体上有一个文本框,该文本框只能接受 0～9 的数字字符。如果接受了其他字符则响铃(Beep),并清除该字符。请编程实现其功能。

程序代码如下:

```
Private Sub Text1_KeyPress(KeyAscii As Integer)
    If KeyAscii<Asc("0") Or KeyAscii>Asc("9") Then
        Beep
        KeyAscii=0
    End If
End Sub
```

2. KeyDown 和 KeyUp 事件

当焦点位于某控件上时,按下键盘中的任一键,则会在该控件上触发 KeyDown 事件;当释放该键时,将触发 KeyUp 事件,之后产生 KeyPress 事件。

KeyDown 事件过程的格式如下:

Private Sub 控件名_KeyDown([Index As Integer,]KeyCode As Integer,Shift As Integer)
    ...
End Sub

KeyUp 事件过程的格式如下:

Private Sub 控件名_KeyUp([Index As Integer,]KeyCode As Integer,Shift As Integer)
    ...
End Sub

说明：

（1）KeyCode 参数值是用户所按键的扫描代码，它告诉事件过程用户所操作的物理键。其中大写字母和数字键的 KeyCode 代码与其 KeyAscii 码相同。对于有上档字符和下档字符的键，其 KeyCode 代码是相同的，为其下档字符的 ASCII 码。表 8.18 列出了部分字符的 KeyCode 和 KeyAscii 码。

表 8.18　KeyCode 和 KeyAscii 码示例

键（字符）	KeyCode	KeyAscii	键（字符）	KeyCode	KeyAscii
"A"	65	65	"♯"	51	35
"a"	65	97	"8"（在大键盘上）	56	56
"3"	51	51	"8"（在小键盘上）	104	56

（2）Shift 参数是一个整数，表示 Shift、Ctrl 和 Alt 键的状态。Shift 参数的取值及其含义见表 8.19。

表 8.19　Shift 参数的取值及其含义

Shift 参数值	Visual Basic 系统常量	含　义
0		Shift、Ctrl、Alt 键都没有被按下
1	vbShiftMask	只有 Shift 键被按下
2	vbCtrlMask	只有 Ctrl 键被按下
3	vbShiftMask＋vbCtrlMask	Shift 和 Ctrl 键同时被按下
4	vbAltMask	只有 Alt 键被按下
5	vbShiftMask＋vbAltMask	Shift 和 Alt 键同时被按下
6	vbCtrlMask＋vbAltMask	Ctrl 和 Alt 键同时被按下
7	vbShiftMask＋vbCtrlMask＋vbAltMask	Shift、Ctrl 和 Alt 键同时被按下

注意：默认情况下，当用户对当前具有控制焦点的控件进行键盘操作时，控件的 KeyPress、KeyDown 和 KeyUp 事件被触发，但是窗体的 KeyPress、KeyDown 和 KeyUp 不会发生，为了启用窗体的这 3 个事件，必须将窗体的 KeyPreview 属性设置为 True，默认值为 False。

例 8.12　编写一个程序，模仿 Windows 操作，当同时按下 Alt 键和 F4 键时关闭当前窗口。为了保证窗体优先接收到键值，应先将窗体的 KeyPreview 属性值设置为 True。

程序代码如下：

```
Private Sub Form_KeyDown(KeyCode As Integer,Shift As Integer)
    If KeyCode=vbKeyF4 And Shift=4 Then 'vbKeyF4 代表 F4 键
        Unload Me
    End If
End Sub
```

8.6.2 鼠标

Visual Basic 应用程序响应多种鼠标事件。所谓鼠标事件，就是由用户操作鼠标而触发的能被 Visual Basic 中的各种控件(如窗体、文本框、命令按钮和图形框等)识别的事件。鼠标常用事件除了 Click 和 DblClick 外，还有 MouseDown、MouseUp 和 MouseMove。

1. Click 事件

Click 事件过程的格式如下：

```
Private Sub 控件名_Click([Index As Integer])
    ...
End Sub
```

2. DblClick 事件

DblClick 事件过程的格式如下：

```
Private Sub 控件名_DblClick([Index As Integer])
    ...
End Sub
```

例 8.13　在名称为 Form1 的窗体上有一个 Image1 控件，启动窗体时在 Image1 中加载一个图像，当单击窗体时图像隐藏，当双击窗体时图像显示。

程序代码如下：

```
Private Sub Form_Load()
    Image1.Stretch=True
    Image1.Picture=LoadPicture(App.Path+ "\olw.jpg")
End Sub
Private Sub Form_Click()
    Image1.Visible=False
End Sub
Private Sub Form_DblClick()
    Image1.Visible=True
End Sub
```

3. MouseDown 事件与 MouseUp 事件

当鼠标指针置于某控件上，按下鼠标键时，便会在该对象上触发 MouseDown 事件；当释放鼠标键时，就会触发 MouseUp 事件，同时还会触发一次 Click 事件。因此这 3 个事件产生的次序依次是：MouseDown→Click→MouseUp。

MouseDown 事件过程的格式如下：

```
Private Sub 控件名_MouseDown([Index As Integer,]Button As Integer, _
                            Shift As Integer,X As Single,Y As Single)
    ...
End Sub
```

MouseUp 事件过程的格式如下：

```
Private Sub 控件名_MouseUp([Index As Integer,]Button As Integer,Shift As Integer, _
                          X As Single,Y As Single)
    ...
End Sub
```

说明：

（1）Button 参数指明用户按下或释放了哪个鼠标按钮。Button 参数的取值及其含义见表 8.20。

表 8.20　Button 参数的取值及其含义

Button 参数值	Visual Basic 系统常量	含　义
0		左、中、右键都没有被按下
1	vbLeftButton	只有左键被按下
2	vbRightButton	只有右键被按下
3	vbLeftButton＋vbRightButton	左键和右键同时被按下
4	vbMiddleButton	只有中键被按下
5	vbLeftButton＋vbMiddleButton	左键和中键同时被按下
6	vbRightButton＋vbMiddleButton	右键和中键同时被按下
7	vbLeftButton＋vbMiddleButton＋vbRightButton	左、中、右键同时被按下

（2）Shift 参数的含义同键盘，见表 8.18。

（3）X 和 Y 的值对应于当前鼠标的位置，采用的坐标系是用 ScaleMode 属性指定的坐标系。

图 8.31　例 8.14 的运行结果

例 8.14　在窗体上创建两个文本框，程序运行时，在窗体上按下鼠标左键，分别显示当前鼠标指针 X 坐标值和 Y 坐标值。窗体运行结果如图 8.31 所示。程序代码如下：

```
Private Sub Form_MouseDown(Button As Integer,Shift As Integer,X As Single, _
                           Y As Single)
    Text1.Text=X
    Text2.Text=Y
End Sub
```

4. MouseMove 事件

当鼠标指针在某控件区域内移动时，会在该对象上触发 MouseMove 事件。
MouseMove 事件过程的格式如下：

```
Private Sub 控件名_MouseMove([Index As Integer,]Button As Integer,Shift As Integer, _
                    X As Single,Y As Single)
    ...
End Sub
```

说明：各个参数的含义与 MouseDown 和 MouseUp 相同。

例 8.15 编制如图 8.32 所示的"画图"程序。当在窗体上按下鼠标左键并拖动时，在窗体上画出任意线条，释放鼠标左键时停止画线。当按下 Shift 键的同时拖动鼠标时，画出的线条是红色；当按下 Ctrl 键的同时拖动鼠标时，画出的线条是绿色；当按下 Alt 键的同时拖动鼠标时，画出的线条是蓝色；3 个键都不按时画出的线条是黑色。双击窗体时，清除窗体上的图画和线条。

图 8.32　例 8.15 的运行结果

程序代码如下：

```
Dim DrawState As Boolean                              '设置画图状态变量
Dim PreX As Single                                    '用于保存画图起始点 X 坐标
Dim PreY As Single                                    '用于保存画图起始点 Y 坐标
Dim DrawColor As Long                                 '声明线条颜色变量
Private Sub Form_Load()
    DrawState=False                                   '初始化为非画图状态
End Sub
Private Sub Form_MouseDown(Button As Integer,Shift As Integer,X As Single,Y As Single)
  If Button=1 Then                                    '当按下鼠标左键表示画图
    MousePointer=vbCustom                             '鼠标指针采用用户指定样式
    MouseIcon=LoadPicture(App.Path+"\pen04.ico")      '加载鼠标指针图片
    DrawState=True                                    '设置画图状态
    PreX=X-180                                         '保存画图起始点 X 坐标
    PreY=Y+200                                         '保存画图起始点 Y 坐标
    If Shift=1 Then                                    '按下 Shift 键,画红色线条
        DrawColor=RGB(255,0,0)
    ElseIf Shift=2 Then                               '按下 Ctrl 键,画绿色线条
        DrawColor=RGB(0,255,0)
    ElseIf Shift=4 Then                               '按下 Alt 键,画蓝色线条
        DrawColor=RGB(0,0,255)
    End If
  End If
```

```
    End Sub
Private Sub Form_MouseMove(Button As Integer,Shift As Integer,X As Single,Y As Single)
    If DrawState=True Then
        Line(PreX,PreY)-(X-180,Y+220),DrawColor
        PreX=X-180                              '保存画图起始点 X 坐标
        PreY=Y+220                              '保存画图起始点 Y 坐标
    End If
End Sub
Private Sub Form_MouseUp(Button As Integer,Shift As Integer,X As Single,Y As Single)
    If Button=1 Then                            '当鼠标左键被释放时
        MousePointer=vbDefault                  '鼠标指针恢复系统默认状态
        DrawState=False                         '解除画图状态
    End If
End Sub
Private Sub Form_DblClick()
    Form1.Cls
End Sub
```

习 题 八

一、填空题

1. 菜单分为_____菜单和_____菜单,设计菜单需要在_____中进行。

2. 要在菜单中建立分隔条,应在菜单编辑器的_____选项中输入一个_____符号。

3. 弹出式菜单和下拉式菜单在建立时非常相似,唯一的区别是弹出式菜单的_____属性为 False,在运行时使用_____方法将菜单弹出。

4. 要将菜单项显示为"工具(T)",则需要在其菜单编辑器的标题选项中输入_____。

5. 每一个菜单项都是一个控件对象,只有_____事件。菜单项主要的属性名称(Name)不会出现在屏幕上,主要用于在_____引用该菜单项。名称必须填写,不允许留空。

6. Visual Basic 中对话框分为 3 类,即_____、_____和_____。

7. 为了把通用对话框控件加到工具箱中,应在"工程|部件"对话框的"控件"选项卡中选择_____。

8. 建立"打开文件"、"保存文件"、"颜色"、"字体"和"打印"对话框所使用的方法分别为_____、_____、_____、_____和_____。如果使用 Action 属性,则应把该属性值分别设置为_____、_____、_____、_____和_____。

9. 在"文件"对话框中,FileName 和 FileTitle 属性主要的区别是_____,假定有一个名为 MyTest. Txt 的文件，它位于 C:\MyFile\ABC\目录下，则其 FileName 属性值为_____,FileTitle 属性值为_____。

10. 在窗体上画一个命令按钮和一个通用对话框，其名称为 Command1 和 CommonDialog1，然后编写如下代码：

```
Private Sub Command1_Click()
    CommonDialog1.InitDir="D:\"
    CommonDialog1.FileName=""
    CommonDialog1.Filter="All Files|*.*|(*.exe)|*.exe|(*.TXT)|*.TXT"
    CommonDialog1.FilterIndex=3
    CommonDialog1.DialogTitle="Open File(*.EXE)"
    CommonDialog1.Action=1
    If CommonDialog1.FileName="" Then
        MsgBox "No File Selected", 37, "Checking"
    Else
        MsgBox "处理所选择的文件"
    End If
End Sub
```

程序运行后，单击命令按钮，将显示一个对话框。

(1) 该对话框的标题是_____。

(2) 在打开的对话框中"查找范围"默认的路径是_____。

(3) 该对话框的"文件类型"框中显示的内容是_____。

(4) 单击"文件类型"框右端的下拉箭头，下拉列表框显示的内容是_____。

(5) 如果在对话框中不选择文件，直接单击"取消"按钮，则显示在信息框中的信息是_____。

11. 当在打开的"颜色"对话框中选择一个颜色后，单击"确定"按钮，则选中的颜色返回给_____属性。要在"颜色"对话框中包含"自定义颜色"窗口，应设置_____属性值为2。

12. 在打开"字体"对话框之前，必须先设置通用对话框控件的_____属性值，否则系统显示出错。

13. "打印"对话框中用来指定打印份数的属性是_____。_____属性用来指定打印时的起始页号。_____属性用来指定打印终止页号。

14. 设置工具栏 ToolBar1 控件的_____属性可以改变工具栏在窗体上的位置。ToolBar1 控件常用的事件有_____和 ButtonMenuClick。

15. 要给工具栏按钮添加图像，应首先在_____控件中添加所需要的图像，然后在工具栏的属性页中选择与该控件相关联。

16. 运行时，要使工具栏 ToolBar1 中索引值为4的按钮无效（变成灰色），应使用语句_____。

17. 运行时要使状态栏 StatusBar1 的第3个窗格的显示文本为"中文"，应使用语句_____。

18. 在打开一个自定义对话框时,可以使用_____方法来决定对话框窗体的显示模式。

19. 语句 Form2. Show 0 表示_____。语句 Form3. Show 1 表示_____。

20. 使用_____方法可以把指定的窗体装入内存,但是窗体没有显示出来;使用_____方法可以将指定的窗体从内存中删除;使用_____方法可以把指定的窗体装入内存并且将窗体显示出来;使用_____方法可以将指定的窗体暂时隐藏起来,但并没有从内存中删除。

21. 一个 MDI 应用程序可以包含 3 类窗体,即_____、_____和_____,其中_____窗体最多只能有一个,_____和_____可以有多个。

22. 把窗体的 KeyPreview 属性设置为 True,并编写如下两个事件过程:

```
Private Sub Form_KeyDown(KeyCode As Integer,Shift As Integer)
    Print KeyCode;
End Sub
Private Sub Form_KeyPress(KeyAscii As Integer)
    Print KeyAscii
End Sub
```

程序运行后,如果按下 A 键,则在窗体上输出的数值为_____和_____。

23. 在执行 KeyPress 事件过程时,KeyAscii 是所按键的_____值。对于有上档字符和下档字符的键,当执行 KeyDown 事件过程时,KeyCode 是_____字符的_____值。

24. 在 KeyDown 和 KeyUp 事件过程中,当参数 Shift 的值为_____、_____和_____时,分别代表键盘的_____、_____和_____键。

25. 在 MouseDown 和 MouseUp 事件过程中,当参数 Button 的值为_____、_____和_____时,分别代表鼠标的_____、_____和_____键。

26. 鼠标移动经过控件时,将触发控件的_____事件。

27. 在窗体上画一个文本框,然后编写如下事件过程。该程序的功能是_____。

```
Private Sub Text1_KeyPress(KeyAscii As Integer)
    If KeyAscii<65 Or KeyAscii>90 Then
        Beep
        KeyAscii=0
    End If
End Sub
```

28. 在菜单编辑器中建立一个 Menu1 菜单,其 Visible 属性值为 False,程序运行后,如果用鼠标右击窗体,则弹出 Menu1 菜单。以下是实现上述功能的程序,请填空。

```
Private Sub Form_____(Button As Integer,Shift As Integer,X As Single,Y As Single)
    If Button=_____ Then
        PopupMenu Menu1
```

```
        End If
End Sub
```

29. 执行下列程序,用鼠标单击窗体,输出结果是_____。

```
Private Sub Form_Click()
    Print "Click";
End Sub
Private Sub Form_MouseDown(Button As Integer,Shift As Integer,X As Single,Y As Single)
    Print "Down";
End Sub
Private Sub Form_MouseUp(Button As Integer,Shift As Integer,X As Single,Y As Single)
    Print "Up";
End Sub
```

30. 在窗体上画一个文本框 Text1 和一个命令按钮 Command1,当单击 Command1 时,将显示"打开文件"对话框,设置该对话框只用于打开文本文件,然后在 Text1 中显示打开的文件名。请填空。

```
Private Sub Command1_Click()
    CommonDialog1.Filter=_____
    CommonDialog1.ShowOpen
    Text1.Text=_____
End Sub
```

二、简答题

1. 从设计角度试说明下拉式菜单和弹出式菜单的区别。

2. 建立弹出式菜单的关键是什么? 用什么方法来显示弹出式菜单?

3. 在使用"字体"对话框之前必须设置什么属性? 要控制字体的颜色,又将如何设置 Flags 属性?

4. ToolBar 控件的作用是什么? ImageList 控件的作用是什么? 如何使两个控件链接?

5. 窗体的 Load 方法和 Show 方法的区别是什么?

6. 简述 MDI 父窗体、MDI 子窗体和普通窗体的区别。

7. KeyDown 事件与 KeyPress 事件的区别是什么?

8. 简述 KeyDown 事件中返回 KeyCode 参数与 KeyPress 事件中返回 KeyAscii 参数的区别。

三、编程题

1. 设计如图 8.33 所示的窗体,窗体上有两个菜单,其中"文件"菜单包括"打开"、"保存"和"退出"菜单项,"编辑"菜单包括"剪切"、"复制"和"粘贴"菜单项。请编写 6 个事件过程,完成各项菜单功能。

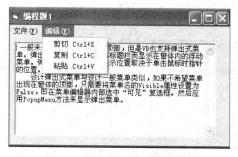

图 8.33　编程题 1 的窗体效果

2. 在上题的基础上制作一个格式工具栏,并实现编程。

3. 设计如图 8.34 所示的窗体。窗体 1 上有 1 个文本框、1 个列表框和 3 个菜单。其中"数据"菜单包括"随机产生 10 个数"、"删除最大值"和"添加数据"3 个子菜单项。统计结果显示在图 8.35 所示的窗体 2 中,窗体 2 上有 3 个标签和 3 个文本框。编程完成各项功能。

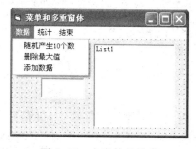

图 8.34　主窗体的效果

图 8.35　统计结果窗体的效果

第 *9* 章 图形操作

Windows 是一个具有图形界面的操作系统,图形可以为应用程序的界面增加情趣和艺术效果,更形象地表达各种事物或解题结果。Visual Basic 继承了 Windows 界面风格,也提供了丰富的图形控件,如线条、形状、图像框和图片框等,程序设计者既可以使用图形控件进行图形操作,也可以调用图形方法绘制丰富多彩的图形,使用这些控件和方法可以完成界面装饰、动画特技和曲线绘制等工作。

9.1 坐 标 系 统

9.1.1 Visual Basic 坐标系统

在 Visual Basic 中,每个对象都放在它的容器内。如窗体放在屏幕中,屏幕就是窗体的容器;控件放在窗体中,窗体就是控件的容器;图片框(PictureBox)也可以作为对象的容器,框架(Frame)也是对象的容器。这些容器都有一个坐标系,坐标系用于在二维空间定义容器中对象的位置。

构成一个坐标系需要三要素:坐标原点、坐标轴的方向和坐标度量单位。在 Visual Basic 中,任何容器的默认坐标原点(0,0)均在容器对象的左上角,用 ScaleTop 和 ScaleLeft 两个属性来控制和实现。坐标轴的长度和方向取决于用户的定义,用 ScaleHeight 和 ScaleWidth 两个属性来定义。对于坐标度量单位,用 ScaleMode 属性来控制和实现。

1. 用 ScaleMode 属性定义度量单位

坐标轴的默认度量单位是缇(Twip),用户可以根据需要使用容器对象的 ScaleMode 属性改变度量单位。ScaleMode 属性取值如表 9.1 所示。

表 9.1 ScaleMode 属性值

属性值	常　量	单　　位
0	vbUser	用户自定义。可设置 ScaleHeight、ScaleWidth、ScaleTop 和 ScaleLeft
1	vbTwips	缇(默认值),1440Twips=1in
2	vbPoints	点,72 点=1in

属性值	常　量	单　位
3	vbPixels	像素,表示分辨率的最小单位
4	vbCharacters	字符
5	vbInches	英寸(in)
6	vbMillimeters	毫米(mm)
7	vbCentimeters	厘米(cm)

当容器对象的 ScaleMode 属性值发生改变时,容器的大小和它在屏幕上的位置不会改变,而只改变容器对象的度量单位,Visual Basic 会重新定义对象坐标度量属性 ScaleHeight 和 ScaleWidth,以便使它们与新的度量单位保持一致。

2. 用 ScaleTop 和 ScaleLeft 属性定义坐标原点

ScaleTop 和 ScaleLeft 属性用于重定义容器对象的左上角坐标,改变坐标系的原点位置。

例 9.1 自定义窗体的坐标原点,通过将控件移动到该新的原点来检验原点的位置。

界面设计只需要在窗体上画出 3 个命令按钮。当单击"移到默认原点"命令按钮后,将"移到原点"按钮移动到窗体默认原点,即窗体的左上角,如图 9.1(a)所示;当单击"移到自定义原点"命令按钮后,将"移到原点"按钮移动到自定义原点位置,如图 9.1(b)所示。

(a) 移到默认原点

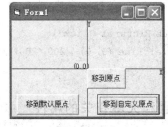
(b) 移到自定义原点

图 9.1　例 9.1 的运行效果

程序代码如下:

```
Private Sub Command2_Click()        '移到默认原点
    Command1.Left=0
    Command1.Top=0
End Sub
Private Sub Command3_Click()        '移到自定义原点
    Form1.ScaleLeft=-500            '定义窗体左上角的水平坐标
    Form1.ScaleTop=-1500           '定义窗体左上角的垂直坐标
    Command1.Move 0, 0
```

```
End Sub
```

这里通过修改窗体的 ScaleLeft 和 ScaleTop 属性,将窗体左上角的坐标定义为
(−500,−1500)。此时,窗体的大小并没有改变,而坐标原点(0,0)的位置由窗体的左上
角移到了新坐标系原点位置。

3. 用 ScaleHeight 和 ScaleWidth 属性定义度量单位和坐标轴方向

ScaleWidth 属性用于设置或返回容器对象的有效宽度,ScaleHeight 属性用于设
置或返回容器对象的有效高度。将 ScaleWidth 属性设置为负值将改变 X 坐标轴的
方向,将 ScaleHeight 属性设置为负值将改变 Y 轴的
方向。

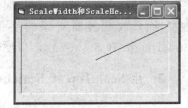

例 9.2　在窗体上有一个图片框 Picture1 控件,该
控件的 ScaleLeft=−200,ScaleTop=200,ScaleWidth=
400,ScaleHeight=−400。要求当单击 Picture1 时,在
图片框 Picture1 上画一条起始点为(0,0),终止点为
(200,200)的直线。运行结果如图 9.2 所示。

图 9.2　例 9.2 的运行结果

程序代码如下:

```
Private Sub Form_Load()            '自定义 Picture1 的坐标系
    Picture1.ScaleLeft=-200
    Picture1.ScaleTop=200
    Picture1.ScaleHeight=-400
    Picture1.ScaleWidth=400
End Sub
Private Sub Picture1_Click()
    Picture1.Line (0, 0)-(200, 200)   '画一条(0,0)到(200,200)的直线
End Sub
```

4. 与位置和大小有关的属性

对象的 Left 和 Top 属性决定其在容器对象中的位置,Width 和 Height 属性决定其
在容器对象中的大小。需要注意的是,当建立一个新窗体时,新窗体采用默认坐标系,坐
标原点在窗体的左上角。在用窗体做容器定义坐标系时,实际可用高度和宽度由
ScaleHeight 和 ScaleWidth 两个属性来决定,窗体的 Height 属性值包括了标题栏和水平
边框宽度,同样 Width 属性值包括了垂直边框宽度。因此,如果用 ScaleTop 和 ScaleLeft
属性重新定义窗体的坐标原点,那么窗体左上角的坐标点是(ScaleLeft,ScaleTop),窗体
右下角的坐标点是(ScaleLeft + ScaleWidth, ScaleTop + ScaleHeight)。因此将
ScaleLeft、ScaleTop、ScaleWidth 和 ScaleHeight 这 4 个属性结合使用,可以自定义坐
标系。

对于窗体而言,Left、Top、Height、Width、ScaleLeft、ScaleTop、ScaleHeight 和
ScaleWidth 属性的意义如图 9.3 所示。

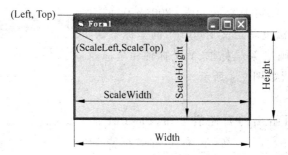

(Left, Top)
(ScaleLeft,ScaleTop)
ScaleHeight
ScaleWidth
Height
Width

图 9.3　窗体与位置和大小有关的属性

9.1.2　自定义坐标系

1. 自定义坐标系

用 Scale 方法可以更加方便地定义各种容器对象的坐标系,Scale 方法的格式如下:

[对象名.]Scale [(xLeft,yTop)-(xRight,yBottom)]

其中,对象可以是窗体(Form),也可以是图片框(PictureBox);(xLeft,yTop)为容器对象左上角的坐标值;(xRight,yBottom)为容器对象右下角的坐标值。根据给定的坐标参数可以计算出 ScaleLeft、ScaleTop、ScaleWidth 和 ScaleHeight 的值,有以下等式关系:

ScaleLeft＝xLeft

ScaleTop＝yTop

ScaleWidth＝xRight－xLeft

ScaleHeight＝yBottom－yTop

任何时候在程序代码中使用 Scale 方法都能有效地和自然地改变坐标系统。当 Scale 方法不带参数时,则取消用户自定义的坐标系,而采用默认坐标系。

2. 当前坐标

窗体、图片框或打印机的 CurrentX 和 CurrentY 属性给出这些容器对象在绘图时的当前坐标。这两个属性在设计阶段不能使用。当坐标系确定后,坐标值(x,y)表示对象上的绝对坐标位置。如果坐标值前加上关键字 Step,则坐标值(x,y)表示容器对象上的相对坐标位置,即从当前坐标在两个方向上分别平移 x 和 y 个单位,其绝对坐标值为(CurrentX＋x,CurrentY＋y)。当使用 CLS 方法后,CurrentX 和 CurrentY 属性值为 0。

例 9.3　在窗体上有一个图片框 Picture1,该控件的 ScaleLeft＝－200,ScaleTop＝200,ScaleWidth＝400,ScaleHeight＝－400。要求当单击 Picture1 时,在图片框 Picture1

上画一条起始点为(0,0),终止点为(200,200)的直线。使用 Scale 方法重新定义 Picture1 的坐标系,并根据新的坐标系,画出 X 坐标轴、Y 坐标轴和坐标原点(0,0)。运行结果如图 9.4 所示。

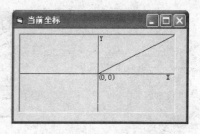

图 9.4 例 9.3 运行结果

分析:

(1) 根据题目给出的属性值可知,Picture1 的左上角坐标点为(-200,200),右下角坐标点为(-200+400,200-400),即(200,-200)。因此使用 Scale 方法定义坐标系为

```
Picture1.Scale (-200,200)-(200,-200)
```

(2) 应用 CurrentX 和 CurrentY 属性指定 Print 方法在 Picture1 上输出位置,打印坐标轴。

程序代码如下:

```
Private Sub Form_Load()                                    '自定义 Picture1 的坐标系
    Picture1.Scale (-200, 200)-(200, -200)
End Sub
Private Sub Picture1_Click()
    Picture1.Line (0, 0)-(200, 200)                        '画一条 (0,0) 到 (200,200) 的直线
    Picture1.CurrentX=0: Picture1.CurrentY=0               '设置当前坐标为原点,打印 (0,0)
    Picture1.Print "(0,0)"
    Picture1.Line (-200, 0)-(200, 0)                       '画 Y 值为 0 的水平线,作为 X 轴
    Picture1.CurrentX=180: Picture1.CurrentY=0             '设置当前坐标为 X 轴右端,打印 "X"
    Picture1.Print "X"
    Picture1.Line (0, -200)-(0, 200)                       '画 X 值为 0 的垂直线,作为 Y 轴
    Picture1.CurrentX=5: Picture1.CurrentY=200             '设置当前坐标为 Y 轴顶端,打印 "Y"
    Picture1.Print "Y"
End Sub
```

9.2 绘图属性

9.2.1 DrawWidth 和 DrawStyle 属性

DrawWidth 属性用来指定窗体、图片框或打印机所画线的宽度或点的大小。DrawWidth 属性以像素为单位来度量,最小值为 1。

DrawStyle 属性用来指定窗体、图片框或打印机所画线的形状。DrawStyle 属性值取值范围为 0~6,属性设置含义见表 9.2。

表 9.2 DrawStyle 属性设置

设置值	线 型	图 示	设置值	线 型	图 示
0	实线(默认)	——————	4	点点划线	—··—··—··
1	长划线	— — — — —	5	透明线	
2	点线	·············	6	内实线	——————
3	点划线	—·—·—·—·			

以上线型仅当 DrawWidth 属性值为 1 时才能产生。当 DrawWidth 的值大于 1 且 DrawStyle 属性值为 1～4 时,都只能产生实线效果。当 DrawWidth 的值大于 1,而 DrawStyle 属性值为 6 时,所画的内实线仅当是封闭线时起作用。

例 9.4 通过改变 DrawStyle 属性值在窗体上画出不同的线型,通过改变 DrawWidth 属性值画出一系列宽度递增的直线。运行结果如图 9.5 所示。

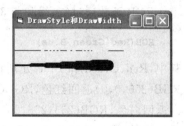

图 9.5 例 9.4 的运行结果

程序代码如下:

```
Private Sub Form_Click()
    Dim j As Integer
    CurrentX=0                              '设置开始位置
    CurrentY=ScaleHeight / 4
    DrawWidth=1                             '线的宽度为1
    For j=0 To 6
        DrawStyle=j                         '定义线的形状,画出6种线型
        Line -Step(ScaleWidth / 10, 0)      '画线的长度为窗体宽度的1/10
    Next j
    Print
    Print
    For j=1 To 6                            '画宽度不同的6个线段
        DrawWidth=j * 3                     '定义线的宽度
        Line -Step(ScaleWidth / 10, 0)
    Next j
End Sub
```

9.2.2 颜色和填充

封闭图形的填充方式由 FillStyle 和 FillColor 属性决定。其中 FillColor 指定填充图案的颜色,默认的颜色与 ForeColor 相同。FillStyle 属性指定填充的图案,共有 8 种内部图案,如图 9.6 所示。

其中,0 为实填充,它与指定填充图案的颜色有关;1 为透明方式。

Visual Basic 默认采用对象的前景色(ForeColor 属性)绘图,也可以通过以下颜色函

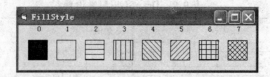

图 9.6　FillStyle 属性指定填充的 8 种图案

数指定绘图颜色。

1. RGB 函数

RGB 函数通过红、绿和蓝 3 种基色混合产生某种颜色，其语法格式如下：

RGB(Red,Green,Blue)

其中，Red、Green 和 Blue 分别代表红色、绿色和蓝色成分，取值范围为 0～255。例如，RGB(255,0,0)返回红色，RGB(0,255,0)返回绿色，RGB(0,0,255)返回蓝色，RGB(0,0,0)返回白色，RGB(255,255,255)返回黑色等。

例如，将标签的背景色设置为红色，可以写成：

`Label1.BackColor=RGB(255,0,0)`

从理论上讲，用 3 种基色混合可以产生 256^3 种颜色，但实际使用时却受到显示硬件的限制。

2. QBColor()函数

QBColor()函数的语法格式如下：

QBColor(颜色码)

其中，颜色码使用 0～15 的整数，每个颜色码代表一种颜色。颜色码及其代表的颜色见表 9.3。

表 9.3　颜色码与颜色对应表

颜色码	颜　色	颜色码	颜　色
0	黑色	8	灰色
1	蓝色	9	亮蓝色
2	绿色	10	亮绿色
3	青色	11	亮青色
4	红色	12	亮红色
5	洋红色	13	亮洋红色
6	黄色	14	亮黄色
7	白色	15	亮白色

　　Visual Basic 程序设计教程(第 2 版)

例如,将标签的背景色设置为红色,可以写成

```
Label1.BackColor=QBColor(4)
```

3. 颜色常量

Visual Basic 为了方便用户,将经常使用的颜色值定义为系统内部常量。Visual Basic 定义的颜色常量见表 9.4。

表 9.4　颜色常量

颜色常量	颜　色	颜色常量	颜　色
vbBlack	黑色	vbBlue	蓝色
vbRed	红色	vbMagenta	洋红色
vbGreen	绿色	vbCyan	青色
vbYellow	黄色	vbWhite	白色

例如,将标签的背景色设置为红色,可以写成

```
Label1.BackColor=vbRed
```

例 9.5　使用 RGB()函数在窗体上画彩色的水平线,线条颜色随机设定。程序运行结果如图 9.7 所示。

分析:可以使用随机函数产生 0~255 之间的随机整数,作为 RGB()函数的三基色,通过多次调用 RGB()函数,每次对 RGB()函数的参数稍作变化即可。所画的水平线条从窗体左侧开始(X 坐标点为 0)到窗体的右侧(X 的坐标点为 ScaleWidth)。

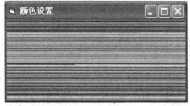

图 9.7　例 9.5 的运行结果

程序代码如下:

```
Private Sub Form_Click()
  Dim j%, x!, y!
  x=Form1.Width
  y=Form1.ScaleHeight                    '设置直线 X 方向终点坐标
  For j=0 To y
    R=Int(Rnd * 255)                     '产生三基色数据
    G=Int(Rnd * 255)
    B=Int(Rnd * 255)
    Form1.Line (0, j)-(x, j), RGB(R, G, B)  '画线
  Next j
End Sub
```

9.3　图　形　控　件

Visual Basic 提供了 4 个基本图形控件,分别是 PictureBox、Image、Shape 和 Line。其中 Image、Shape 和 Line 控件被认为是轻量图形控件,也就是说,它们只支持 PictureBox 的属性、方法和事件的一个子集,因此,它们需要较少的系统资源,而且加载也比 PictureBox 控件更快。

PictureBox 控件不提供滚动条,也不能伸缩被装入的图形以适应控件的大小,但可以使用 AutoSize 属性调整图片框的大小以适应图形的尺寸。可以使用 LoadPicture() 函数将指定的图形加载到图片框里,也可以使用 LoadPicture() 函数将图片框里的图形卸载。

Imgae 控件没有 AutoSize 属性,但是它的 Stretch 属性设置为 False 时,图像框可以自动改变大小以适应加载的图像大小;Stretch 属性设置为 True 时,加载到图像框的图像可以自动改变大小以适应图像框的大小。Image 控件也可以使用 LoadPicture() 加载或卸载图形。

PictureBox 和 Image 控件在 7.10 节有详细的介绍。下面主要介绍 Shape 控件和 Line 控件。

9.3.1　Line 控件

Line 控件属于标准控件,在工具箱中的图标为 ，该控件可以用来画直线。表示直线起点坐标的属性为 x1、y1,表示直线终点坐标的属性为 x2、y2,它们控制线的两个端点的位置。

1. BorderStyle 属性

BorderStyle 属性用于返回或设置图形边框或线条的形状,取值范围为 0～6,对应的线型见表 9.5。

表 9.5　BorderStyle 属性值与对应的线型

值	常　　量	说　　　明	线　　型
0	vbTransparent	透明,忽略 BorderWidth 属性	
1	vbBSSolid	(默认值)实线,边框处于形状边缘的中心	———————
2	vbBSDash	虚线,当 BorderWidth 为 1 时有效	- - - - - - -
3	vbBSDot	点线,当 BorderWidth 为 1 时有效	··········
4	vbBSDashDot	点划线,当 BorderWidth 为 1 时有效	-·-·-·-·
5	vbBSDashDotDot	点点划线,当 BorderWidth 为 1 时有效	-··-··-··
6	vbBSInsideSolid	内实线,边框的外边界就是形状的外边缘	———————

2. BorderWidth 属性

BorderWidth 属性用于返回或设置图形边框或线条的宽度。

BorderWidth 属性受 BorderStyle 属性设置的影响,不同的 BorderStyle 属性线条的 BorderWidth 计算方式不同,如表 9.6 所示。

表 9.6 BorderStyle 属性对 BorderWidth 的影响

BorderStyle 属性值	对 BorderWidth 的影响
0	BorderWidth 设置被忽略
1～5	边界宽度从中心开始计算
6	边界宽度从外向内开始计算

3. BorderColor 属性

BorderColor 属性用于返回或设置图形边框或线条颜色。

说明:需要注意的是,在运行时,不能使用 Move 方法移动 Line 控件,但可以更改 Line 控件的 x1、y1、x2 和 y2 属性来移动控件和调整控件的大小。

9.3.2 Shape 控件

Shape 控件属于标准控件,在工具箱中的图标为 ⬠,用于在窗体或图片框上绘制常见的几何图形。Shape 控件的主要属性有 BorderWidth、BorderStyle、FillStyle、FillColor 和 Shape。其中 BorderWidth 和 BorderStyle 属性与 Line 控件的相关属性相同;FillStyle 属性指定填充的图案,共有 8 种内部图案;FillColor 指定填充图案的颜色,默认的颜色与 ForeColor 相同;Shape 属性指定所需的几何形状,取值范围是 0～5,属性值与几何形状的对应关系见表 9.7。

表 9.7 Shape 属性值与几何形状的对应关系

属性值	常　　量	几何形状
0(默认值)	vbShapeRectangle	矩形
1	vbShapeSquare	正方形
2	vbShapeOval	椭圆形
3	vbShapeCircle	圆形
4	vbShapeRoundedRectangle	圆角矩形
5	vbShapeRoundedSquare	圆角正方形

图 9.8 Shape 属性值与对应的几何形状

例 9.6 Shape 控件的 Shape 属性值与几何形状对应关系示例。运行效果如图 9.8 所示。其中第一个图案的 FillStyle 属性值为 2,第二个图案的 FillStyle 属性值为 3,以此类推。

程序代码如下：

```
Private Sub Form_Activate ()
  Dim i As Integer
  Print
  Print "    0      1      2      3      4      5"
  Shape1(0).Shape=0                    '设置 Shape1 数组中第一个控件的图案
  Shape1(0).FillStyle=2                '设置 Shape1 数组中第一个控件的填充样式
  For i=1 To 5
      Load Shape1(i)                   '加载 Shape1 控件数组元素
      Shape1(i).Top=Shape1(0).Top      '确定 Shape1 数组元素的位置
      Shape1(i).Left=Shape1(i-1).Left +750
      Shape1(i).Shape=i                '设置 Shape 属性值,确定几何图案
      Shape1(i).FillStyle=i +2         '设置填充样式
      Shape1(i).Visible=True
  Next i
End Sub
```

例 9.7 设计一个简单的秒表。窗体界面设计要求：参照图 9.9 设计窗体。在窗体上画 1 个图片框控件 Picture1、1 个形状控件 Shape1、1 个直线控件 Line1、4 个标签控件、1 个定时器 Timer1 和两个命令按钮。这些控件的名称及其属性值设置见表 9.8。

表 9.8　例 9.7 控件名称及属性值

控件名称(Name)	属性及属性值	说　明
Picture1	Width=2600,Height=2500	
Shape1	Shape=3,Width=2600,Height=2400	作为时钟的表面,呈圆形
Line1	BorderWidth = 2,BorderColor = vbRed	作为时钟的秒针
Label1~Label4	4 个 Caption 分别为 0、15、30 和 45	作为时钟的数字指示
Command1	Caption= "开始"	作为启动定时器的按钮
Command2	Caption= "停止"	作为停止定时器的按钮
Timer1	Interval=1000,Enabled=False	

程序代码如下：

```
Dim arph                         '用 arph 表示秒针旋转角度(用弧度表示)
Private Sub Form_Load ()
    Timer1.Interval=1000
    Timer1.Enabled=False
    Picture1.Scale (-1, 1)-(1, -1)'定义 Picture1 的坐标系,原点在 Picture1 的中心位置
    Line1.X1=0: Line1.Y1=0        '将秒针的起始点移到原点
    Line1.X2=0: Line1.Y2=0.7      '将秒针的另一端移到正上方,指向 0
    Line1.BorderWidth=2           '设置指针线条的宽度
    Line1.BorderColor=vbRed       '设置指针颜色
```

```
        arph=0                        '旋转角度为 0
    End Sub
    Private Sub Command1_Click()      '"开始"按钮事件过程,启动定时器
        Timer1.Enabled=True
    End Sub
    Private Sub Timer1_Timer()        '每隔 1 秒触发一次 Timer 事件
        arph=arph + 3.14159 / 30      '旋转角度增加 6°
        Line1.Y2=0.7 * Cos(arph)      '将秒针的另一端移到旋转后的位置
        Line1.X2=0.7 * Sin(arph)
    End Sub
    Private Sub Command2_Click()      '"停止"按钮事件过程
        Timer1.Enabled=False
    End Sub
```

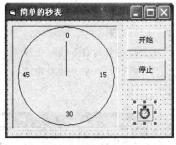

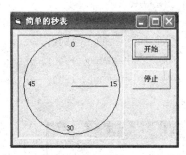

(a) 窗体设计界面　　　　　　　　　(b) 运行界面

图 9.9　例 9.7 简单的秒表

9.4　绘　图　方　法

9.4.1　Line 方法

Line 方法用于在指定的对象(如窗体或图形框)中绘制线段或矩形,其语法格式如下:

对象名.Line [Step](X1,Y1)-[Step](X2,Y2)[,Color][,B[F]]

说明:

(1) 对象名:要在其中画图的容器对象名称,如窗体、图片框等,默认为当前窗体。

(2) (X1,Y1):起点坐标。如果省略该参数,图形起始于由 CurrentX 和 CurrentY 指示的位置。

(3) (X2,Y2):终点坐标。

(4) Step:表示采用当前作图位置的相对值。当在(X1,Y1)前出现 Step 时,(X1,Y1)表示相对于当前坐标位置的坐标;当在(X2,Y2)前出现 Step 时,(X2,Y2)表示相对于图形起点的终点坐标。

（5）Color：图形颜色。如果省略该参数，则使用容器对象的 ForeColor 属性值作为图形的颜色。

（6）B：画出矩形。以（X1,Y1）、（X2,Y2）为对角坐标画出矩形。

（7）F：规定矩形以及矩形边框的颜色填充。如果选择了 B 参数后再选择 F 参数，则所画的矩形将用矩形边框的颜色填充；如果不使用 F 参数，只使用 B 参数，则所画的矩形用当前容器对象的 FillColor 和 FillStyle 填充。F 参数必须和 B 参数一起使用。

例 9.8 在窗体上画出一个矩形，然后画出矩形的两条对角线。程序运行结果如图 9.10 所示。

程序代码如下：

```
Private Sub Form_Click()
    Form1.DrawWidth=2                        '设置直线宽度
    Form1.FillStyle=1                        '设置窗体填充样式
    Line (500, 200)-(3000, 1500), vbRed, B   '画矩形
    Line (500, 200)-(3000, 1500), vbRed      '画左上到右下的对角线
    Line (3000, 200)-(500, 1500), vbRed      '画右上到左下的对角线
End Sub
```

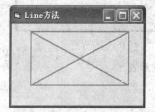

图 9.10 例 9.8 的运行结果

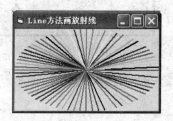

图 9.11 例 9.9 的运行结果

例 9.9 用 Line 方法在窗体上画出如图 9.11 所示的放射线圆。

程序代码如下：

```
Private Sub Form_Click()
    Form1.Cls                      '清空窗体
    Dim z As Integer
    Form1.Scale (-1, 1)-(1, -1)    '设置窗体坐标系
    Form1.DrawWidth=2              '设置窗体画线宽度
    For z=0 To 360 Step 5          '每隔 5°画一条直线
        x=Cos(z * 3.14159 / 180)   '计算直线的终点坐标
        y=Sin(z * 3.14159 / 180)
        col=Int(Rnd * 15)          '设置随机的直线颜色
        Line (0, 0)-(x, y), QBColor(col)  '从原点开始画直线
    Next z
End Sub
```

思考：如果希望放射线圆转动起来，应该再加上哪个控件？如何实现？

9.4.2　Circle 方法

Circle 方法用于画圆、椭圆、圆弧和扇形,其语法格式如下:

[对象名.]Circle [Step](x,y),半径[,[颜色][,[起始角][,[终止角][,长短轴比率]]]]

说明:

(1) 对象名:表示要绘制图形的容器的名称,如窗体、图片框等,默认为当前窗体。

(2) Step:表示点(x,y)是相对于当前位置(由 CurrentX 和 CurrentY 属性决定)的坐标点,否则为绝对坐标。

(3) (x,y):表示圆、椭圆、圆弧和扇形的圆心坐标。

(4) 半径:表示圆、椭圆、圆弧和扇形的半径,为图形中最长轴的尺寸。

(5) 颜色:表示圆、椭圆、圆弧和扇形的边框颜色。如果省略,则使用容器对象的 ForeColor 属性值。

(6) 起始角:指定弧的起点位置(以弧度为单位)。取值范围为 $-2\pi \sim 2\pi$。默认值为 0(水平轴的正方向),若为负数,则在画弧的同时还要画出圆心到弧的起点的连线。绘制起始角度从 0 开始的扇形时,要赋给起始角一个很小的负数,如-0.00001。

(7) 终止角:指定弧的起点位置(以弧度为单位)。取值范围为 $-2\pi \sim 2\pi$。默认值为 2π(从水平轴的正方向逆时针旋转 360°),若为负数,则在画弧的同时还要画出圆心到弧的终点的连线。弧的画法是从起点逆时针画到终点。同样,绘制终止角度为 0 的扇形时,要赋给终止角一个很小的负数,如-0.00001。

(8) 长短轴比率:椭圆的纵轴和横轴的尺寸比。默认值为 1,表示画一个标准圆。当纵横比大于 1 时,椭圆的纵轴比横轴长;当纵横比小于 1 时,椭圆的纵轴比横轴短。

(9) 当执行 Circle 方法后,当前坐标(CurrentX 和 CurrentY 属性)的值被设置成圆心的坐标值。

(10) 使用 Circle 方法时,如果省略中间的参数,逗号是不能省的。例如,画椭圆省略了颜色、起始角和终止角 3 个参数,则必须加上连续的逗号,它表明这 3 个参数被省掉了。

例 9.10　使用 Circle 方法画出圆、椭圆、圆弧和扇形。运行结果之一如图 9.12 所示。

程序代码如下:

图 9.12　例 9.10 的运行结果

```
Private Sub Form_Load ()
    Picture1.Scale (0, 0)-(2000, 1000)        '自定义 Picture1 的坐标系
End Sub
Private Sub Command1_Click()                  '画圆
    Picture1.Cls
```

```
        Picture1.FillStyle=0
        Picture1.FillColor=QBColor(Int(Rnd * 15))  '设置填充颜色
        Picture1.Circle (Int(Rnd * Picture1.ScaleWidth), Int(Rnd * Picture1._
                ScaleHeight)), 100
End Sub
Private Sub Command2_Click()                        '画椭圆
        Picture1.Cls
        Picture1.FillStyle=0
        Picture1.FillColor=QBColor(Int(Rnd * 15))
        a=3
        Picture1.Circle (100, 500), 200, , , , a
        Picture1.Circle (400, 500), 200, , , , a / 2
        Picture1.Circle (900, 500), 200, , , , a / 3   '长短轴比率为1,画圆
        Picture1.Circle (1400, 500), 200, , , , a / 4
        Picture1.Circle (1900, 500), 200, , , , a / 5
End Sub
Private Sub Command3_Click()                        '画弧
        Picture1.Cls
        Picture1.DrawWidth=2                        '设置画线宽度
        Picture1.ForeColor=QBColor(Int(Rnd * 15))
        a=3: pi=3.14159
        Picture1.Circle (400, 300), 200, , pi / 2, 1.5 * pi
        Picture1.Circle (1000, 300), 200, , pi / 2, 0
        Picture1.Circle (1600, 300), 200, , 0, 0.5 * pi
        Picture1.Circle (1000, 600), 200, , pi * 0.2, 1.5 * pi
        Picture1.Circle (1400, 500), 200, , pi * 1.2, 0.5 * pi
End Sub
Private Sub Command4_Click()                        '画扇形
        Picture1.Cls
        pi=3.14159
        Picture1.FillStyle=0
        Picture1.DrawWidth=2                        '设置画线宽度
        Picture1.FillColor=vbRed
        Picture1.Circle (1200, 500), 300, vbRed, -pi / 3, -pi
        Picture1.FillColor=vbBlue
        Picture1.Circle (1200, 500), 300, vbBlue, -pi, -pi * 5 / 3   '画弧的同时画与圆
                                                                心的连线
        Picture1.FillColor=vbYellow
        Picture1.Circle (1200, 500), 300, vbYellow, -pi * 5 / 3, -pi / 3
        Picture1.FillColor=QBColor(Int(Rnd * 15))  '设置填充颜色
        Picture1.Circle (600, 300), 300, vbBlue, -pi, -0.9 * pi
End Sub
```

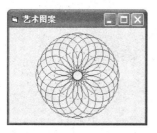

图 9.13　例 9.11 运行结果

例 9.11　使用 Circle 方法绘制如图 9.13 所示的艺术图案。该艺术图案由一系列的圆组成,这些圆的圆心在另外一个固定圆(轨迹圆)的圆周上。

分析:使用默认的坐标系统,设轨迹圆的圆心坐标为 $(x0,y0)$,将该圆 20 等分,以圆周上的每一个等分点为圆心画圆,圆心的坐标为 $(x0+r*Cos(i),y0-r*Sin(i))$,其中,i 为等分点和 $(x0,y0)$ 的连线与 X 轴正方向之间的夹角(以弧度为单位),r 为轨迹圆的半径。

程序代码如下:

```
Private Sub Form_Click()
    Const pi=3.14159
    Dim x As Single, y As Single, x0!, y0!
    Dim r As Single, pace As Single
    Form1.Cls
    r=Form1.ScaleHeight / 4                      '将窗体的 1/4 高作为轨迹圆的半径
    '将窗体的中心位置设置为轨迹圆的圆心坐标
    x0=Form1.ScaleWidth / 2: y0=Form1.ScaleHeight / 2
    Form1.DrawStyle=2                            '设置画线样式为点线
    Circle (x0, y0), r, vbRed                    '画出轨迹圆
    pace=(2 * pi) / 20                           '将轨迹圆 20 等分
    Form1.DrawStyle=0                            '设置画线样式为实线
    For i=0 To 2 * pi Step pace
        x=x0 +r * Cos(i): y=y0 - r * Sin(i)      '计算轨迹圆周上各等分点的坐标
        '以轨迹圆上的等分点位圆心,以 r * 0.8 为半径画圆
        Circle (x, y), r * 0.8, vbBlue
    Next i
End Sub
```

9.4.3　PSet 方法

PSet 方法用于在窗体、图片框或打印机指定位置上画点,其语法格式如下:

[对象名.]PSet [Step](x,y) [,Color]

其中,(x,y) 为所画点的坐标;Step 表示采用当前作图位置的相对值;Color 为点的颜色。

采用背景颜色可清除某个位置上的点。利用 PSet 方法可画任意曲线。

例 9.12　用 PSet 方法绘制抛物线曲线 $y=0.8x^2$ 和 $y=-0.8x^2$,其中 x 变量取值范围是 $(-3,3)$。运行结果如图 9.14 所示。

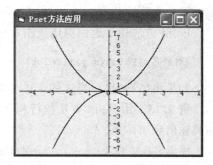

图 9.14　例 9.12 的运行结果

程序代码如下：

```
Private Sub Form_Load ()
    Form1.Scale (-5, 8)-(5, -8)          '定义窗体坐标系
End Sub
Private Sub Form_Click()
    Dim x As Single, y As Single
    Line (-4.8, 0)-(4.8, 0)              '画 X 轴
    CurrentX=4.8: CurrentY=0.25
    Print "X"
    Line (0, -7.8)-(0, 7.8)             '画 Y 轴
    CurrentX=0.25: CurrentY=7.8
    Print "Y"
    For x=-4 To 4                        '画 X 轴刻度
     Line (x, 0)-(x, 0.1)
     CurrentX=x-0.3: CurrentY=0.25
     Print x
    Next x
    For y=-7 To 7                        '画 Y 轴刻度
        If y < > 0 Then
            Line (0, y)-(0.1, y)
            CurrentX=0.25: CurrentY=y+0.25
            Print y
        End If
    Next y
    For x=-3 To 3 Step 0.001
        y=0.8 * x ^ 2
        PSet (x, y)                      '画开口向上的抛物线
        y=-0.8 * x ^ 2
        PSet (x, y)                      '画开口向下的抛物线
    Next x
End Sub
```

9.4.4 Point 方法

Point 方法用于返回窗体或图片框上指定点的 RGB 颜色，其语法格式如下：

[对象名.]Point(x,y)[,Color]

如果由(x,y)坐标指定的点在对象外面，Point 方法返回－1(True)。

例 9.13 用 Point 方法按行和列扫描 Picture 控件上的图形信息，用 PSet 方法进行仿真输出到窗体上。

提示：在窗体上画一个 PictureBox 控件，在程序中设置窗体和 PictureBox 控件各自的坐标系。用 Print 方法在 Picture1 上输出字符串或图形，然后用 Point 方法扫描

Picture 控件上的信息,根据返回值在窗体对应坐标位置上用 PSet 方法输出信息,达到仿真的目的。程序运行结果如图 9.15 所示。

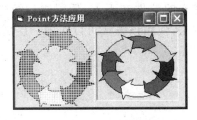

(a) ScaleMode=2时的效果

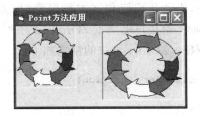

(b) ScaleMode=3时的效果

图 9.15　例 9.13 的运行结果

程序代码如下:

```
Private Sub Form_Load ()
    Form1.Scale (0, 0)-(100, 100)        '自定义窗体坐标系
    Picture1.Scale (0, 0)-(100, 100)     '自定义 Picture1 坐标系
    Picture1.Picture=LoadPicture (App.Path +"\2DARROW4.WMF")
End Sub
Private Sub Form_Click()
    Dim i As Integer, j As Integer, mcolor As Long
    Form1.ScaleMode=2                    '设置窗体画图的度量单位为点
    'Form1.ScaleMode=3                   '设置窗体画图的度量单位为像素
    For i=1 To 100                       '按行扫描
        For j=1 To 100                   '按列扫描
            mcolor=Picture1.Point(i, j)  '取 Picture1 点的颜色值
            Form1.PSet (i, j), mcolor    '在窗体上照原样画出当前点
        Next j
    Next i
End Sub
```

9.5　图　　层

关于图层,通俗一点讲就是图形的叠放层次。在实际应用中,有时需要将多个图形叠加在一起构成一个复杂的图形,这时需要有的对象放置在最顶层,有的对象放置在中间层,有的对象放置在最底层。在 Visual Basic 中,图形由 3 个不同的图层构成,3 个图层所放置的对象类型如下:

(1) 最顶层:工具箱中除 Label 控件、Line 控件和 Shape 控件外的控件对象。

(2) 中间层:工具箱中的 Label 控件、Line 控件和 Shape 控件。

(3) 最底层:由图形方法绘制的永久图形。

位于上层的对象会遮盖下层相同位置上的对象,即使下层的对象在上层对象之后绘

制。位于同一层内的任何对象在发生层叠时,后创建的对象会遮盖先创建的对象。例如,在窗体上放置标签和文本框,当这两个控件层叠时,不管怎样操作,标签总是出现在文本框的后面;当命令按钮和文本框层叠时,先建立的控件在下方,后建立的控件在上方。Visual Basic 给用户提供了 ZOrder(Z 序列)方法,使用该方法可以对同一层次的对象顺序进行调整。ZOrder 方法的格式如下:

对象名.ZOrder [Position]

说明:

(1) 对象可以是除了菜单以及时钟之外的任何控件对象。

(2) Position:是一个整数。指出一个控件相对于另一个控件位置的数值。为 0 表示该控件被定位于 Z 序列的前面,为 1 表示该控件被定位于 Z 序列的后面。

需要说明的是,所谓"永久性"图形,是指将窗体或图片框(PictureBox)的 AutoRedraw 属性设置为 True,然后再在其上用绘图方法绘制图形,这样当再次装载窗体时图形仍然存在;如果将窗体或图片框(PictureBox)的 AutoRedraw 属性设置为 False,当再次装载窗体时图形就不存在了。

例 9.14 通过在窗体上放置不同类型的控件和绘制不同的图形来显示不同的图层。然后使用 ZOrder 方法使指定的控件上移一个图层。运行结果如图 9.16 所示。

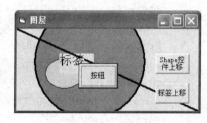

图 9.16 例 9.14 的运行结果

程序代码如下:

```vb
Private Sub Form_Click()
    Form1.FillStyle=0
    Form1.FillColor=vbRed
    Form1.DrawWidth=3
    Form1.Scale (0, 0)-(2, 2)
    Form1.AutoRedraw=True
    Form1.Circle (1, 1), 0.6          '在 AutoRedraw 为 True 时画永久圆
    Form1.AutoRedraw=False
    Form1.Line (0, 0)-(2, 2)          '在 AutoRedraw 为 False 时画临时直线
    Shape1.Shape=2                    '设置 Shape 控件图案为圆
    Shape1.FillStyle=0
    Shape1.FillColor=vbGreen
End Sub
Private Sub Command2_Click()         'Shape1 控件上移
    Shape1.ZOrder 0
End Sub
Private Sub Command3_Click()         'Label1 控件上移
    Label1.ZOrder 0
End Sub
```

如果该工程有多个窗体,那么当再次加载 Form1 窗体后,直线将不再显示,而圆会永久显示。从图 9.16 可以看出,命令按钮位于最顶层,由 Circle 方法绘制的圆位于最底层,标签和 Shape 控件按照创建的先后放置。可以使用 ZOrder 方法更改标签和 Shape1 控件的图层顺序。

9.6 图形处理技术

本节主要介绍 SavePicture 方法、PaintPicture 方法和 DrawMode 属性的使用。

1. SavePicture 方法

使用 SavePicture 语句可以将 Picture 或 Image 属性中的图形保存到指定的文件中。窗体或图片框都有一个 Image 属性,该属性在设计时不可用,只能在代码窗口中使用。

SavePicture 方法的语法格式如下:

```
SavePicture    [对象名.]Picture, FileName
```

或

```
SavePicture    [对象名.]Image, FileName
```

说明:

(1) 该方法可以把装在窗体、图片框、图像框内的图形保存到磁盘文件内。

(2) 对象名:可以是窗体、PictureBox 控件和 Image 控件。

(3) FileName:为指定的带有扩展名的文件,保存的图形文件格式可以是 .bmp、.ico、.gif、.jpg、.wmf 和 .emf。

如果图形是 .bmp、.ico、.wmf 和 .emf 文件,则使用 SavePicture 语句后,图形以原格式保存;如果图形是 .gif 或 .jpg 文件,则将保存为位图文件(.bmp);Image 属性中的图形总是以位图的格式保存而不管其原始格式;用图形方法(Line 方法、Circle 方法、PSet 方法、Point 方法和 Print 方法)绘制的图形应使用 Image 属性保存。

例 9.15   设计如图 9.17 所示的窗体,在窗体上画一个 Picture1 控件,将 Picture1 中的图像分别以 Picture 属性和 Image 属性保存,比较保存 Picture 属性和保存 Image 属性的区别。

图 9.17   例 9.15 的运行结果

程序代码如下:

```
Private Sub Form_Load ()
    Picture1.Picture=LoadPicture (App.Path +"\MyPic.bmp")
End Sub
Private Sub Command1_Click()
```

```
        Picture1.AutoRedraw=True
        Picture1.DrawWidth=2                        '设置线条宽度
        Picture1.ForeColor=vbWhite                  '设置线条颜色
        Picture1.Scale (0, 0)-(10, 10)              '设置Picture1坐标系
        For i=1 To 10
            Picture1.Line (i, 0)-(i, 10)            '画线
        Next i
    End Sub
    Private Sub Command2_Click()                    '保存Picture属性
        SavePicture Picture1.Picture, "d:\a.bmp"
    End Sub
    Private Sub Command3_Click()                    '保存Image属性
        SavePicture Picture1.Image, "d:\b.bmp"
    End Sub
```

说明：

（1）在 Command1_Click()事件过程中，将 Picture1 的 AutoRedraw 属性设置为 True，然后在 Picture1 上画一些垂直线，则这些垂直线成为永久图形。

（2）在 Command2_Click()事件过程中，将 Picture1 的 Picture 属性保存在 d 盘，文件名为 a. bmp。

（3）在 Command3_Click()事件过程中，将 Picture1 的 Image 属性保存在 d 盘，文件名为 b. bmp。

打开上面保存的两个. bmp 文件可以看到，a. bmp 文件的垂直线不见了，b. bmp 文件的垂直线仍然存在，这说明 Picture 属性不保存用图形方法绘制的图形，而 Image 属性保存用图形方法绘制的图形。

2. PaintPicture 方法

对于像素操作可使用 PSet 方法和 Point 方法。PSet 生成像素，而 Point 读取像素值。如果对整个图形进行逐个像素的操作，使用这两个方法显得速度比较慢。Visual Basic 提供的 PaintPicture 方法可从一个窗体或图片框控件中向另一个对象复制一个矩形区域的像素，其语法格式如下：

dpic.PaintPicture spic,dx,dy,dw,dh,sx,sy,sw,sh,rop

说明：

（1）方法中以字母 d 开头的是目标对象（destination）或目标对象的相关属性，以 s 开头的是源对象（source）或者源对象的相关属性。dpic 和 spic 分别代表图形图像的传送目标对象和传送源对象，可以是窗体、图片框或打印机。

（2）dx、dy 和 sx、sy 分别代表传送目标对象和传送源对象的矩形区域的起始位置（水平和垂直坐标）。

（3）dw、dh 和 sw、sh 分别代表传送目标对象和传送源对象的矩形区域的宽和高。

（4）rop 指定传送的像素与目标中现有的像素组合模式。

使用 PaintPicture 方法不但可以复制图像,而且可以水平翻转图像、垂直翻转图像、放大和缩小图像以及旋转图像。

(1) 复制图像:只需要设置目标矩形区域与源矩形区域具有相同的参数即可。

例如,把 Picture1 中的图像复制到 Picture2 中,使用以下语句:

```
Picture2.PaintPicture Picture1,0,0,sw,sh,0,0,sw,sh
```

(2) 水平翻转图像:只需要将 Picture1 右上角设置为传输源的坐标原点,X 轴的正向向右,这样 Picture1 的 sw 为负数,即从右向左读出 Picture1 图像,从左向右复制到 Picture2 中。

例如,把 Picture1 中的图像水平翻转复制到 Picture2 中,使用以下语句:

```
Picture2.PaintPicture Picture1,0,0,sw,sh,sw,0,-sw,sh
```

(3) 垂直翻转图像:只需要将 Picture1 左下角设置为传输源的坐标原点,Y 轴的正向向下,这样 Picture1 的 sh 为负数,即从下向上读出 Picture1 图像,从上向下复制到 Picture2 中。

例如,把 Picture1 中的图像垂直翻转复制到 Picture2 中,使用以下语句:

```
Picture2.PaintPicture Picture1, 0, 0, sw, sh, 0, sh, sw, -sh
```

(4) 放大图像:只需要设置目标矩形区域的 sw 和 sh 的放大倍数即可。

例如,把 Picture1 中的图像放大为两倍后复制到 Picture2 中,使用以下语句:

```
Picture2.PaintPicture Picture1, 0, 0, 2 * sw, 2 * sh
```

(5) 缩小图像:只需要设置目标矩形区域的 sw 和 sh 的缩小倍数即可。

例如,把 Picture1 中的图像缩小一半后复制到 Picture2 中,使用以下语句:

```
Picture2.PaintPicture Picture1, 0, 0, sw/2, sh/2
```

(6) 旋转图像:需要对源矩形区域按行和列(或列和行)的顺序扫描像素点,然后在目标矩形区域颠倒行和列的顺序复制像素点。

应注意的是,坐标度量单位 ScaleMode 需要设置为 3(Pixel,像素点),如果坐标度量单位采用默认的 Twip (缇),则扫描单位取值范围为 8~15。当采用 Twip 时,PaintPicture 要求图像大小至少为 8×8,如果扫描单位过大会造成目标图像失真。

例 9.16 在窗体上画 1 个图片框 Picture1 和 4 个命令按钮,使用 PaintPicture 方法实现复制、水平翻转、垂直翻转和放大位图。运行效果如图 9.18 所示。

图 9.18 例 9.16 的水平翻转效果

程序代码如下:

```
Dim sw As Single, sh As Single        '设 sw 和 sh 为源图的宽度和高度
Private Sub Form_Load ()
```

```
    Picture1.Picture=LoadPicture (App.Path +
    "\kittysma.bmp")
    sw=Picture1.ScaleWidth
    sh=Picture1.ScaleHeight
End Sub
Private Sub Command1_Click()              '复制源图
    Form1.Cls
    Form1.PaintPicture Picture1, 0, 0, sw, sh, 0, 0, sw, sh
End Sub
Private Sub Command2_Click()              '水平翻转
    Form1.Cls
    Form1.PaintPicture Picture1, 0, 0, sw, sh, sw, 0, -sw, sh
End Sub
Private Sub Command3_Click()              '垂直翻转
    Form1.Cls
    Form1.PaintPicture Picture1, 0, 0, sw, sh, 0, sh, sw, -sh, vbSrcCopy
End Sub
Private Sub Command4_Click()              '放大
    Form1.Cls
    Form1.PaintPicture Picture1, 0, 0, 1.2 * sw, 1.2 * sh
End Sub
```

3. Paint、Resize 和 Refresh 事件

在一个对象被移动或放大之后,或在一个覆盖该对象的窗体被移开之后,该对象部分或全部暴露时,发生 Paint 事件;使用 Refresh 方法时也将触发 Paint 事件。因此,在对象被移动或改变大小之后,或当一个覆盖该对象的窗体被移开之后,如果要保持在该对象上所画图形的完整性(重现原来的图形),可以触发 Paint 事件来完成图形的重画工作。

当窗体大小发生变化时会触发 Resize 事件,因此,可以在 Resize 事件过程中调用 Refresh 方法,强制对象通过 Paint 事件重画图形。

如果 AutoRedraw 属性被设置为 True,重新绘图将自动进行,此时 Paint 事件无效。

例如,在运行例 9.11 的程序时,当改变窗体的大小之后,所画的艺术图案并不改变。如果希望当窗体大小改变时艺术图案也自动调整,可将事件过程修改如下:

```
Private Sub Form_Paint ()
    Const pi=3.14159
    Dim x As Single, y As Single, x0!, y0!
    Dim r As Single, pace As Single
    Form1.Cls
    r=Form1.ScaleHeight / 4        '将窗体的 1/4 高作为轨迹圆的半径
    '将窗体的中心位置设置为轨迹圆的圆心坐标
    x0=Form1.ScaleWidth / 2: y0=Form1.ScaleHeight / 2
    Form1.DrawStyle=2             '设置画线样式为点线
```

```
        Circle (x0, y0), r, vbRed        '画出轨迹圆
        pace=(2 * pi) / 20               '将轨迹圆20等分
        Form1.DrawStyle=0                '设置画线样式为实线
        For i=0 To 2 * pi Step pace
            x=x0 +r * Cos(i): y=y0 -r * Sin(i)   '计算轨迹圆周上各等分点的坐标
            '以轨迹圆上的等分点为圆心,以 r * 0.8 为半径画圆
            Circle (x, y), r * 0.8, vbBlue
        Next i
    End Sub
```

也可以在窗体的 Resize 事件过程中调用 Refresh 方法,这样在窗体大小发生变化时,可以触发 Paint 事件重画图形。程序代码如下:

```
Private Sub Form_Resize()
    Refresh                          '该方法触发 Paint 事件
End Sub
```

9.7　简单动画设计

在移动一个对象的同时改变对象的尺寸和外观形状,这就是动画。在 Visual Basic 中利用 Image 控件和 Timer 控件加上编程技术可以实现动画。有 3 种类型的编程技术,分别是无位移动画、多帧位移动画和缩放动画。

(1) 无位移动画:是指动画对象不移动,但图像不断变化。

实现无位移动画的方法是,设置好 Image 对象和 Timer 对象后,在 Timer 事件过程中调用 LoadPicture()函数装载不同的图像,并赋予 Image 对象的 Picture 属性,使对象中显示不同的图像,即实现图像的变化。

(2) 多帧位移动画:是指动画对象移动的同时图像也不断变化。

实现多帧位移动画的方法是,在 Timer 事件过程中同时处理 Image 对象的图像更替和位置移动。图像的移动可以使用 Move 方法改变对象的 Left 和 Top 值来实现,也可以通过改变坐标点的方法来实现。

(3) 缩放动画:是指动画对象移动的同时图像尺寸也在不断变化。

实现缩放动画的方法是,在 Timer 事件过程中同时处理 Image 对象的图像更替和尺寸的变化。图像尺寸的改变可以使用 Move 方法改变对象的 Width 和 Height 属性值。

例 9.17　模拟地球围绕太阳转动。运行结果如图 9.19 所示。

提示:使用 Circle 方法画出两个圆,分别代表太阳和地球,FillStyle 值采用 0(实填充)。画出地球运行轨迹椭圆,FillStyle 值采用 1。使用 Timer 控件控制地球在轨迹圆上的移动。由于地球移动

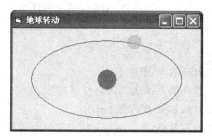

图 9.19　例 9.17 的运行结果

到新位置后,原来位置上的地球要消失,所以 DrawMode 属性取值为 7。

程序代码如下:

```
Private Sub Form_Load ()
    Timer1.Interval=100
    Timer1.Enabled=False                      '关闭时钟
End Sub
Private Sub Form_Click()
    Scale (-2000, 1000)-(2000, -1000)         '自定义窗体坐标系
    Me.FillStyle=0
    Me.FillColor=vbRed
    Circle (0, 0), 200, vbRed                 '画一个填充色为红色的圆代表太阳
    Me.FillStyle=1
    Circle (0, 0), 1600, vbBlue, , , 0.5      '画地球运行轨迹,纵横轴比率为 0.5
    Form1.DrawMode=7                          'Xor 绘图模式
    Timer1.Enabled=True                       ' 启动时钟
    Me.FillStyle=0
End Sub
Private Sub Timer1_Timer ()
    Static alfa, flag
    flag=Not flag
    If flag Then alfa=alfa +2 * 3.14 / 100    '地球位移为 3.6°
    If alfa > 6.28 Then alfa=0                 '地球转一圈后,alfa 从 0°重新开始
    x=1600 * Cos(alfa)                        '计算地球在轨迹圆上的坐标点
    y=800 * Sin(alfa)
    Circle (x, y), 150                        '画地球
End Sub
```

例 9.18   编程实现模拟打高尔夫的动作。窗体设计如图 9.20 所示。

提示:本例属于无位移动画,因此在窗体上创建 1 个 Timer 控件、1 个 Image1 控件和 1 个 Image2 控件数组。Image2 控件数组由 10 个控件组成,控件数组各元素的 Visible 属性为 False。程序运行时,通过 Timer 事件过程给 Image1 装入 Image2 各元素的图片,形成动画效果。

图 9.20   例 9.18 的运行界面

程序代码如下:

```
Private Sub Form_Load ()
    Timer1.Enabled=False
    Timer1.Interval=300
    Image2(0).Picture=LoadPicture(App.Path +"\打高尔夫\图片 0.bmp")
    Image2(1).Picture=LoadPicture(App.Path +"\打高尔夫\图片 1.bmp")
    Image2(2).Picture=LoadPicture(App.Path +"\打高尔夫\图片 2.bmp")
    Image2(3).Picture=LoadPicture(App.Path +"\打高尔夫\图片 3.bmp")
    Image2(4).Picture=LoadPicture(App.Path +"\打高尔夫\图片 4.bmp")
```

```
Image2(5).Picture=LoadPicture(App.Path +"\打高尔夫\图片 5.bmp")
Image2(6).Picture=LoadPicture(App.Path +"\打高尔夫\图片 6.bmp")
Image2(7).Picture=LoadPicture(App.Path +"\打高尔夫\图片 7.bmp")
Image2(8).Picture=LoadPicture(App.Path +"\打高尔夫\图片 8.bmp")
Image2(9).Picture=LoadPicture(App.Path +"\打高尔夫\图片 9.bmp")
    Image1.Picture=Image2(0).Picture        '显示第一帧图片
End Sub
Private Sub Command1_Click()                '开始按钮事件过程
    Timer1.Enabled=True                     '启动定时器
End Sub
Private Sub Timer1_Timer ()
    Static y As Integer
    y=y +1                                  '指定某张图片
    If y=9 Then y=0
    Image1.Picture=Image2(y).Picture        'Image1 中装入某张图片
End Sub
Private Sub Command2_Click()                '停止按钮事件过程
    Timer1.Enabled=False
End Sub
```

习 题 九

一、选择题

1. 用来改变坐标度量单位的对象属性是 _____ 。

    A. DrawStyle   B. DrawWidth   C. Scale   D. ScaleMode

2. 在 Visual Basic 中,坐标轴的默认刻度单位是_____ 。

    A. 缇   B. 像素   C. 字符   D. 点

3. 语句"Line(500,800)—(1500,1200),,B"执行后 CurrentY 的值是_____ 。

    A. 800   B. 1200   C. 2000   D. −400

4. 语句"Line(1000,800)—Step(500,200),,B"执行后 CurrentY 的值是_____ 。

    A. 200   B. 600   C. 800   D. 1000

5. 设 CurrentX=800,CurrentY=200,执行语句"Line −Step(1200,300),,BF"后 CurrentY 的值是_____ 。

    A. 200   B. 300   C. 500   D. 600

6. 用来画圆、弧、椭圆和扇形的属性或方法是 _____ 。

    A. Circle   B. PSet   C. Line   D. Point

7. 对某对象的边框类型进行设置的属性是 _____ 。

    A. DrawStyle   B. BorderWidth   C. BorderStyle   D. DrawWidth

8. 使用 Line 方法画矩形,必须在 Line 方法中使用关键字 _____ 。

A. A   B. B   C. E   D. F

9. 如果 Scale 方法不带参数,则采用坐标系的形式是_____。

    A. 默认坐标系   B. 标准坐标系   C. 二维坐标系   D. 三维坐标系

10. 语句"Circle(100,200),500,,-2,-3"所绘制的图形是_____。

    A. 圆   B. 椭圆   C. 扇形   D. 弧

11. 在 Visual Basic 中,不能作为其他控件容器的是 _____。

    A. 图像框(Image)   B. 图片框(PictureBox)

    C. 窗体   D. 框架

12. 语句"SavePicture Picture1. Picture,"d:\MyPic. Bmp ""能永久保存的文件是 _____。

    A. 用 Circle 方法在 Picture1 上画的圆

    B. 用 Line 方法在 Picture1 上画的直线

    C. 用 Print 方法在 Picture1 上打印的字符

    D. Picture1 中装载的文件图形

13. 通过设置 Shape 控件的_____属性可以画出圆、椭圆和矩形等形状。

    A. FillStyle   B. Shape   C. BorderWidth   D. BorderStyle

14. 当一个窗体被其他窗体覆盖后,再次回到该窗体后,如果要将窗体上的所有图形重画在窗体上,应将窗体的_____属性设置为 True。

    A. ScaleMode   B. DrawMode   C. DrawStyle   D. AutoRedraw

15. 由图形方法所绘制的永久图形位于图层的_____层。

    A. 顶层   B. 第二层   C. 底层   D. 任何层

16. 关于 SavePicture 方法,下列说法错误的是 _____。

    A. 如果图形是.bmp、.ico、.wmf 和.emf 文件,则使用 SavePicture 后,图形以原格式保存

    B. 如果图形是.gif 或.jpg 文件,则将保存为位图文件(.bmp)

    C. PictureBox 控件只有 Picture 属性,没有 Image 属性

    D. 用图形方法绘制的图形应使用 Image 属性保存,并且以位图的格式保存而不管其原始格式

17. 如果在窗体上按照下面的顺序分别创建了 1 个 Shape、1 个文本框和 1 个命令按钮,并使用 Circle 方法绘制了 1 个圆,这些控件的图层关系是 _____。

    A. 文本框、命令按钮、Shape、圆   B. Shape、文本框、命令按钮、圆

    C. 文本框、命令按钮、圆、Shape   D. 命令按钮、文本框、圆、Shape

18. 如果要改变同一图层上控件的层叠顺序,应使用的方法是 _____。

    A. PSet   B. Point   C. ZOrder   D. Shape

19. 下列说法错误的是 _____。

    A. PSet 方法能够在指定的坐标点位置生成像素

    B. Point 方法能够在指定的坐标点位置读取像素值

    C. PaintPicture 方法可从一个窗体或图片框控件中向另一个对象复制一个矩形

　　　　区域的像素

　　　D. PSet 和 Point 方法结合使用可以完成 PaintPicture 方法的操作，速度比 PaintPicture 快很多

20. 下列说法错误的是 ＿＿＿＿＿＿＿。

　　　A. 在 Visual Basic 中利用 Image 控件和 Timer 控件加上编程技术可以实现动画

　　　B. 无位移动画是指动画对象不移动，但图像不断变化，无需 Timer 控件

　　　C. 实现多帧位移动画的方法是，在 Timer 事件过程中同时处理 Image 对象的图像更替和位置移动

　　　D. 图像位置和图像尺寸的改变可以使用 Move 方法实现

二、简答题

1. 用户坐标三要素是什么？怎样建立用户自定义坐标系？

2. 窗体的 ScaleWidth、ScaleHeight 属性和 Width、Height 属性有什么区别？

3. Visual Basic 中图形层包含哪些层？各层分别包含哪些控件对象？

4. 怎样用 RGB( )函数和 QBColor( )函数实现色彩的渐变？

5. 怎样用 Circle 方法画圆、椭圆、圆弧和扇形？

6. 怎样保存一幅图像或图形？

第 10 章 文件操作

程序在运行时存储在变量或数组中的数据并不能长期保存,因为退出程序后,变量和数组中的数据会释放所占用的存储空间。通常情况下,需要长期保存的数据以文件的形式存放在计算机外存上,操作系统就以文件为单位管理数据。文件以文件名标识,计算机按照文件名对文件中的数据进行读写操作。

本章介绍 Visual Basic 的文件处理功能,包括如何打开文件、读文件和写文件,对文件进行复制、删除和重命名等操作。

10.1 文 件 概 述

10.1.1 文件分类

文件是存储在外部介质上的数据和程序的集合。

根据文件的访问类型,可以把文件分为以下 3 种。

1. 顺序文件

顺序文件中的记录一个接一个地存放,对顺序文件中的数据的操作只能按一定的顺序执行,建立时只能从第一个记录开始,一个记录一个记录地写入文件。读/写文件时只能快速定位到文件头或文件尾,如果要查找位于中间的记录,就必须从头开始一个记录一个记录地查找,直到找到为止。顺序文件的优点是结构简单、访问方式简单、占用空间少;缺点是查找记录必须按顺序进行,且不能同时对顺序文件进行读操作和写操作。

顺序文件中的数据以 ASCII 字符的形式存储,因此,顺序文件通常用来处理文本文件,文本文件中的每一行字符串就是一条记录,每一条记录可长可短,每行之间以"换行"字符为分隔符号。顺序文件可以用任何字处理软件进行查看。

2. 随机文件

随机文件也称为直接文件。在随机文件中,每个记录包含的字段数相同,同一字段的数据类型相同,每一条记录的总长度相同。随机文件的每个记录都有一个记录号,对随机文件记录的存取可以直接通过指定一个记录号进行。随机文件的优点是可以按任意顺序访问记录,可以在打开文件之后同时进行读操作和写操作。随机文件的缺点是不能用字处理软件查看,占用的磁盘空间比较大,数据组织比较复杂。

3. 二进制文件

二进制文件是以字节为单位进行访问的文件,由一系列字节组成,没有固定的格式,只要求以字节为单位定位数据,允许程序直接访问各个字节数据,也允许程序按所需的任何方式组织和访问数据。由于二进制文件没有特别的结构,整个文件都可以当做一个长的字节序列来处理,所以可以用二进制文件存放非记录形式的数据或变长记录形式的数据。二进制文件也不能使用字处理软件查看。

10.1.2 数据文件的读写过程

计算机对文件的读写操作通常分 3 个步骤,首先打开文件,然后进行读/写等操作,最后关闭文件。

打开文件时,系统为文件在内存中开辟了一个专门的数据存储区域,称为文件缓冲区。每一个文件缓冲区都有一个编号,称为文件号。文件号由程序员在程序中指定,也可以使用函数(FreeFile 函数)自动获得。文件号代表文件,对文件的操作都是通过文件号进行的。

读文件是指从磁盘文件向计算机内存的数据缓冲区传送数据;写文件是指从计算机内存的数据缓冲区向磁盘文件传送数据。

文件读写操作完成后一定要关闭文件,这样做的目的是为了节约内存空间和避免数据丢失的情况发生,引起不必要的程序问题。

文件读写操作流程如图 10.1 所示。

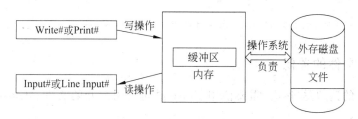

图 10.1 文件读写流程图

10.2 顺 序 文 件

10.2.1 顺序文件的打开和关闭

1. 顺序文件的打开

在对顺序文件进行任何存取操作之前必须先打开文件,打开顺序文件用 Open 语句实现。Open 语句的格式如下:

```
Open 文件名 For [Input|Output|Append] As [#文件号] [Len=缓冲区大小]
```

说明：

（1）文件名：包括驱动器、路径、文件名和扩展名的一个字符串。

（2）Input|Output|Append：指定文件的打开方式。

Input：对文件进行读操作。如果文件不存在，则出错。

Output：对文件进行写操作。如果文件不存在时，就创建一个新的文件；如果文件已经存在，则删除文件中原有的数据，从头开始写入数据。

Append：在文件末尾追加数据。如果文件不存在，就创建一个新文件；如果文件已经存在，则打开文件并保留原有数据，在文件末尾追加数据。

（3）♯文件号：为1～511的整数，用于为打开的文件指定一个编号。当同时打开多个文件时，指定的文件号不能重复。在复杂的应用程序中，可以利用FreeFile函数获得未被使用的文件号。

（4）缓冲区大小：在把记录写入磁盘或从磁盘读出记录之前，用该参数指定缓冲区的字节数。缓冲区越大，文件输入输出操作越快；缓冲区越小，文件的输入输出操作越慢。默认缓冲区的容量为512B。

例如，要打开C:\ABC目录下文件名为MyTest.TXT的文件，指定文件号为♯1，应使用以下语句：

```
Open "c:\ABC\MyTest.TXT" For Output As #1
```

要打开C:\ABC目录下文件名为MyTest.TXT的文件，指定文件号为♯3，以便在该文件尾部追加数据，应使用以下语句：

```
Open "c:\ABC\MyTest.TXT" For Append As #3
```

2. 顺序文件的关闭

完成文件的读/写操作后，需要使用Close语句关闭打开的文件。Close语句的格式如下：

```
Close [#文件号[,#文件号…]]
```

说明：

（1）文件号：关闭指定的文件。如果省略文件号，表示关闭所有用Open语句打开的文件。

（2）执行Close语句时，文件和文件号间的关联终结，系统释放与该文件相关联的缓冲区空间。

10.2.2 顺序文件的写操作

要将数据写入文件中，首先将Open语句中的模式设置为Output或Append，然后使用Print♯语句或Write♯语句将数据写入文件中。

1. Print # 语句

Print # 语句的格式如下：

Print #文件号 [,输出列表]

说明：

(1) 输出列表：输出项可以是常量、变量或表达式。各个输出项之间要用逗号或分号隔开。当用逗号分隔时，采用标准格式输出；当用分号分隔时，采用紧凑格式（间隔两列）输出；当省略输出列表时，则向文件中写入一个空行，相当于换行操作。

(2) 输出列表各个输出项之间可以使用 Spc()函数和 Tab()函数来控制输出格式。

例 10.1 使用 Print # 语句向顺序文件写入数据。数据写入后文件的内容如图 10.2 所示。

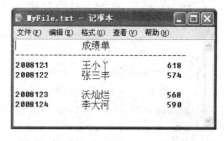

图 10.2　例 10.1 的 Print # 写入效果

程序代码如下：

```
Private Sub Command1_Click()
  Open App.Path +"\MyFile.txt" For Output As #1
  Print #1, Tab(15); "成绩单"
  Print #1, String(36, "-")
  Print #1, "2008121", "王小丫", 618
  Print #1, "2008122", "张三丰", 574
  Print #1,
  Print #1, "2008123", "沃灿烂", 568
  Print #1, "2008124"; Spc(7); "李大河"; Spc(11); 590
  Close #1
End Sub
```

由上面的代码可以看出，Print # 语句中的输出列表可以是任何格式的数据，写入的数据长度可以不同。如果要将文本框 Text1 中的文本信息写入文件，可以使用如下语句：

```
Print #1,Text1.Text
```

2. Write # 语句

Write # 语句的格式如下：

Write #文件号 [,输出列表]

例 10.2 设计如图 10.3 所示的窗体，在窗体上添加一个通用对话框，执行程序时，在对话框中指定一个文件名，并将指定的文件名作为 Open 语句打开的文件，使用 Write # 语句向该文件写入数据，得到一个学生信息文件。比较 Print # 和 Write # 写入数据的不同。数据写入后的文件内容如图 10.4 所示。

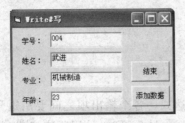

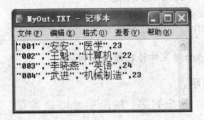

图 10.3 例 10.2 的运行界面　　　　图 10.4 Write♯写入后的文件内容

程序代码如下:

```
Private Sub Form_Load()
    CommonDialog1.Filter="all File(*.*)|*.*|文本文档(*.TXT)|*.TXT"
    CommonDialog1.FilterIndex=2
    CommonDialog1.Action=1
    Open CommonDialog1.FileName For Output As #2
End Sub
Private Sub Command1_Click()
    Dim No As String, name$ , prof$ , age%
    No=Text1.Text
    name=Text2.Text
    prof=Text3.Text
    age=Val(Text4.Text)
    Write #2, No, name, prof, age
    Text1.Text="": Text2.Text=""
    Text3.Text="": Text4.Text=""
End Sub
Private Sub Command2_Click()
    Close #2
    End
End Sub
```

　　程序运行时,首先打开一个对话框,在该对话框中指定一个文件名,单击"确定"按钮后打开信息录入界面,如图 10.3 所示,每录入一个学生的信息,单击"添加数据"按钮将这些数据作为一条记录添加到指定的文件中,同时清空所有输入文本框。

　　单击"结束"按钮后,打开创建的文件,文件内容如图 10.4 所示,从图中可以看出,字符类型的数据用引号括起来,各数据项之间用逗号分隔开。

10.2.3　顺序文件的读操作

　　要读取顺序文件中的数据,首先在 Open 语句中将打开模式设置为 Input,然后使用 Input♯语句或 Line Input ♯语句将文件中的数据读入到内存变量中。在读取数据的过程中,通常需要使用 EOF 函数或 LOF 函数。

1. 读顺序文件时常用的函数

1) EOF(文件号)

EOF(文件号)函数用于判断是否已读到了文件末尾。当已经到达文件尾时,EOF()函数返回值为 True,否则返回值为 False。

EOF 函数可以适用于随机文件和二进制文件。对于随机文件和二进制文件,当最近一次执行的 Get 函数无法读到一个完整记录时,EOF 函数返回 True,否则返回 False。

2) LOF(文件号)

LOF()函数返回一个 Long 类型的数据,表示用 Open 语句打开的文件的字节数。例如,LOF(1)返回 1 号文件的长度。如果返回值为 0,则表示该文件是一个空文件。

2. Input ♯语句

Input ♯语句的格式如下:

Input ♯文件号,变量列表

说明:

(1) 变量列表:接收数据的变量。Input ♯把从文件中读出的数据赋给变量。

(2) 使用 Input ♯读取的数据有如下格式规定:数据之间应该用逗号分隔;字符类型的数据应该用双引号括起来;读取的数据的类型要与变量的类型相匹配,否则会读出错误的结果。因此,Input ♯语句常与 Write ♯语句配合使用,用于读取由 Write ♯语句写到文件中的数据。

例 10.3 在窗体上添加 1 个通用对话框 CommonDialog1、1 个图片框 Picture1 和 1个命令按钮。程序运行后,单击"读取数据"按钮后,读取例 10.2 由 Write ♯语句生成的数据文件,并在窗体的 Picture1 上显示所有学生的信息,计算并显示平均年龄。程序运行结果如图 10.5 所示。

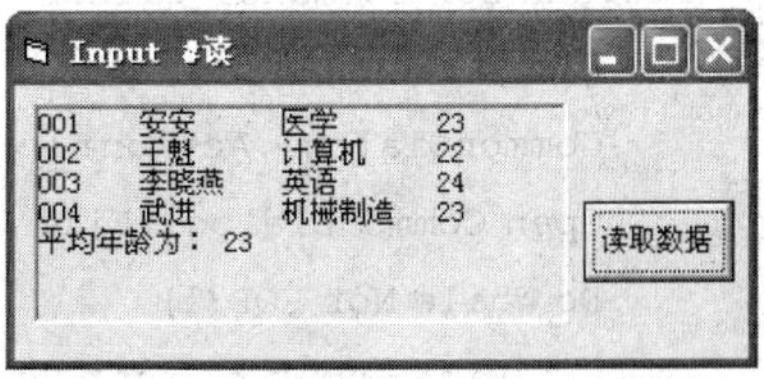

程序代码如下:

图 10.5 例 10.3 的运行结果

```
Private Sub Command1_Click()
    Dim no As String, name$, prof$, age%
    Dim total As Integer, n As Single
    CommonDialog1.Action=1
    Open CommonDialog1.FileName For Input As #1    '打开指定的文件
    Picture1.Cls
    Do While Not EOF(1)                            '如果没有达到文件末尾,则循环
        Input #1, no, name, prof, age        '读取文件中的当前记录,并赋给相应的变量
        Picture1.Print no; Tab(8); name; Tab(18); prof; Tab(28); age
        n=n +1                                     '计数
```

```
        total=total +age                        '计算年龄总和
    Loop
    Picture1.Print "平均年龄为:"; total / n        '显示平均年龄
    Close #1
End Sub
```

3. Line Input ♯语句

Line Input♯语句的格式如下:

Line Input #文件号,字符串变量

说明:

(1) Line Input ♯语句用于从文件中读取一行数据,即从行首读取到行尾,不包括回车和换行符。读出的数据作为字符串保存到指定的字符串变量中。

(2) Line Input ♯语句常与 Print ♯语句配合使用,用于读取由 Print ♯语句写到文件中的数据。

例 10.4 在窗体上添加 1 个通用对话框 CommonDialog1、1 个文本框 Text1 和 1 个命令按钮。文本框 Text1 具有水平和垂直滚动条。程序运行后,单击"读取数据"按钮,读取例 10.1 由 Print ♯语句生成的数据文件,并在窗体的 Text1 中显示所有学生的信息。程序运行结果如图 10.6 所示。

图 10.6 例 10.4 的运行结果

程序代码如下:

```
Private Sub Command1_Click()
    Dim strData As String
    CommonDialog1.Action=1                          '显示"打开"对话框
    Open CommonDialog1.FileName For Input As #1     '打开指定的顺序文件
    Do While Not EOF(1)                             '如果没有到达文件尾,则循环
        Line Input #1, strData                      '读取一行数据并赋给变量
        '将读取的一行数据在文本框中显示
        Text1.Text=Text1.Text +strData +Chr(13) +Chr(10)
    Loop
    Close #1                                         '关闭文件
End Sub
```

10.2.4 顺序文件应用示例

例 10.5 先创建一个名称为 indata.TXT 的文件,文件中有 20 个数据,每个数据占

图 10.7　例 10.5 的运行结果

一行，然后设计一个如图 10.7 所示的窗体。操作要求如下。

（1）当单击"读取数据"按钮时，在窗体左边的文本框中显示 indata. TXT 文件的内容，同时把 indata. TXT 文件中的 20 个数赋给数组 S。

（2）当单击"计算"按钮后，在窗体右边的文本框显示统计的最大值和最小值。

（3）当单击"保存数据"按钮时，将统计的最大值和最小值以 outdata. TXT 文件名保存到当前目录中。

程序代码如下：

```
Dim s(1 To 20) As Integer               '在窗体通用段声明 S 数组
Private Sub Command1_Click()            '"读取数据"事件过程
    Dim strData As String
    Open App.Path+ "\indata.txt" For Input As #1  '打开指定的文件
    Do While Not EOF(1)                 '判断文件是否结束
        Line Input #1, strData          '读取一行数据赋给 strData 变量
        Text1.Text=Text1.Text +strData +vbCrLf  '将读出的一行数据添加到文本框尾部
        i=i +1
        s(i)=Val(strData)               '将数据赋给 S 数组
    Loop
    Close #1
End Sub
Private Sub Command2_Click()            '"计算"事件过程
    Dim i As Integer, max As Integer, min As Integer
    max=s(1) : min=s(1)
    For i=1 To UBound(s)
        If s(i) >  max Then max=s(i)
        If s(i) <  min Then min=s(i)
    Next i
    Text2.Text="最大值:" & max & vbCrLf & "最小值:" & min
End Sub
Private Sub Command3_Click()            '"保存数据"事件过程
    Open App.Path + "\outdata.txt" For output As #1
    Print #1, Text2.Text                '保存计算结果
    Close #1
End Sub
```

10.3　随　机　文　件

访问顺序文件需要从头开始按顺序进行访问，直到顺序文件末尾。而随机文件对文件的读/写顺序没有限制，可以随意读写某一条记录，因而能够满足实际应用的需求，实现

直接、快速地访问文件中的数据。随机文件中的一行数据称为一条记录，一条记录的长度是固定的，由记录号定位每一条记录。

10.3.1 随机文件的打开和关闭

1. 随机文件的打开

在对随机文件进行读写操作之前必须先使用 Open 语句将其打开，Open 语句的格式如下：

```
Open  文件名  [For Random]  As #文件号  Len=记录长度
```

说明：

（1）文件名：包括驱动器、路径、文件名和扩展名的一个字符串。

（2）For Random：表示打开随机文件，可以省略。

（3）记录长度：表示随机文件中每条记录的长度。若记录长度省略，默认值为 128 个字节。

当使用 Open 语句打开随机文件时，如果文件已经存在则直接打开，否则建立一个新的文件。

2. 随机文件的关闭

随机文件的关闭和顺序文件的关闭一样，也使用 Close 语句，该语句的语法格式相同。

10.3.2 随机文件的读写操作

1. Put ♯ 语句

向随机文件中写数据使用 Put ♯ 语句，格式如下：

```
Put  #文件号,[记录号],变量名
```

说明：

（1）记录号：大于 1 的整数。如果省略记录号，则表示在当前记录后写入一条记录。

（2）变量名：写入记录内容的变量名。变量名通常是一个自定义类型的变量，也可以是其他类型的变量。

Put ♯ 语句的功能是将一个记录变量的内容写入所打开的磁盘文件中指定的记录位置处。

2. Get ♯ 语句

从随机文件中读取数据使用 Get ♯ 语句，格式如下：

Get #文件号,[记录号],变量名

说明：

（1）记录号：大于 1 的整数。如果省略记录号，则表示读出当前记录后的那一条记录。

（2）变量名：接收记录内容的变量名。变量名通常是自定义类型的变量，用于接收从随机文件中读取的一条记录。

Get ♯ 语句的功能是从打开的磁盘文件中指定的记录位置处读取一个记录数据赋给指定的变量。

10.3.3 随机文件应用示例

例 10.6 编写如图 10.8 所示的员工基本信息管理程序。当单击"追加记录"按钮时，将窗体上输入的员工信息保存到随机文件末尾；当单击"显示记录"按钮时，能够在窗体上显示指定记录的员工信息。

窗体上控件的名称及属性设置见表 10.1。

图 10.8 例 10.6 的运行界面

表 10.1 例 10.6 控件名称及属性值

控件名称（Name）	属性名称及属性值	控件名称（Name）	属性名称及属性值
Label1	Caption＝"工号："	Text1	Text＝""
Label2	Caption＝"姓名："	Text2	Text＝""
Label3	Caption＝"性别："	Combo1	Text＝"男"，Text＝"女"
Label4	Caption＝"工资："	Text3	Text＝""
Label5	Caption＝"记录号："	Text4	Text＝""
Command1	Caption＝"追加记录"	Command2	Caption＝"显示记录"

程序代码如下：

```
Rem 标准模块代码,声明自定义类型数据
Type Employment
    No As Integer
    Name As String * 8
    Sex As String * 1
    Salary As Single
End Type
Rem Form1 窗体代码
Dim MyEmploy As Employment                   '在窗体通用段声明窗体级变量
Dim Record_no As Integer, FileName As String
Private Sub Form_Load()
    Combo1.AddItem "男"                       '给"性别"组合框添加数据
```

```
        Combo1.AddItem "女"
        Combo1.ListIndex=0                        '默认显示组合框的第一项
End Sub
Private Sub Command1_Click()                      '"追加记录"事件过程
    With MyEmploy                                 '使用 With 语句给自定义类型数据赋值
        .No=Val(Text1)
        .Name=Text2
        .Sex=Combo1.Text
        .Salary=Val(Text3)
    End With
    FileName=App.Path +"\t5.dat"
    Open FileName For Random As #1 Len=Len(MyEmploy)  '打开随机文件
    Record_no=LOF(1) / Len(MyEmploy) +1          '计算新记录的记录号
    Put #1, Record_no, MyEmploy                   '把 MyEmploy 变量的值写到随机文件中
    Close #1                                      '关闭文件
    Text1.Text=""
    Text2.Text=""
    Text3.Text=""
    Text1.SetFocus
End Sub
Private Sub Command2_Click()                       '"显示记录"事件过程
    FileName=App.Path +"\t5.dat"
    Open FileName For Random As #1 Len=Len(MyEmploy)  '打开随机文件
    Record_no=Val(Text4)                          '将 Text4 中的记录号赋给 Record_No
    Get #1, Record_no, MyEmploy                    '按记录号读数据
    Text1=MyEmploy.No
    Text2=MyEmploy.Name
    If MyEmploy.Sex="男" Then                      '判断性别,决定组合框的显示内容
        Combo1.ListIndex=0
    Else
        Combo1.ListIndex=1
    End If
    Text3=MyEmploy.Salary
    Close #1
End Sub
```

10.4　二进制文件

二进制文件的读写操作与随机文件类似,也是使用 Get 和 Put 语句,区别在于对随机文件的访问是以记录为单位的,对二进制文件的访问是以字节为单位的。

10.4.1　二进制文件的打开和关闭

1．二进制文件的打开

在对二进制文件进行读写操作之前必须先使用 Open 语句将其打开，Open 语句的格式如下：

Open 文件名 For Binary　As #文件号

说明：

（1）文件名：包括驱动器、路径、文件名和扩展名的一个字符串。

（2）Binary：表示打开二进制文件，不可以省略。

当使用 Open 语句打开二进制文件时，如果文件已经存在则直接打开，否则建立一个新的文件。

2．二进制文件的关闭

二进制文件的关闭同样使用 Close 语句。

10.4.2　二进制文件的读写操作

二进制文件的读写操作与随机文件的读写操作类似，同样使用 Get 语句和 Put 语句，区别在于二进制文件的访问单位是字节，而随机文件的访问单位是记录。

1．Put ♯语句

向二进制文件中写数据使用 Put ♯语句，格式如下：

Put　#文件号,[位置],变量名

说明：

Put 语句的功能是将"变量名"包含的数据写入二进制文件指定的位置。其中：

（1）文件号：打开文件时指定的文件号。

（2）位置：表示从文件头开始的字节数，文件中第 1 个字节的位置是 1，第 2 个字节的位置是 2，以此类推，文件从此位置开始写入数据。如果"位置"省略，则数据从上次读（写）的位置数加 1 字节处开始读出（写入）。

（3）变量名：可以是任何类型的变量。每次写入的数据长度为此数据类型所占的字节数。

2．Get ♯语句

从二进制文件中读取数据使用 Get ♯语句，格式如下：

Get　#文件号,[位置],变量名

说明：Get 语句的功能是从二进制文件指定的位置读取数据赋给指定的变量。

（1）文件号：打开文件时指定的文件号。

（2）位置和变量名的含义与 Put 语句相同。

10.4.3　二进制文件应用示例

例 10.7　利用二进制文件的读写操作，编写一个复制文件的程序，将源文件的内容按字节复制到目标文件中。

程序代码如下：

```
Private Sub Command1_Click()
    Dim char As Byte
    Dim fileNum1, fileNum2 As Integer              '声明文件号变量
    fileNum1=FreeFile                              '获取源文件号
    Open App.Path +"\Myfile.TXT" For Binary As #fileNum1  '打开源文件
    fileNum2=FreeFile                              '获取目标文件号
    Open App.Path +"\MyCopy.TXT" For Binary As #fileNum2  '打开目标文件
    Do While Not EOF(fileNum1)
        Get #fileNum1, , char                      '从源文件读取一个字节
        Put #fileNum2, , char                      '将一个字节写入目标文件
    Loop
    MsgBox "复制成功"
    Close #fileNum1                                '关闭源文件
    Close #fileNum2                                '关闭目标文件
End Sub
```

习　题　十

一、选择题

1. 下面关于顺序文件的描述中错误的是 _____。

   A. 每条记录的长度必须相同

   B. 读写文件时只能快速定位到文件头或文件尾，按顺序进行操作

   C. 数据只能以 ASCII 字符形式存放在文件中，所以可用字处理软件显示

   D. 顺序文件的优点是结构简单、访问方式简单、占空间少

2. 下面关于随机文件的描述中错误的是 _____。

   A. 每个记录的长度必须相同

   B. 每个记录对应一个记录号

   C. 每个记录包含的字段数相同，同一字段的数据类型不必相同

   D. 可以按任意顺序访问记录

3. 根据文件的访问类型,文件分为 _____。

    A. 顺序文件、随机文件和二进制文件

    B. 程序文件和数据文件

    C. 磁盘文件和打印文件

    D. 二进制文件和 ASCII 文件

4. 文件号取值范围是 _____。

    A. 0~255   B. 1~256   C. 0~511   D. 1~511

5. 要从磁盘上读入一个文件名为 D:\out5.txt 的顺序文件,下列语句正确的是 _____。

    A. Open "D:\out5.txt" For Input As ♯1

    B. Open "D:\out5.txt" For Output As ♯1

    C. Open "D:\out5.txt" For Append As ♯1

    D. Open "D:\out5.txt" For Random As ♯1

6. 在"Print ♯1,"ABCD""语句中,Print 是 _____。

    A. 在窗体上显示的方法   B. 文件的写语句

    C. 在立即窗口显示的命令   D. 以上都不是

7. 关于 Print ♯ 和 Write ♯ 的区别,下列叙述错误的是 _____。

    A. Print ♯ 和 Write ♯ 都是向顺序文件中写数据

    B. Print ♯ 写入的字符型数据不带双引号

    C. Write ♯ 写入的字符型数据不带双引号

    D. Print ♯ 和 Write ♯ 写入的数值型数据不带双引号

8. 由于随机文件是由记录构成的,其中每一条记录由多个字段组成,每个字段可以是不同的数据类型,通常使用 _____ 类型的数据表示一条记录。

    A. 变体   B. 数组   C. 字符串   D. 自定义

9. 要在磁盘上新建一个文件名为 D:\MyFile.txt 的随机文件,下列语句正确的是 _____。

    A. Open D:\MyFile.txt For Input As ♯1

    B. Open "D:\MyFile.txt" For Binary As ♯1

    C. Open "D:\MyFile.txt" For Random As ♯1

    D. Open D:\MyFile.txt For Random As ♯1

10. 要将一个记录变量的 No、Name 和 Bank 值作为第 5 条记录写入随机文件中,下列语句正确的是 _____。

    A. Get ♯1,5,No,Name,Bank

    B. Put ♯1,5,No,Name,Bank

    C. Put ♯1,5,"No","Name","Bank"

    D. Get ♯1,5,"No","Name","Bank"

11. 要建立一个学生成绩的随机文件,文件名为 Mystud.dat,假设记录变量 stu 已经赋值,下列程序正确的是 _____。

A. Open Mystud.dat For Random As #1

   Put #1,1,stu

   Close #1

B. Open "Mystud.dat" For Random As #1 Len=len(stu)

   Put #1,1,stu

   Close #1

C. Open "Mystud.dat" For Output As #1

   Put #1,1,stu

   Close #1

D. Open "Mystud.dat" For Random As # 1

   Put #1,stu

   Close #1

12. 假设当前目录是 C:\,下列语句能够将当前目录改变为 D:\ABC 的是_____。

    A. CurDir("D:\ABC")　　　　　　　B. MKDir "D:\ABC"

    C. ChDir "D:\ABC"　　　　　　　　D. ChDir "C:\ " To "D:\ABC"

13. Kill 语句在 Visual Basic 语言中的功能是_____。

    A. 清内存　　　　B. 清病毒　　　　C. 清屏幕　　　　D. 删除磁盘上的文件

14. 能够实现将 C 盘上的 a.txt 转移到 D 盘上,并将文件名改为 B.TXT 的是_____。

    A. Name "C:\a.txt" As "D:\B.TXT "

    B. Name "D:\B.TXT " As "C:\a.bmp"

    C. Name "C:\a.txt" As "B.TXT "

    D. Name "a.txt" As "B.TXT "

15. 下列程序中不能将文件 MyFile.TXT 在文本框 Text1 中显示的是_____。

```
A. Private Sub Command1_Click()
       Dim ss As String
       Open App.Path+"\MyFile.txt" For Input As #1
       Do While Not EOF(1)
         Input #1,ss
         Text1.Text=Text1.Text+ss+vbCrLf
       Loop
       Close #1
   End Sub
B. Private Sub Command1_Click()
       Dim ss As String
       Open App.Path+"\MyFile.txt" For Input As #1
       Do While Not EOF(1)
         Line Input #1,ss
         Text1.Text=Text1.Text+ss+vbCrLf
```

```
        Loop
        Close #1
    End Sub
C.  Private Sub Command1_Click()
        Dim ss As String
        Open App.Path+"\MyFile.txt" For Input As #1
        ss=Input(LOF(1),1)
        Text1.Text=ss
        Close #1
    End Sub
D.  Private Sub Command1_Click()
        Dim ss As Byte
        Open App.Path+"\MyFile.txt" For Input As #1
        Do While Not EOF(1)
          Get #1,n,ss
          Text1.Text=Text1.Text+ss+vbCrLf
        Loop
        Close #1
    End Sub
```

二、简答题

1. 什么是文件？根据访问模式的不同，文件分为哪几种类型？

2. 请说明 EOF 和 LOF 函数的功能。

3. 请说明 Print # 和 Write # 语句的区别。

4. 随机文件和二进制文件的读写操作有何不同？

第11章　数据库应用基础

数据库技术是一门研究数据管理的学科，是 20 世纪 60 年代后期发展起来的一项重要技术。20 世纪 70 年代后，数据库技术迅猛发展并得到广泛应用，已经成为计算机科学与技术的重要分支和信息系统的核心与基础。用计算机管理数据经历了人工管理、文件系统管理和数据库管理 3 个阶段，发展至今，按数据库所支持的数据模型的不同，数据库可以分为网状数据库、层次数据库、关系数据库和面向对象数据库。在传统应用领域中，关系数据库是应用最多的数据库，面向对象数据库是满足当前新的应用领域的需求而产生的新型数据库。本章主要介绍关系数据库。

Visual Basic 6.0 专业版提供了对数据库应用的强大支持，它可以通过 Data 控件、ADO(ActiveX Data Object)技术和 ADO 控件等来访问数据库。Visual Basic 处理的默认数据库是 Access 数据库，此外，Visual Basic 还可以通过多种访问接口技术存取其他数据库，如 FoxPro、SQL Server 和 Oracle 等。

11.1　数据库概述

数据库是指长期存储在计算机内的、有组织的、可共享的数据集合。数据库中的数据按一定的数据模型组织、描述和存储，具有较小的冗余度，数据之间既互相联系又有较高的独立性和扩展性，并可为各种用户共享。实现数据间的联系是数据库的重要特点。

数据库中的数据是有结构的，数据模型就是描述数据与数据之间联系的结构形式，目前使用最为广泛的是关系模型。

关系模型是一种用二维表格的结构来表示实体与实体之间联系的模型。在关系模型中，操作的对象和结构都是二维表，这种二维表就是关系。简单的关系模型如表 11.1 至表 11.3 所示。

表 11.1　学生表

学　号	姓　名	性别	出生日期	身份证号	是否团员
20100786002	郑莹莹	女	1991-10-12	370602199110124339	T
20100786015	王韬	男	1991-09-18	370602199109184011	F
20100786029	李家坤	男	1990-11-23	370602199011233687	T

表 11.2	成绩表	
学　　号	课程号	成　绩
20100786002	001	79
20100786002	002	67
20100786002	003	73
20100786015	001	87
20100786015	002	72
20100786015	003	52
20100786029	001	95
20100786029	002	86
20100786029	003	75

表 11.3	课程表	
课程号	课程名称	学　分
001	软件工程	4
002	图像处理技术	3
003	操作系统	5

在关系数据库中,每一个关系都是一个二维表,无论实体本身还是实体间的联系均用称为"关系"的二维表来表示,使得描述实体的数据本身能够自然地反映其间的联系。

1. 关系数据库基本术语

(1) 关系:一个关系就是一个二维表,每个关系有一个关系名。在 Access 中,一个关系存储为一个表,具有表名。表 11.1 的"学生表"就是一个关系。

对关系的描述称为关系模式,一个关系模式对应一个关系结构,在 Access 中表结构表示为

表名 (字段名 1,字段名 2,…,字段名 n)

(2) 字段:是数据库中不可再分的最小数据单位,又称为属性。二维表中垂直方向的表头称为字段,每个字段的数据类型、宽度等在定义表的结构时定义。在表 11.1 中,学号、姓名、性别和出生日期等都是学生表的字段。这些字段名及其相应的数据类型构成了学生表的结构。

(3) 域:字段的取值范围。在表 11.1 中,姓名的取值范围是文字字符,性别的取值范围是"男"或"女",出生日期的取值类型是日期型。

(4) 记录:是描述一个实体对象信息的集合,由若干个字段组成。在一个二维表中,水平方向的行称为记录,每一行是一条记录,代表一个实体对象。如表 11.1 的学生表包含了 3 条记录,表 11.2 的成绩表中包含了 9 条记录。

(5) 关键字:如果二维表中的某个字段可以唯一地标识一条记录,则称该字段(组)为关键字。在表 11.1 中,学号即为一个关键字,身份证号也是一个关键字。关键字又称为候选码,常用作一个表的索引字段。

(6) 主键:一个表中可能存在多个关键字,但在实际应用中只能选择一个,被选用的关键字称为主键。

(7) 外部关键字:如果表中的一个字段不是本表的主关键字,而是另外一个表的主关键字和候选关键字,这个字段就称为外部关键字或外键。在表 11.2 中,学号即为成绩

表的外键。

2. 关系数据库中表间的关系

一个关系数据库通常由一个或多个数据表组成,而这些表通常是由一个复杂的表根据关系数据库理论分解而成的,因此,这些表之间必然存在着复杂的联系。表之间的联系反映现实世界事物之间的相互关联。两个表间的联系可以归纳为3种类型:

(1) 一对一关系。在一对一关系中,表 A 的一条记录与表 B 的一条记录一一对应。例如,一个班级只有一个班长,同样,每个班长只属于一个班级,则班长与班级为一对一关系。这种关系记为 $1:1$。

(2) 一对多关系。是指表 A 中的任意一条记录,在表 B 中可以有多条记录与之对应,但表 B 中的任意记录在表 A 中只有一条记录与之对应。一对多关系是表间的一种普遍关系。例如,在表 11.1 中的任意一条记录,在表 11.2 中可以找到多条记录与之对应,而表 11.2 中的任一条记录,在表 11.1 中只有一条记录与之对应,因此,表 11.1 与表 11.2 就是一对多关系,这种关系记为 $1:n$。

(3) 多对多关系。是指表 A 中的一条记录在表 B 中可以找到多条记录与之对应,反过来,表 B 中的一条记录在表 A 中也可以找到多条记录与之对应。例如,每个学生可选修多门课程,反之,每门课程可有多个学生选修,课程和学生之间则为多对多关系。这种关系记为 $m:n$。

如果将多对多关系的数据直接存入到数据库中,就会出现同一信息保存多次的情况,这不利于数据的关联和维护,也不符合数据库设计原则。所以当表间出现多对多关系时,应当将其分解为两个一对多关系表。因此,在数据库中表间的关系只有一对一和一对多两种情况。

11.2　可视化数据管理器

Visual Basic 提供了一个非常方便的数据库操作工具,即可视化数据管理器(Visual Data Manager),使用可视化数据管理器可以方便地建立数据库,添加表,对表进行修改、添加、删除和查询等操作。

11.2.1　启动可视化数据管理器

在 Visual Basic 集成开发环境中执行菜单命令"外接程序|可视化数据管理器",出现图 11.1 所示的可视化数据管理器 VisData 窗口。窗口由菜单栏、工具栏、子窗口区和状态栏组成。启动完成时其子窗口区为空。

可视化数据管理器"文件"菜单及"实用程

图 11.1　可视化数据管理器 VisData 窗口

序"菜单中的命令功能描述如表11.4和表11.5所示。

表 11.4 "文件"菜单中的命令功能描述

命　　令	功　能　描　述
打开数据库	打开指定的数据库文件
新建	根据所选类型建立新数据库
导入/导出	从其他数据库导入数据表,或导出数据表及 SQL 查询结果
工作空间	显示登录对话框登录新工作空间
压缩 MDB	压缩指定的 Access 数据库
修复 MDB	修复指定的 Access 数据库

表 11.5 "实用程序"菜单中的命令功能描述

命　　令	功　能　描　述
查询生成器	建立、查看、执行和存储 SQL 查询
数据窗体设计器	根据所选择的表生成自定义视图并添加到当前的工程中
全局替换	创建 SQL 表达式并更新所选数据表中满足条件的记录
附加	显示当前 Access 数据库的所有附加数据表及连接条件
用户组/用户	查看和修改用户组、用户和权限等设置
SYSTEM. MD?	创建 System. md? 文件,以便为每个文件设置安全机制
首选项	为将要打开的数据库设置初始环境,如登录超时值

11.2.2 创建数据库

数据库的建立主要包括3个步骤:新建数据库、添加表(建立表结构)以及录入数据。利用 Visual Basic 的可视化数据管理器可以很容易地建立一个新数据库。以 Access 数据库为例,建立一个名称为"教学管理.mdb"数据库,该数据库含有3个数据表,分别是学生表(表11.1)、成绩表(表11.2)和课程表(表11.3)。在本章以后的操作中均以该数据库为例。操作步骤如下。

(1) 在 VisData 窗口中选择菜单命令"文件 | 新建 | Microsoft Access | Version 7.0 MDB"。

(2) 在打开的对话框中选择要建立的数据库所在的位置,并指定数据库文件的名称"学生管理.mdb",单击"保存"按钮保存数据库。

(3) 保存数据库后,在 VisData 窗口打开两个子窗口:数据库窗口和 SQL 语句窗口,如图11.2所示。在数据库窗口列出了数据库的常用属性;在 SQL 语句窗口中可以输入 SQL 查询语句,对数据库进行所需的操作,并能马上得到该 SQL 语句的执行结果。

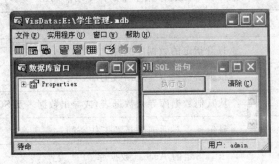

图 11.2　VisData 窗口中的子窗口

11.2.3　建立表结构

由前面介绍的数据库基本概念可知,一个数据库由多个表组成,每个表可看成是由表头和若干条记录组成,每条记录由多个字段组成,表头中的字段构成了数据表的框架,称为表结构。所以在设计数据表时,首先要根据具体问题分析数据需求,确定每个数据表的表结构,然后再向各数据表中输入记录。

"学生管理.mdb"数据库包含的 3 个数据表的表结构如表 11.6 至表 11.8 所示。

表 11.6　"学生表"的表结构

字段名	类　型	大　小	字段名	类　型	大　小
学号	Text	12	姓名	Text	10
性别	Text	2	出生日期	Date	8
身份证号	Text	20	是否团员	Boolean	1

表 11.7　"成绩表"的表结构

字段名	类　型	大　小
学号	Text	12
课程号	Text	3
成绩	Single	4

表 11.8　"课程表"的表结构

字段名	类　型	大　小
课程号	Text	3
课程名称	Text	20
学分	Integer	2

现在要在"学生管理.mdb"数据库中建立 3 个数据表,操作步骤如下:

(1)在图 11.2 所示的数据库窗口中右击鼠标,弹出快捷菜单,选取"新建表"命令,则弹出图 11.3 所示的"表结构"对话框。

(2)在"表名称"框中输入数据表的名称,如新建数据表名称为"学生表"。

(3)单击"添加字段"按钮,即可弹出如图 11.4 所示的"添加字段"对话框,输入各字段的名称、类型及大小等。

—————— Visual Basic 程序设计教程(第 2 版)

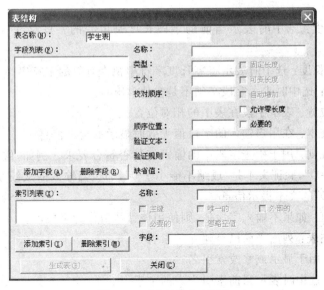

图 11.3 "表结构"对话框

　　（4）单击"表结构"对话框的"生成表"按钮，在"数据库窗口"中生成新建的"学生表"。

　　重复上述步骤定义"成绩表"和"课程表"的表结构，最后在"数据库窗口"中看到如图 11.5 所示的 3 个数据表。

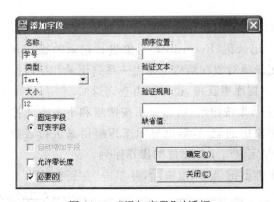

图 11.4 "添加字段"对话框

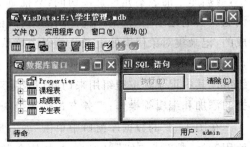

图 11.5 最后生成的 3 个数据表

　　图 11.3 所示的"表结构"对话框以及图 11.4 所示的"添加字段"对话框各项的含义如下：

　　（1）表名称：当前表的名称。

　　（2）字段列表：显示当前表中已经包含的字段名。

　　（3）名称：显示或修改当前在字段列表中选择的字段名称。

　　（4）类型：当前在字段列表中选择的字段类型。

　　（5）大小：当前在字段列表中选择的字段的最大长度。

　　（6）固定长度：选中时表示当前的字段长度是固定的。只对 Text 类型的字段起作用。

（7）可变长度：选中时表示当前的字段长度是可变的。只对 Text 类型的字段起作用。

（8）允许零长度：选中时表示将零长度字符串视为有效的字符串。

（9）必要的：选中时表示字段必须不是空值(Null)。

（10）顺序位置：表示字段在表中的相对位置。

（11）验证文本：在用户输入的字段值无效时显示的提示信息。

（12）验证规则：用于检查字段中的输入值是否符合要求。例如，假设"成绩"字段的验证规则是"＞＝0"，验证文本是"成绩不能小于 0"，那么当输入的成绩小于 0 时，将显示"成绩不能小于 0"的文本提示信息。

（13）默认值：如果不输入字段值，则使用该默认值作为字段值。

（14）索引列表：列出当前已经建立的索引。

（15）名称：用于显示或修改索引名。

（16）主键：选中时表示当前索引为表的主索引。

（17）唯一的：选中时表示当前的索引字段不允许有重复值。

（18）外部的：选中时表示当前的索引字段是表的外键。

（19）忽略空值：选中时表示含有 Null 值的字段不包括在索引中。

11.2.4　数据输入和编辑

完成了各数据表表结构的定义后，就可以向数据表中输入数据了。在 Visual Basic 中，数据库中的表不允许直接访问，只能通过记录集(RecordSet)对象进行记录的操作和浏览。所谓记录集，就是一批记录的集合，记录集对象在结构上是由一系列记录和字段组成的，记录集对象代表的记录既可以直接从数据库里获得，也可以由查询返回。

在 VisData 窗口中，工具栏分为 3 组：记录集按钮组、数据显示按钮组和事务方式按钮组。其中记录集按钮组用来访问记录集对象中的记录；数据显示按钮组用来进行表数据的添加和编辑等操作；事务方式按钮组用来定义一个数据库的操作序列。

在图 11.5 的数据库窗口中单击"动态集类型记录集"按钮▓，并单击"在新窗体上不使用 Data 控件"按钮▓，然后选中某个数据表，右击鼠标，在弹出的快捷菜单中选择"打开"命令，可以打开一个数据编辑窗口，如图 11.6 所示，在该窗口中可以进行表数据的添加和编辑等操作。

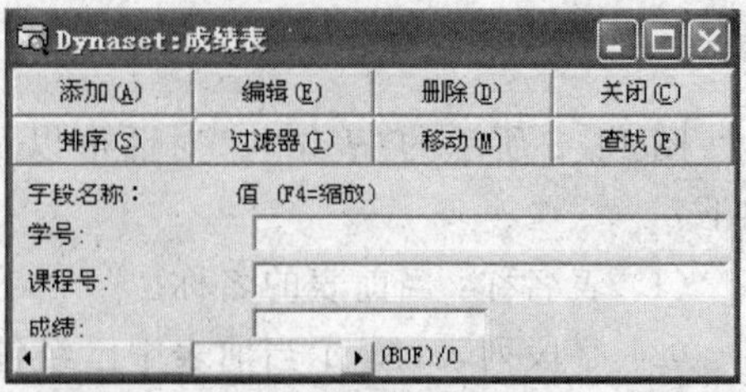

图 11.6　数据编辑窗口

1. 添加记录

单击图 11.6 窗口中的"添加"按钮，打开一个添加记录窗口，在该窗口中直接输入要添加的记录内容，单击"更新"按钮完成添加，单击"取消"按钮取消添加，如图 11.7 所示。

2. 编辑记录

单击图 11.6 窗口中的"编辑"按钮,打开一个编辑记录窗口,在该窗口中可以修改当前记录,单击"更新"按钮完成修改,单击"取消"按钮取消修改,如图 11.8 所示。

图 11.7　添加记录窗口

图 11.8　编辑记录窗口

3. 删除记录

单击图 11.6 窗口中的"删除"按钮,可以删除当前记录。

4. 排序记录

单击图 11.6 窗口中的"排序"按钮,打开一个对话框,在对话框中指定要排序的字段名称,单击"确定"按钮后,记录集按指定的字段排序。如果指定按多个字段排序,可以指定一个表达式。例如,要按学生出生日期排序,对于出生日期相同的记录,再按姓名排序,字段表达式可以写成:出生日期＋姓名。排序只影响记录集在当前窗口的显示次序,而且系统默认的排序方式是降序排列。

5. 过滤数据

单击图 11.6 窗口中的"过滤器"按钮,打开一个对话框,在对话框中输入一个过滤表达式。过滤表达式实际上是显示的条件,该条件用来限制要显示的记录。例如,要显示团员的学生记录,可以设置过滤器表达式为:是否团员＝True;要显示性别是男的学生记录,可以设置过滤器表达式为:性别＝"男";要显示 1991 年以后出生的学生记录,可以设置过滤器表达式为:出生日期＞＝♯1991-01-01♯。

6. 移动记录

单击图 11.6 窗口中的"移动"按钮,将当前记录定位到指定的位置。在打开的对话框中可以指定当前记录向前或向后移动几行。

7. 查找

单击图 11.6 窗口中的"查找"按钮,打开一个"查找"对话框,在该对话框中输入查找条件,可以查找满足条件的记录。

11.3 Data 数据控件及其使用

当数据库建立好并输入了相应的记录后，就可以用 Visual Basic 来管理数据库了。Visual Basic 内嵌的 Data 数据控件是访问数据库的一种方便的工具，可以从工具箱直接引用。Data 控件能够利用 3 种 RecordSet 对象来访问数据库中的数据，Data 控件提供有限的不需要编程而能访问现存数据库的功能，允许将 Visual Basic 的窗体与数据库方便地进行连接。要利用 Data 数据控件返回数据库中记录的集合，应先在窗体上画出 Data 控件，再通过它的 3 个基本属性 Connect、DataBaseName 和 RecordSet 设置要访问的数据资源。

Data 控件添加到窗体上后，其外观如图 11.9 所示。当 Data 控件与某个数据库连接，并选择了其中一个数据表后，就可以通过 Data 控件上的几个按钮浏览数据表中的记录了。

图 11.9 Data 控件外观

11.3.1 Data 控件的属性

1. Connect 属性

Connect 属性用来确定数据控件要访问的数据库类型。Visual Basic 默认的数据库是 Access 的 MDB 文件，此外，也可以连接 DBF、XLS 和 ODBC 等类型的数据库。

Connect 属性可以通过属性窗口设置，也可以在代码窗口中设置。

例如，要连接 Access 数据库，代码如下：

```
Data1.Connect ="Access"
```

2. DataBaseName 属性

DataBaseName 属性用来确定 Data 控件具体使用的数据库文件名，包括路径名。如果连接的是单表数据库，则 DataBaseName 属性应设置为数据库文件所在的子目录名，具体文件名放在 RecordSource 属性中。

例如，要连接一个 Microsoft Access 的数据库 E:\学生管理.mdb，则代码如下：

```
DataBaseName="E:\学生管理.mdb "
```

3. RecordSource 属性

RecordSource 属性用来确定具体可访问的数据，这些数据构成记录集对象 RecordSet。该属性值可以是数据库中的单个表、一个存储查询，也可以是使用 SQL 查询语言的一个查询字符串。

例如,要访问学生表中的所有记录数据,则代码如下:

```
Data1.RecordSource="学生表"
```

又如,要访问学生表中所有男生的数据,则代码如下:

```
RecordSource="Select * From 学生表 Where 性别="男""
```

4. RecordType 属性

RecordType 属性用来确定记录集类型,指定记录集的 Table(表)、DynaSet(动态集)和 SnapShot(快照)3 种类型中的一种。属性的取值如表 11.9 所示。如果在 Data 控件创建 RecordSet 前没有指定 RecordType,则创建 DynaSet(动态)类型的记录集对象 RecordSet。

表 11.9 Data 控件的 RecordType 属性

常　　数	属性值	说　　明
VbRSTypeTable	0	表类型的记录集
VbRSTypeDynaset	1	动态集类型的记录集(默认值)
VbRSTypeSnapshot	2	快照类型的记录集

5. EOFAction 和 BOFAction 属性

当记录指针指向 RecoreSet 对象的开始(第一个记录前)或结束(最后一个记录后)时,数据控件的 EOFAction 和 BOFAction 属性的设置或返回值决定了数据控件要采取的操作。属性的取值如表 11.10 所示。

表 11.10 EOFAction 和 BOFAction 属性取值

属　　性	取值	操　　作
EOFAction	0	将第一个记录作为当前记录(默认值)
	1	在记录集的开头移动过去,定位到一个无效记录,触发数据控件对第一个记录的无效事件 Validate
BOFAction	0	保持最后一个记录为当前记录(默认值)
	1	在记录集的结尾移动过去,定位到一个无效记录,触发数据控件对最后一个记录的无效事件 Validate
	2	向记录集加入新的空记录,可以对新记录进行编辑,移动记录指针将新记录写入数据库

6. ReadOnly 属性

ReadOnly 属性返回或设定控件的数据库是否为只读。如果属性值为 True,表示可浏览数据,但无法修改数据;如果属性值为 False,则表示可以浏览数据和修改数据,False 为默认值。对 Data 控件来说,此属性仅在应用程序第一次打开数据库时才使用,如果应用程序随后又打开数据库的其他实例，则该属性被忽视。

11.3.2　Data 控件与显示控件的绑定

当 Data 控件与数据库连接后，Data 控件本身并不能直接显示记录集中的数据，必须通过能与它绑定的控件来实现。可与 Data 控件绑定的控件对象有文本框、标签、图片框、图像框、列表框、组合框和复选框等，这些控件都具有 DataSource、DataField 等属性。通过对 Data 控件和显示控件属性的设置，把 Data 控件与显示控件结合在一起显示数据库中数据的方法称为数据绑定。

要使绑定控件能被数据库约束，必须在设计或运行时对这些控件的两个属性进行设置。

1. DataSource 属性

DataSource 属性用来指定一个有效的数据控件将绑定控件连接到一个数据库上。该属性为只读属性，只能在属性窗口中设置。

2. DataField 属性

DataField 属性用来设置数据源中有效的字段，使绑定控件与其建立联系。

例如，在文本框 Text1 中显示"姓名"字段，则代码如下：

```
Text1.DataField="姓名"
```

当上述控件与 Data 控件关联后，Visual Basic 将当前数据库建立的值赋给控件。如果修改了绑定控件内的数据，只要移动记录指针，修改后的数据会自动写入数据库。Data 控件在装入数据库时把记录集的第一个记录作为当前记录。当 Data 控件的 EOFAction 属性值设置为 2 时，使用 Data 控件将记录指针移到记录集结束位 EOF，Data 控件会在缓冲区加入新的空记录。如果新记录做出改变，随后又使用 Data 控件移动当前记录的指针，则该记录被自动追加到记录集中。如果未对新记录做出任何操作而移动记录指针，则该新记录被放弃。

3. Data 控件与绑定控件应用示例

例 11.1　用 Data 控件设计一个窗体，用于浏览"学生管理.mdb"数据库中的"学生表"中的记录。窗体界面如图 11.10 所示。

具体操作步骤如下。

（1）窗体的设计。

在窗体上画 6 个标签、6 个文本框和 1 个 Data 控件。各个控件的布局如图 11.10 所示。

（2）控件属性设置。

表 11.11 列出了窗体中主要控件的主要属性。

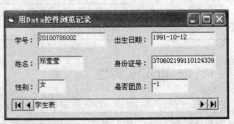

图 11.10　例 11.1 的窗体界面

表 11.11　例 11.1 窗体中的主要控件属性设置

对　　象	属性名及属性值	作　　用
Data 控件	Name＝Date1	数据控件
	Caption＝"学生表"	—
	Connect＝"Access"	要连接的数据库类型
	DataBaseName＝"E:\学生管理.mdb"	要连接的数据库
	RecordSource＝"学生表"	要连接的数据表名
文本框 1	Name＝studNo	显示学号
	Text＝""	—
	DataSource＝Data1	与 Data1 控件绑定
	DataField＝"学号"	与"学号"字段绑定
文本框 2	Name＝studName	显示姓名
	Text＝""	—
	DataSource＝Data1	与 Data1 控件绑定
	DataField＝"姓名"	与"姓名"字段绑定
文本框 3	Name＝studSex	显示性别
	Text＝""	—
	DataSource＝Data1	与 Data1 控件绑定
	DataField＝"性别"	与"性别"字段绑定
文本框 4	Name＝studBirth	显示出生日期
	Text＝""	—
	DataSource＝Data1	与 Data1 控件绑定
	DataField＝"出生日期"	与"出生日期"字段绑定
文本框 5	Name＝studIdentity	显示身份证号
	Text＝""	—
	DataSource＝Data1	与 Data1 控件绑定
	DataField＝"身份证号"	与"身份证号"字段绑定
文本框 6	Name＝studMember	显示是否团员
	Text＝""	—
	DataSource＝Data1	与 Data1 控件绑定
	DataField＝"是否团员"	与"是否团员"字段绑定

除了上述控件对象外,窗体上还有 6 个标签控件用于说明文本框中显示的内容。

（3）数据的绑定与显示以及代码的编写。

在窗体上画好各个控件之后,按表 11.14 设置各个控件属性。这些属性的设置可以在属性窗口中完成,也可以在代码窗口中完成。要能正确地显示数据库中的记录,还必须注意以下两点：

① DataSource 属性是只读属性，因此该属性只能在属性窗口中设置。

② Data1 控件与数据库连接设置以及文本框控件与字段绑定设置既可以在属性窗口中设置完成，也可以在代码窗口中完成。代码如下：

```
Private Sub Form_Load()
    Data1.Connect="Access"                  'Data1控件属性与数据库连接设置
    Data1.DatabaseName="E:\学生管理.mdb"
    Data1.RecordSource="学生表"
    studNo.DataField="学号"                  '各个文本框与字段绑定
    studName.DataField="姓名"
    StudSex.DataField="性别"
    StudBirth.DataField="出生日期"
    studIdentity.DataField="身份证号"
    studMember.DataField="是否团员"
End Sub
```

运行程序后，单击 Data 控件上的 4 个箭头按钮可遍历整个记录集中的记录。这 4 个按钮的功能从左到右依次为显示第一条记录、上一条记录、下一条记录和最后一条记录。Data 控件除了可以浏览 RecordSet 对象中的记录外，还可以编辑数据。如果改变了某个字段的值，只要移动记录，这时所做的修改便存入数据库中。

11.3.3　Data 控件的事件

Data 控件有多个事件，这里介绍其中两个重要的事件。

1. Reposition 事件

Reposition 事件发生在一条记录成为当前记录后。只要改变记录集的指针使其从一条记录移到另一条记录，就会产生 Reposition 事件。利用这个事件可以显示当前指针的位置。例如，在 Reposition 事件中添加以下代码：

```
Private Sub Data1_Reposition()              '显示当前记录指针
    Data1.Caption=Data1.RecordSet.AbsolutePosition +1
End Sub
```

这里的 RecordSet 为 Data1 控件所控制的记录集对象；AbsolutePosition 属性指示记录集当前指针（从 0 开始）。当单击 Data 控件上的 4 个按钮中的某一个时，发生 Reposition 事件，Data 控件的标题会显示记录的序号。

2. Validate 事件

在移动记录指针前，修改与删除记录前或卸载含有 Data 控件的窗体时触发 Validate 事件。该事件可以用于检查被 Data 控件绑定的控件内的数据是否发生变化以及检查数据的有效性。可以使用 Validate 事件和 DataChanged 属性对写入数据库的记录进行合法性检查。该事件过程的一般格式如下：

```
Private Sub Data1_Validate (Action As Integer, Save As Integer)
```

其中 Save 参数(True 或 False)判断是否有数据发生变化；Action 参数判断哪一种操作触发了 Validate 事件。Action 参数的取值如表 11.12 所示。

表 11.12　Action 参数的取值

Action 值	含　义	Action 值	含　义
0	取消对 Data 控件的操作	6	Update
1	MoveFirst	7	Delete
2	MovePrevious	8	Find
3	MoveNext	9	设置 Bookmark
4	MoveLast	10	Close
5	AddNew	11	卸载窗体

例如，在例 11.1 中如果不允许用户在数据浏览时清空"学号"字段的数据，且不允许用户修改身份证号，可使用下列代码：

```
Private Sub Data1_Validate (Action As Integer, Save As Integer)
    If Save And Len(Trim(stueNo.Text))=0 Then
        Action=0
        MsgBox "不能清空学号"
    End If
    If Save And studIdentity.DataChanged=True Then
        studIdentity.DataChanged=False            '不保存修改过的数据
        MsgBox "不能修改身份证号"
    End If
End Sub
```

11.3.4　Data 控件的常用方法

1. Refresh 方法

Refresh 方法用来重建或重新显示与数据控件相关的记录。在设计阶段如果没有对数据库控件设置打开数据库的相关属性，则装载窗体时，Visual Basic 不会自动打开数据库，就必须用 Refresh 方法使设置生效。如果在程序运行过程中改变了 DataBaseName、ReadOnly 或 Connect 的属性值，也必须用 Refresh 方法使设置生效。例如，在 Form_Load 事件中添加如下代码：

```
Private Sub Form_Load()
```

```
        Data1.Connect="Access"                          'Data1 控件与数据库连接设置
        Data1.DatabaseName="E:\学生管理.mdb"
        Data1.RecordSource="学生表"
        Data1.Resresh                                     '激活 Data1 数据控件
    End Sub
```

2. UpdateControls 方法

UpdateControls 方法用于从数据库中重新读取当前记录,并将数据显示在相关约束控件上,因而可使用 UpdateControls 方法终止用户对绑定控件内数据的修改。

例如,将代码 Data1.UpdateControls 放在一个命令按钮的 Click 事件中,就可以实现放弃对记录修改的功能。

3. UpdateRecord 方法

当修改绑定控件的数据后,Data 控件需要移动记录集指针才能保存修改。而 UpdateRecord 方法用于强制 Data 控件将绑定控件内的数据写入到数据库中,而不触发 Validate 事件。

11.4   记录集对象

11.4.1   记录集对象的分类

在 Visual Basic 中,数据库中的表是不允许直接访问的,只能通过记录集对象 (RecordSet)对其进行浏览和操作。记录集对象是表示一个或多个数据表中字段对象的集合,是来自基本表或执行一次查询所得结果的记录全集。一个记录集由行和列组成,和数据库中的表类似。Visual Basic 为记录集对象提供了 24 种方法和 26 种属性,而记录集有 3 种不同的形式:表、动态集和快照。

1. 表(Table)类型记录集

以表类型打开记录集时,所进行的添加、删除和修改等操作都直接更新表中的数据。只能对单个表进行操作,因此查询速度快。

2. 动态集(DynaSet)类型

以动态集类型打开记录集时,用户可以对数据库中的一个或多个表中的记录进行访问,可以对多个表进行联合查询,并可以对多个表进行更新操作。如果动态集中的记录发生了更新,变化也同样将在基本表中反映出来;反之,如果更新了基本表,也会在动态集中反映出来。所以动态集是最灵活的记录集类型,功能最强,但搜索速度比表类型慢。

3. 快照（SnapShot）类型

以快照类型打开记录集时,记录集为只读状态,即只能显示数据,它反映了在产生快照的一瞬间数据库的状态。这种类型最缺乏灵活性,通常只用来浏览数据库中的记录。

11.4.2 记录集对象的属性

1. AbsolutePosition 属性

该属性用来返回当前指针值,如果是第一条记录,其值为 0。该属性为只读属性。

2. BOF 属性

该属性用来判断记录指针是否在第一条记录之前,若为 True,则当前位置位于记录集的第一条记录之前,否则为 False。

3. EOF 属性

该属性用来判断记录指针是否在最后一条记录之后,若为 True,则当前位置位于记录集的最后一条记录之后,否则为 False。

4. Bookmark 属性

打开 RecordSet 对象时,其每个记录都有唯一的书签,该属性用于设置或返回当前记录的书签,在程序中可以使用该属性重新定位记录集的指针。

例如,在例 11.1 的程序运行浏览记录的过程中,如果要求保存某条记录的书签,可以在某个事件过程中增加如下代码:

```
mbookmark=Data1.Recordset.Bookmark        '保存某条记录的书签
```

当改变了记录集对象的当前记录后,可以使用如下语句返回原来的记录位置:

```
Data1.Recordset.Bookmark=mbookmark         '快速定位到书签记录上
```

需要注意的是,mbookmark 变量应先声明为变体型(Variant)。

5. NoMatch 属性

该属性用来判断是否在记录集中找到匹配的记录,如果在记录集中找到相匹配的记录,则 NoMatch 的值为 False,否则为 True。通常 NoMatch 和 Bookmark 两个属性结合使用。

例如,在"学生表"中查找学号为 20100786015 的记录,如果找到该记录,则将该记录作为当前记录;如果没有找到匹配的记录,则返回原来的记录。实现代码如下:

```
Private Sub Command1_Click()
    mbookmark=Data1.Recordset.Bookmark             '保存当前记录的书签
```

```
Data1.Recordset.FindFirst "学号='20100786015'"
If Data1.Recordset.NoMatch Then
    MsgBox "没有找到相应的学生记录", vbOKOnly, "信息"
    Data1.Recordset.Bookmark=mbookmark          '返回到原来记录位置上
End If
End Sub
```

6. RecordCount 属性

该属性用于指示记录集对象 RecordSet 中的记录条数,为只读属性。在多用户环境下,RecordCount 属性值可能不准确,为了获得准确值,在读取 RecordCount 属性值之前,可使用 MoveLast 方法将记录指针移至最后一条记录上。

例如,读取记录集的记录条数,并在 Label1 标签上显示。代码如下:

```
Data1.Recordset.MoveLast                        '将指针移到最后一条记录上
recCount=Data1.Recordset.RecordCount            '读取记录条数并赋给变量
Label1.Caption=reCount                          '显示记录条数
```

11.4.3   记录集对象的方法

1. Move 方法

使用 Move 方法可以代替 Data 控件对象的 4 个箭头按钮的操作,从而遍历整个记录集。5 种 Move 方法如下:

MoveFirst 方法将记录指针移到第一条记录。

MoveLast 方法将记录指针移到最后一条记录。

MoveNext 方法将记录指针移到下一条记录。

MovePrevious 方法将记录指针移到上一条记录。

Move [n]方法将记录指针向前或向后移动 n 个记录,n 为指定的数值。

例 11.2   在例 11.1 的基础上增加 4 个按钮代替 Data 控件,实现 RecordSet 对象记录的浏览,增加 1 个标签用来显示当前记录号及总记录数。程序运行界面如图 11.11 所示。

图 11.11   例 11.2 的程序运行界面

具体操作步骤如下：

（1）设计窗体。

在窗体上增加 4 个命令按钮。各个控件的布局如图 11.11 所示。

（2）设置控件属性。

表 11.13 列出了窗体中主要控件的主要属性。

表 11.13　例 11.2 窗体中主要控件属性设置

对　象	属性名及属性值	作　用
Data 控件	Name＝Data1	数据控件
	Caption＝"学生表"	—
	Connect＝"Access"	要连接的数据库类型
	DataBaseName＝"E:\学生管理.mdb"	要连接的数据库
	RecordSource＝"学生表"	要连接的数据表名
	Visible＝False	运行时不可见
6 个文本框	与表 11.13 同	与各个字段绑定,显示字段内容
命令按钮 1	Name＝cmdFirst	移动指针到首条记录
	Caption＝"首记录"	—
命令按钮 2	Name＝cmdprev	移动指针到上一条记录
	Caption＝"上一条"	—
命令按钮 3	Name＝cmdNext	移动指针到下一条记录
	Caption＝"下一条"	—
命令按钮 4	Name＝cmdLast	移动指针到最后一条记录
	Caption＝"末记录"	—
文本框 7	Name＝lblRecCount	显示当前记录号以及总记录数
	Caption＝"lblRecCount "	—

（3）编写 4 个按钮事件过程,代码如下：

```
Private Sub cmdFirst_Click()        '移动指针到首条记录
    Data1.Recordset.MoveFirst
        cmdPrev.Enabled=False
        cmdLast.Enabled=True
        cmdNext.Enabled=True
End Sub
Private Sub cmdPrev_Click()         '移动指针到上一条记录
    Data1.Recordset.MovePrevious
    cmdLast.Enabled=True
    cmdNext.Enabled=True
```

```
    If Data1.Recordset.BOF=True Then
        cmdFirst.Enabled=False
        cmdPrev.Enabled=False
    End If
End Sub
Private Sub cmdNext_Click()          '移动指针到下一条记录
    Data1.Recordset.MoveNext
    cmdFirst.Enabled=True
    cmdPrev.Enabled=False
    If Data1.Recordset.EOF=True Then
        cmdLast.Enabled=False
        cmdNext.Enabled=False
    End If
End Sub
Private Sub cmdLast_Click()          '移动指针到末记录
    Data1.Recordset.MoveLast
        cmdFirst.Enabled=True
        cmdPrev.Enabled=True
        cmdNext.Enabled=False
        cmdLast.Enabled=False
End Sub
```

（4）编写 Data1_Reposition()事件过程，代码如下：

```
Private Sub Data1_Reposition()        '显示当前记录指针的记录号及总记录数
    Dim dRecCount As Integer, zRecCount As Integer
    dRecCount=Data1.Recordset.AbsolutePosition +1
    zRecCount=Data1.Recordset.RecordCount
    lblRecCount.Caption="当前记录是:第" & dRecCount & "条/" & zRecCount
End Sub
```

2. Find 方法

使用 Find 方法可在指定的 DynaSet 或 SnapShot 类型的 RecordSet 对象中查找与指定条件相符的一条记录。4 种 Find 方法如下：

FindFirst 方法找到满足条件的第一条记录。

FindLast 方法找到满足条件的最后一条记录。

FindNext 方法找到满足条件的下一条记录。

FindPrevious 方法找到满足条件的上一条记录。

4 种 Find 方法的语法格式相同,其语法格式如下：

记录集对象.Find　条件

例如,查找性别为"男"的第一条记录,代码如下:

```
Data1.RecordSet.FindFirst "性别='男'"
```

如果条件含有变量(mSex="男"),代码如下:

```
Data1.RecordSet.FindFirst "性别='" & mSex & "'"
```

又如,查找姓名为"李 *"的第一条记录,代码如下:

```
Data1.RecordSet.FindFirst "姓名 Like '李 *'"
```

3. Seek 方法

使用 Seek 方法必须打开表的索引,Seek 方法只能在表中查找与指定索引规则相符的第一条记录,并使之成为当前记录。Seek 方法的语法格式如下:

记录集对象.Seek comparison,Key1,Key2,…,Keyn

说明:

(1) Seek 允许接受多个参数,第一个参数是 comparison,该字符串确定比较的类型。该方法中可用的比较运算符有=、>、>=、<、<=和<>等。

(2) Key 参数可以是一个或多个值,分别对应于记录集的当前索引中的字段,Microsoft Jet 用这些值与 RecordSet 对象的记录进行比较。

(3) 在使用 Seek 方法定位记录时,必须通过 Index 属性设置索引。若在同一个记录集中多次使用同样的 Seek 方法,那么找到的总是同一条记录。

4. Update 方法

Update 方法用来对记录集修改的或新增加的记录进行确认。其语法格式如下:

Data 数据控件.RecordSet.Update

5. AddNew 方法

AddNew 方法用来向记录集增加新记录。其语法格式如下:

Data 数据控件.RecordSet.AddNew

向数据库添加新记录的步骤如下:

(1) 调用 AddNew 方法,打开一个空白记录。

(2) 给新记录的各个字段赋值:

RecordSet.Fields("字段名")=值

(3) 调用 Update 方法,确定所做的添加,将缓冲区内的数据写入数据库。

例如,执行下面的代码,可以完成向"课程表"中添加一条记录。

```
Private Sub Command1_Click()
    Data1.Recordset.AddNew
    Data1.Recordset.Fields("课程号")="004"
    Data1.Recordset.Fields("课程名称")="C#程序设计"
    Data1.Recordset.Fields("学分")=4
    Data1.Recordset.Update
End Sub
```

6. Delete 方法

Delete 方法用来删除记录集的当前记录。其语法格式如下：

Data 数据控件.RecordSet.Delete

删除数据库中记录的步骤如下：

（1）将要删除的记录定位为当前记录。

（2）调用 Delete 方法。

（3）使用 MoveNext 方法或 MovePrevious 方法移动记录指针，确定所做的删除操作。

7. Edit 方法

Edit 方法用来把当前记录复制到缓冲区中以便进行修改。其语法格式如下：

Data 数据控件.RecordSet.Edit

编辑数据库中记录的步骤如下：

（1）将要修改的记录定位为当前记录。

（2）调用 Edit 方法，给各字段赋值。

（3）调用 Update 方法，确定所做的修改。如果要放弃对数据库的所有修改，可用 UpdateControls 方法放弃对数据的修改，也可用 Refresh 方法重读数据库，刷新记录集。若没有调用 Update 方法，数据的修改没有写入数据库，则这样的记录会在刷新记录集时丢失。

例 11.3 在例 11.1 的基础上再增加 5 个命令按钮，实现数据库中记录的添加、删除、修改、放弃修改和查找功能。添加的新记录不允许学号为空，能按学号查找记录。

具体操作步骤如下：

（1）设计窗体。

在窗体上画 5 个命令按钮。各个控件的布局如图 11.12 所示。

（2）设置控件属性。

表 11.14 列出了窗体中主要控件的主要属性。

表 11.14　例 11.3 窗体中主要控件属性设置

对　　象	属性名及属性值	作　　用
Data 控件	Name＝Data1	数据控件
	Caption＝"学生表"	—
	Connect＝"Access"	要连接的数据库类型
	DataBaseName＝"E:\学生管理.mdb"	要连接的数据库
	RecordSource＝"学生表"	要连接的数据表名
	Visible＝True	运行时可见
6 个文本框	与表 11.13 同	与各个字段绑定,显示字段内容
命令按钮 5	Name＝cmdNew	添加一条新记录
	Caption＝"添加"	—
命令按钮 6	Name＝cmdDelete	删除当前记录
	Caption＝"删除"	—
命令按钮 7	Name＝cmdModify	修改当前记录
	Caption＝"修改"	—
命令按钮 8	Name＝cmdGiveup	放弃当前记录的添加或修改
	Caption＝"放弃修改"	—
命令按钮 9	Name＝cmdFind	按学号查找记录
	Caption＝"查找"	—

（3）编写 5 个命令按钮事件过程。

① "添加"事件过程代码如下：

```
Private Sub cmdNew_Click()                          '添加新记录
    On Error Resume Next                            '错误处理
    cmdDelete.Enabled=Not cmdDelete.Enabled         '命令按钮的有效性控制
    cmdModify.Enabled=Not cmdModify.Enabled
    cmdGiveup.Enabled=Not cmdGiveup.Enabled
    cmdFind.Enabled=Not cmdFind.Enabled
    If cmdNew.Caption="添加" Then
        cmdNew.Caption="确认"
        Data1.Recordset.AddNew                      '增加一条空白记录
        studNo.SetFocus
    Else
        cmdNew.Caption="添加"
        Data1.Recordset.Update                      '对添加的新记录进行确认
        Data1.Recordset.MoveLast
    End If
End Sub
```

② "删除"事件过程代码如下：

```
Private Sub cmdDelete_Click()                    '删除记录
    On Error Resume Next
    Data1.Recordset.Delete
    Data1.Recordset.MoveNext
    cmdGiveup.Enabled=True
    If Data1.Recordset.EOF=True Then
        Data1.Recordset.MoveLast
    End If
End Sub
```

③ "修改"事件过程代码如下：

```
Private Sub cmdModify_Click()                    '修改记录
    On Error Resume Next
    cmdNew.Enabled=Not cmdNew.Enabled
    cmdDelete.Enabled=Not cmdDelete.Enabled
    cmdGiveup.Enabled=Not cmdGiveup.Enabled
    cmdFind.Enabled=Not cmdFind.Enabled
    If cmdModify.Caption="修改" Then
        cmdModify.Caption="确认"
        Data1.Recordset.Edit
        studNo.SetFocus
    Else
        cmdModify.Caption="修改"
        Data1.Recordset.Update
    End If
End Sub
```

④ "放弃修改"事件过程代码如下：

```
Private Sub cmdGiveup_Click()                    '放弃当前记录的添加和修改操作
    On Error Resume Next
    cmdNew.Enabled=True
    cmdDelete.Enabled=True
    cmdModify.Enabled=True
    cmdGiveup.Enabled=False
    cmdFind.Enabled=True
    cmdGiveup.Enabled=Not cmdGiveup.Enabled
    Data1.UpdateControls
    Data1.Recordset.MoveLast
End Sub
```

⑤ "查找"事件过程代码如下：

```
Private Sub cmdFind_Click()                      '按学号查找记录
    Dim No As String
```

```
        No=InputBox("请输入学号:", "查找窗口")
        Data1.Recordset.FindFirst "学号='" & No & "'"
        If Data1.Recordset.NoMatch Then MsgBox "查无此人!", , "提示"
End Sub
```

（4）判断数据完整性。过程代码如下：

```
Private Sub Data1_Validate(Action As Integer, Save As Integer)
    If studNo="" And (Action=6 Or studNo.DataChanged=True) Then
        MsgBox "学号不能为空"
            Data1.UpdateControls                        '如果学号为空,终止添加记录
    End If
End Sub
```

（5）Data 控件显示当前记录号。事件过程代码如下：

```
Private Sub Data1_Reposition()                    '显示当前记录指针
    Data1.Caption=Data1.Recordset.AbsolutePosition +1
End Sub
```

程序运行界面如图 11.12 所示。

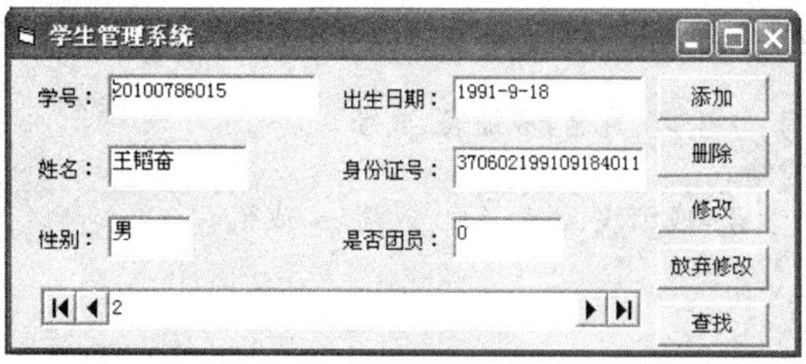

图 11.12 例 11.3 的程序运行界面

11.5 使用 SQL 语言实现数据操作

SQL 是 Structure Query Language(结构化查询语言)的缩写，它是操作关系数据库的工业标准语言。也就是说不同的数据库管理系统，如 Access、FoxPro、SQL Server、Oracle、Sybase 等都支持它。Visual Basic 程序设计中也能嵌入 SQL 命令，用以操作相连的数据库中的数据。SQL 可以细分为以下 4 个语句：

Select 用于检索数据。

Insert 用于增加数据到数据库。

Update 用于从数据库修改现存的数据。

Delete 用于从数据库中删除数据。

本节介绍的 4 个 SQL 语句合起来简称"增删改查"，是数据库操作中使用频率最高的 4 个语句。这 4 个语句赋给 Data 控件的 RecordSource 属性可以实现相应的数据操作，格

式如下：

Data 数据控件. RecordSource=" SQL 语句"

1. Select 语句

1) 语句格式

Select 字段列表 From 数据表名列表 [Where 查询条件] [Order By 字段 [ASC|DESC]]

2) 作用

在已打开的数据库中查询并返回符合条件的结果记录集，并按某字段升序（降序）排序。

3) 示例

(1) 查询"学生表"中姓名为"王韬奋"的记录：

Select * From 学生表 Where (姓名='王韬奋')

(2) 查询"学生表"中性别为"男"的记录，查询结果只包括学号、姓名、出生日期，并按出生日期降序排列：

Select 学号,姓名,出生日期 From 学生表 Where (性别='男') Order By 出生日期 DESC

(3) 查询"成绩表"中不及格的记录，并显示学生的学号、姓名和成绩。

Select 学生表.学号,学生表.姓名,成绩表.成绩
   From 学生表,成绩表
     Where 学生表.学号=成绩表.学号 AND 成绩表.成绩<60

2. Insert 语句

1) 语句格式

Insert Into 数据表名(字段列表) Values (值列表)

2) 作用

向已打开的数据库的指定表中插入或添加新记录。

3) 示例

"成绩表"中有学号、课程号和成绩 3 个字段，要插入的记录是 20100786001、001 和 83：

Insert Into 成绩表(学号,课程号,成绩) Values ('20100786001', '001',83)

3. Update 语句

1) 语句格式

Update 数据表名 Set 字段名 1=值 1[,字段名 2=值 2,…] Where 条件表达式

2) 作用

对修改后的数据表进行更新操作。

3）示例

（1）将"学生表"中姓名为"王韬奋"的记录的"性别"字段值改为"女"：

```
Update 学生表 Set 性别='女' Where 姓名='王韬奋'
```

（2）将"成绩表"中所有记录的"成绩"增加 5 分：

```
Update 成绩表 Set 成绩=成绩+5
```

4. Delete 语句

1）语句格式

Delete From 数据表名 Where 条件表达式

2）作用

删除数据库表中满足条件的记录。

3）示例

将"学生表"中姓名为"王韬奋"的记录删除：

```
Delete From 学生表 Where 姓名='王韬奋'
```

例 11.4　用 SQL 查询语言查询满足条件的记录，使用数据网格控件 MsFlexGrid 显示"学生管理.mdb"数据库中"学生表"的内容以及查询结果。操作要求如下：

（1）单击"按性别查询"按钮，能够按性别在"学生表"中实现查询。

（2）单击"按课程名查询"按钮，能够按课程名称在"学生表"、"课程表"以及"成绩表"中查询，显示查询结果的学号、姓名、课程名称和成绩字段的值。

具体操作步骤如下：

（1）设计窗体。

在窗体上添加 1 个数据网格控件 MsFlexGrid、1 个 Data 数据控件和 3 个命令按钮。

数据网格控件 MSFlexGrid 是 ActiveX 控件，执行菜单命令"工程|部件"，在弹出的对话框中选中 Microsoft FlexGrid Control 6.0 复选框，即可添加到工具箱中。窗体布局设计图如图 11.13 所示。

图 11.13　例 11.4 的窗体布局设计

（2）设置控件属性。

表 11.15 给出了窗体中主要控件的主要属性设置。

表 11.15 例 11.4 的主要控件属性及属性值

对 象	属性名及属性值	作 用
Data 控件	Name＝Data1	数据控件
	Caption＝"学生表"	—
	Connect＝"Access"	要连接的数据库类型
	DataBaseName＝"E:\学生管理.mdb"	要连接的数据库
	RecordSource＝"学生表"	要连接的数据表名
	Visible＝False	运行时不可见
MsFlexGrid	Name＝MSFlexGrid1	数据网格控件
	DataSource＝Data1	与 Data1 对象绑定
命令按钮 1	Name＝cmdQuerySex	按性别查询记录
	Caption＝"按性别查询"	—
命令按钮 2	Name＝cmdQueryCourse	按课程名称查询记录
	Caption＝"按课程名查询"	—
命令按钮 3	Name＝cmdQuit	退出工程
	Caption＝"退出"	—

（3）编写代码。

① Form_Load 事件过程代码如下：

```
Private Sub Form_Load()
    Data1.Connect= "Access"
    Data1.DatabaseName="E:\学生管理.mdb"
    Data1.RecordSource="学生表"
    Data1.RecordSetType=1
    Data1.Refresh                              '激活 Data1 数据控件
    MSFlexGrid1.ColWidth(0)=400                '指定 MSFlexGrid 数据网格列宽
    MSFlexGrid1.ColWidth(1)=1200
    MSFlexGrid1.ColWidth(2)=700
    MSFlexGrid1.ColWidth(3)=400
    MSFlexGrid1.ColWidth(4)=1000
    MSFlexGrid1.ColWidth(5)=1600
    MSFlexGrid1.ColWidth(6)=800
    '给 MSFlexGrid 数据网格的第 0 行第 0 列赋值
    MSFlexGrid1.Row=0: MSFlexGrid1.Col=0: MSFlexGrid1.Text="序号"
    '从数据网格控件第 1 行开始输出各记录的序号
    totalNum=Data1.Recordset.RecordCount       '统计记录集中记录的条数
    For i=1 To totalNum
        MSFlexGrid1.Row=i                      '确定行的位置
```

```
            MSFlexGrid1.Text=i                        '显示记录序号
        Next i
End Sub
```

② "按性别查询"事件过程代码如下：

```
Private Sub cmdQuerySex_Click()
    Dim i As Integer, msex As String, totalNum As Integer
    msex=InputBox("请输入查询性别:", "查询")                    '读取查询内容
    strSql="Select * From 学生表 Where (性别='" & msex & "')"   '设置 SQL 语句
    Data1.RecordSource=strSql                                  '实现 SQL 查询
    Data1.Refresh
    MSFlexGrid1.Row=0: MSFlexGrid1.Col=0: MSFlexGrid1.Text="序号"
    '从数据网格控件第 1 行开始输出各记录的序号
    Data1.Recordset.MoveLast                        '将记录指针移到本记录集的最后一条
    totalNum=Data1.RecordSet.RecordCount            '统计记录集中记录的条数
    For i=1 To totalNum
        MSFlexGrid1.Row=i
        MSFlexGrid1.Text=i
    Next i
End Sub
```

③ "按课程名查询"事件过程代码如下：

```
Private Sub cmdQueryCourse_Click()
    Dim i As Integer, mCourse As String, totalNum As Integer
    mCourse=InputBox("请输入查询课程名:", "查询")    '读取查询内容
    '设置查询表达式
    strSql="Select 学生表.学号,学生表.姓名,课程表.课程名称,成绩表.成绩 " _
    & "From 学生表,课程表,成绩表 " _
    & "Where (学生表.学号=成绩表.学号 and 成绩表.课程号=课程表.课程号_
                            and 课程名称='" & mCourse & "')"
    Data1.RecordSource=strSql                        '实现 SQL 查询
    Data1.Refresh
    If Data1.RecordSet.EOF Then
        MsgBox "查无此课程", , "提示"
        Data1.RecordSource="学生表"
        Data1.Refresh
    End If
    MSFlexGrid1.Row=0: MSFlexGrid1.Col=0: MSFlexGrid1.Text="序号"
    '从数据网格控件第一行开始输出各记录的序号
    Data1.RecordSet.MoveLast                        '将记录指针移到本记录集的最后一条
    totalNum=Data1.Recordset.RecordCount
    For i=1 To totalNum
        MSFlexGrid1.Row=i
        MSFlexGrid1.Text=i
```

```
    Next i
    MSFlexGrid1.ColWidth(0)=400                    '指定数据网格列宽
    MSFlexGrid1.ColWidth(1)=1200
    MSFlexGrid1.ColWidth(2)=700
    MSFlexGrid1.ColWidth(3)=1200
    MSFlexGrid1.ColWidth(4)=1000
End Sub
```

④"退出"查询事件过程代码如下：

```
Private Sub cmdQuit_Click()                        '退出查询
    End
End Sub
```

程序启动后的窗体效果如图 11.14 所示，"按性别查询"的效果如图 11.15 所示，"按课程名查询"的效果如图 11.16 所示。

图 11.14　例 11.4 的窗体装载效果

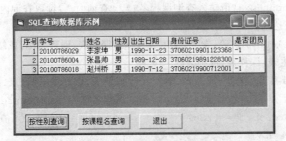

图 11.15　"按性别查询"的效果

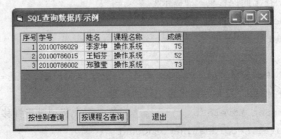

图 11.16　"按课程名查询"的效果

————————— Visual Basic 程序设计教程(第 2 版)

11.6 使用 ADO 控件访问数据库

11.6.1 ADO 对象模型

在 Visual Basic 6.0 中,ADO(ActiveX Data Object,数据访问对象)是 Microsoft 公司提供的最新的数据访问技术,是一种面向对象的、与语言无关的应用程序编程接口,是建立在 OLE DB 之上的高层数据库访问技术。ADO 包含了一组优化的访问数据的专用对象集,使用 ADO 提供的编程模型可以访问几乎所有的数据源,包括各种数据库、电子邮件、文件系统、文本、图形和自定义业务对象等,它对数据源的访问是通过 OLB DB 实现的。OLB DB 是一个低层的数据访问接口,是针对 SQL 数据源和非 SQL 数据源进行操作的 API,是为对数据源提供高性能的访问而设计的。ODBC(Open DataBase Connectivity,开放数据库互联)是一个针对 SQL 数据源进行操作的 API。图 11.17 显示了应用程序连接到数据库可采取的多种途径。

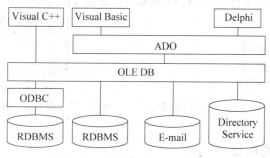

图 11.17　数据库的多种连接途径

ADO 对象模型主要由 3 个对象成员(Connection、Command 和 RecordSet)以及 3 个集合对象(Errors、Parameter 和 Fields)组成。图 11.18 为这些对象彼此之间的关系的示意。表 11.16 是这些对象的功能描述。

表 11.16　ADO 的对象功能

成员对象	功　　能
Connection	连接数据源,并产生数据源对象
Command	从数据源获取所需数据的命令信息
RecordSet	从已连接的数据源中生成一组记录组成记录集
Errors	在访问数据时,数据源所返回的错误信息
Parameter	与命令对象有关的参数
Fields	访问记录集中的字段信息

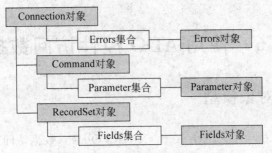

图 11.18   ADO 对象模型的结构

11.6.2   ADO 数据控件

ADO 数据控件不是 Visual Basic 的内部控件,所以使用前必须先把它添加到当前工程中。添加方法是执行菜单命令"工程|部件",在打开的"部件"对话框中选中 Microsoft ADO Data Control 6.0(OLE DB)复选框,即可将 ADO 数据控件添加到工具箱中,如图 11.19 所示。添加到窗体上的 ADO 数据控件如图 11.20 所示。

图 11.19   添加到工具箱中的 ADO 数据控件

图 11.20   添加到窗体中的 ADO 数据控件

1. ADO 控件的属性

ADO 数据控件与 Visual Basic 的内部数据控件很相似,可以使用 ADO 数据控件的基本属性快速地与数据库连接,并实现对数据源的操作,使程序员用最少的代码快速创建数据库应用程序。

1)ConnectionString 属性

ADO 控件没有 DataBaseName 属性,它使用 ConnectionString 属性与数据库建立连接。连接数据源的字符串包含了各种所需信息,ConnectionString 属性带有 4 个参数,如表 11.17 所示。

表 11.17   ConnectionString 属性参数

参 数	描 述
Provide	指定驱动数据源的数据库引擎的名称
FileName	指定数据源所对应的文件名
RemoteProvide	在远程数据服务器打开一个客户端时所用的数据源名称
RemoteServer	在远程数据服务器打开一个主机端时所用的数据源名称

2）RecordSource 属性

选定数据库中的一个表确定具体可访问的数据,这些数据构成记录集(RecordSet)对象。该属性值可以是数据库中的单个表名或一个存储查询,也可以是使用 SQL 查询语言的一个查询字符串。

3）LockType 属性

用于设置/返回使用的锁定类型,即指定多用户访问数据库时的方式,其锁定类型有以下 5 种方式:

1——adLockUnspecified:以"没有特指"方式打开记录集。

1——adLockReadOnly:以"只读"方式打开数据记录集。

2——adLockPressimistic:以"悲观锁定"方式打开记录集。

3——adLockOptimistic:以"乐观锁定"方式打开记录集。

4——adLockBatchOptimistic:以"批次乐观锁定"方式打开记录集。

4）CommandType 属性

用来指定产生记录集的方式,有 4 种方式:

1——adCmdText:用命令 SQL 字符串方式产生记录集。

2——adCmdTable:指定数据库中的一个表为记录集。

4——adCmdStoredPro:指定一个存储查询。

8——adCmdUnknown:也可以指定一个 SQL 查询字符串。

5）ConnectionTimeOut 属性

用于设置数据连接时的最长等待时间,默认为 15s,若超时还未连接成功则中止连接,并返回出错信息。

6）MaxRecords 属性

指定一个查询可返回的最大记录数。

2. ADO 数据控件的事件和方法

ADO 数据控件的事件和方法与 Data 数据控件相同,在此不再赘述。

3. 设置 ADO 数据控件的属性

下面通过使用 ADO 数据控件连接"学生管理.mdb"数据库来说明 ADO 数据控件属性的设置过程。

（1）执行菜单命令"工程|部件",在打开的"部件"对话框中选中 Microsoft ADO Data Control 6.0(OLE DB)复选框,将 ADO 数据控件添加到工具箱中。

（2）在窗体上创建一个 ADO 数据控件,默认名称为 Adodc1。

（3）在 Adodc1 控件上右击鼠标,或在"属性"窗口中单击 ConnectionString 属性右侧的"…"按钮,弹出如图 11.21 所示的对话框。对话框中允许通过 3 种方式连接数据源:

使用 Data Link 文件:表示通过一个连接文件来完成。

使用 ODBC 数据资源名称:表示在下拉列表框中选择某个创建好的数据源名称(DNS)作为数据源对远程数据库进行监控。

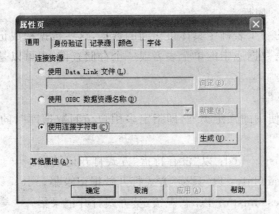

图 11.21　ConnectionString 的"属性页"对话框

　　使用连接字符串：表示只需要单击"生成"按钮，通过选项设置自动产生连接字符串。

　　(4) 选择"使用连接字符串"方式连接数据源。单击"生成"按钮，打开如图 11.22 所示的"数据链接属性"对话框，在"提供程序"选项卡中选择一个合适的 OLE DB 数据类型，对于 Access 数据库类型应选择 Microsoft Jet 3.51 OLE DB Provider。单击"下一步"按钮或单击"连接"选项卡，则弹出如图 11.23 所示的对话框，选择"E:\学生管理.mdb"数据库。为保证其连接的有效性，可单击图中的"测试连接"按钮，如果测试成功则单击"确定"按钮即可。

图 11.22　选择数据库驱动引擎

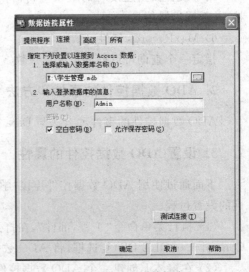

图 11.23　连接数据库

　　(5) 单击"属性页"对话框中的"记录源"选项卡，在"命令类型"下拉列表框中选择"2-adCmdTable"选项，在"表或存储过程名称"下拉列表框中选择"学生表"，如图 11.24 所示。关闭 ADO 属性页。至此，已完成了 ADO 数据控件与数据库的连接工作。

　　说明：ADO 数据控件完成与数据库的连接工作后自动产生 ConnectionString 字符

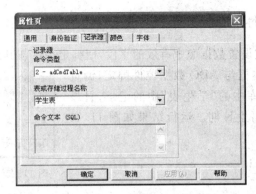

图 11.24 "属性页"对话框的"记录源"选项卡

串,该字符串内容如下：

```
Provider=Microsoft.Jet.OLEDB.3.51;Persist Security Info=False;Data Source=E:\
学生管理.mdb
```

其中包含 3 项内容：Provider 的值，关于安全信息的 Persist Security Info 的值，以及具体要连接的数据源名 Data Source。这 3 项内容用分号";"分隔。

```
Provider=Microsoft.Jet.OLEDB.3.51;
Persist Security Info=False;
Data Source=E:\学生管理.mdb
```

11.6.3 数据绑定控件

使用 ADO 数据控件可以方便快捷地建立与数据源的连接,但 ADO 数据控件本身不能直接显示记录集中的数据,它必须通过与之绑定的控件来实现数据的显示。能与 ADO 数据控件进行绑定的控件称为数据绑定控件,如文本框和图片框等。

在 Visual Basic 中可以与 ADO 绑定的控件有文本框、标签、图片框、图像框、列表框、组合框、复选框等控件,Visual Basic 又提供了一些新的成员来连接不同数据类型的数据,这些新成员主要有 DataGride、DataCombo、DataList、DataReport、MSFlexGrid、MSChart 和 MonthView 等控件。这些新增的绑定控件必须使用 ADO 控件进行绑定。

要使数据绑定控件能够显示数据库记录集中的数据,一般要在设计时或运行时对数据绑定控件的如下属性进行设置。

1. DataSource 属性

该属性用来返回或设置一个数据源,通过该数据源,数据绑定控件被绑定到一个数据库。

例如,将 DataGrid1 数据网格控件与 Adodc1 数据控件绑定,代码如下：

```
DataGrid1.DataSource=Adodc1
```

2. DataField 属性

该属性用来返回或设置数据源中有效的字段,使绑定控件与其建立联系。

例 11.5 使用文本框与 ADO 数据控件绑定,浏览"学生管理.mdb"数据库中的"学生表"中的记录,只显示学号、姓名、性别和出生日期。运行结果如图 11.25 所示。

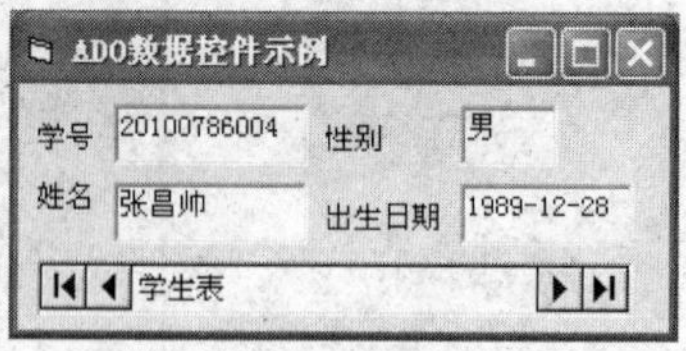

图 11.25 例 11.5 的运行结果

具体操作步骤如下:

(1) 设计窗体。

按照图 11.25 的控件布局,在窗体上添加 4 个标签和 4 个文本框。

选择菜单命令"工程|部件",打开"部件"对话框,选择 Microsoft ADO Data Control 6.0(OLE DB)复选框,向工具箱添加一个 ADO 数据控件,然后将其添加到窗体上。使用默认名称 Adodc1。

(2) 设置控件属性。

窗体上各主要控件的主要属性见表 11.18。

表 11.18 例 11.5 控件的主要属性设置

对　象	属性名	属　性　值	作　用
Adodc1	ConnectionString	Provider＝Microsoft.Jet.OLEDB.3.51; Persist Security Info＝False; Data Source＝E:\学生管理.mdb	按照前面介绍的设置步骤,利用 Adodc1"属性页"对话框进行设置
	CommandType	2—adCmdTable	
	RecordSource	学生表	
	Caption	学生表	
文本框 1	DataSource	Adodc1	—
	DataField	学号	显示学号
	Locked	True	运行时不能修改
文本框 2	DataSource	Adodc1	—
	DataField	姓名	显示姓名
	Locked	True	运行时不能修改
文本框 3	DataSource	Adodc1	—
	DataField	性别	显示性别
	Locked	True	运行时不能修改
文本框 4	DataSource	Adodc1	—
	DataField	出生日期	显示出生日期
	Locked	True	运行时不能修改

(3) 运行程序时,单击 ADO 数据控件上两端的箭头可以浏览数据。由于绑定文本框的 Locked 属性为 True,所以只允许浏览数据,不能修改数据。

例 11.6 用 ADO 数据控件实现与"学生管理.mdb"数据库的连接,并实现多表查询,用 DataGrid 控件显示多表查询结果,在表格中显示姓名、课程名称、成绩。

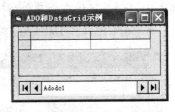

图 11.26 例 11.6 控件布局

控件布局如图 11.26 所示。具体操作步骤如下:

1) 添加 ADO 控件并进行属性设置

(1) 添加 1 个 ADO 控件。

选择菜单命令"工程|部件",打开"部件"对话框,选择 Microsoft ADO Data Control 6.0(OLE DB)复选框,向工具箱添加一个 ADO 数据控件,然后将其添加到窗体上。使用默认名称 Adodc1。

(2) ADO 控件属性设置。

① 在 Adodc1 控件的"属性页"对话框中设置连接属性。其中在"通用"选项卡上生成的连接字符串如下:

```
Provider=Microsoft.Jet.OLEDB.3.51;Persist Security Info=False;Data Source=E:\
学生管理.mdb
```

② 在 Adodc1 控件的"属性页"对话框的"记录源"选项卡上选择命令类型为 1—adCmdText 或 8—adCmdUnknown。在命令文本(SQL)对应的文本框中输入如下查询语句:

```
select 学生表.学号,学生表.姓名,课程表.课程名称,成绩表.成绩
    from 学生表,课程表,成绩表
    where 学生表.学号=成绩表.学号 and 课程表.课程号=成绩表.课程号
```

然后单击"确定"按钮。

③ 选中窗体上的 Adodc1 控件,在属性窗口中设置 Visible 属性为 False;LockType 属性为 1—adLockReadOnly(只读)。

2) 添加 DataGrid 控件并进行属性设置

(1) 添加 1 个 DataGrid 控件。

选择菜单命令"工程|部件",打开"部件"对话框,选择 Microsoft DataGrid Control 6.0(OLE DB)复选框,向工具箱添加一个 DataGrid 控件,然后将其添加到窗体上。使用默认名称 DataGrid1。

(2) DataGrid 控件属性设置。

① 选中窗体上的 DataGrid1 控件,在属性窗口中设置 DataGrid1 控件的 DataSource 属性为 Adodc1。

② 对 DataGrid 控件的外观进行设置。

在 DataGrid1 上右击鼠标,在快捷菜单中选择"检索字段"命令,弹出"是否以新的字段定义替换现有的网格布局?"提示框,单击"是"按钮。这时 DataGrid1 控件加上了表头。

再在 DataGrid1 上右击鼠标,在快捷菜单中选择"属性"命令,打开"属性页"对话框,如图 11.27 所示。在"通用"选项卡中可以设置行高、是否允许添加、删除等。在"布局"选项卡中可以选择相应的列,进行列宽的设置。

Adodc1 控件和 DataGrid 控件的主要属性见表 11.19。

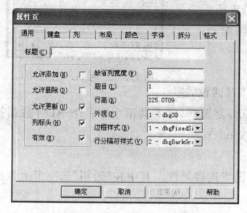 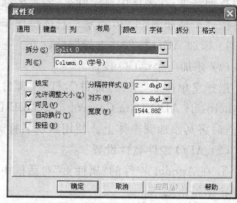

(a) "属性页"的"通用"选项卡 (b) "属性页"的"布局"选项卡

图 11.27 "属性页"对话框

表 11.19 例 11.6 控件主要属性设置

对 象	属性名	属 性 值	作 用
Adodc1	ConnectionString	Provider＝Microsoft. Jet. OLEDB. 3. 51; Persist Security Info＝False; Data Source＝E:\学生管理.mdb	按照前面介绍的设置步骤,利用 Adodc1"属性页"对话框进行设置
	CommandType	1—adCmdText 或者 8—adCmdUnknown	
	RecordSource	select 学生表.学号,学生表.姓名,课程表. 课程名称,成绩表.成绩 from 学生表,课程表,成绩表 where 学生表.学号＝成绩表.学号 and 课程表.课程号＝成绩表.课程号	
	LockType	1—adLockReadOnly	以"只读"方式打开数据库
	Visible	False	运行时 ADO 控件不可见
DataGrid1	DataSource	Adodc1	—

3)编写代码

下面代码的作用是在运行程序时 DataGrid1 控件与窗体一样大小:

```
Private Sub Form_Load()
    DataGrid1.Top=Me.ScaleTop
    DataGrid1.Height=Me.ScaleHeight
    DataGrid1.Left=Me.ScaleLeft
    DataGrid1.Width=Me.ScaleWidth
```

End Sub

4）运行调试程序

运行程序后，可以看到如图 11.28 所示的效果。

说明：也可以在属性窗口中设置 DataGrid 控件相关的属性。具体操作如下：

（1）将 DataGrid 的 AllowUpdate 属性设置为 True，则可以在浏览数据的同时修改数据。

（2）将 DataGrid 的 AllowAddNew 属性设置为 True，则可以在 DataGrid 控件中最后输入新记录。

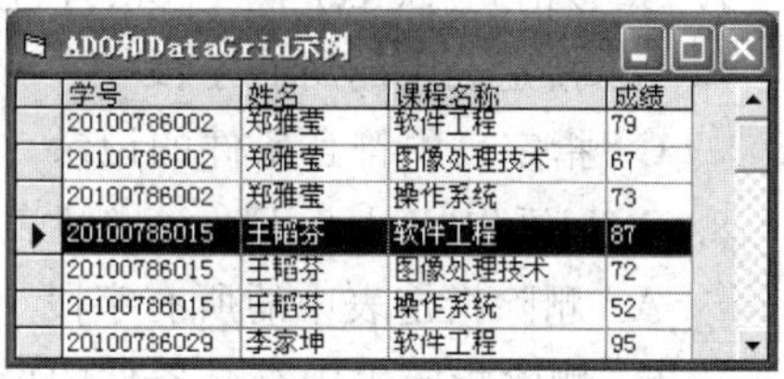

图 11.28　例 11.6 多表查询的效果

（3）将 DataGrid 的 AllowDelete 属性设置为 True，则可以删除记录。只需用鼠标单击某行左侧选中该行，然后按 Delete 键即可。

由此可见，使用 ADO 数据控件和数据绑定控件，只需设置一些属性，无须编写任何代码，就可以快速实现数据库数据的浏览、添加、删除和修改操作。

习 题 十 一

一、选择题

1. 关于关系型数据库，下列说法中错误的是 _____。

A. 关系型数据库模型把数据用表的集合类表示

B. 在关系型数据库中，一个数据库由多个表组成，每个表由表头和若干个记录组成，每条记录由多个字段组成，表头中的字段构成了数据表的框架

C. 同一记录中的各字段的数据类型必须相同

D. 同一字段的数据类型必须相同

2. 下列关于数据表中关键字和主键的叙述中错误的是 _____。

A. 二维表中可以唯一地标识一条记录的某个字段（组）称为关键字

B. 主键是在关键字中选取的，用来快速定位数据记录

C. 一个二维表中关键字可以有多个，而主键有且只有一个

D. 一个二维表中关键字和主键都可以有多个

3. 要利用 Data 数据控件完成与数据库的连接，需要设置_____属性。

    A. Connect   B. DataBaseName

    C. RecordType   D. RecordSource

4. Data 数据控件不能与_____控件绑定。

    A. 命令按钮   B. 文本框   C. 图片框   D. 组合框

5. 假设已完成 Text1 与 Data1 的绑定，要求在 Text1 中显示数据表中"班级"字段的内容，需要设置 Text1 的_____属性。

A. DataSource B. DataField C. Text D. Name

6. Seek 方法可在_____类型记录集中进行查找。

A. Table B. SnapShot C. DynaSet D. 以上三者

7. SQL 语句"Select * From 学生表 Where 性别 = '女'"中的" * "号表示_____。

A. 指定表中的所有字段 B. 指定表中的所有记录

C. 指定表中符合条件的记录 D. 所有表

8. SQL 语句"Delete From 成绩表 Where 成绩<60"的含义是_____。

A. 删除指定表中的所有字段 B. 删除指定表中的所有记录

C. 删除指定表中符合条件的记录 D. 删除成绩表

9. SQL 语句"Update 课程表 Set 学分＝5 Where 课程名称＝'操作系统'"的含义是_____。

A. 更新指定表中的所有字段

B. 更新指定表中的学分字段

C. 更新指定表中符合条件的学分字段

D. 更新课程表

10. 设置 ADO 数据控件的_____属性可以建立该控件到数据源连接的信息。

A. ConnectionString B. RecordSource

C. CommandType D. RecordSet

二、填空题

1. Visual Basic 中记录集有 3 种类型,分别是_____、_____和_____。

2. 关系模型数据库中表间的关系有 3 种,分别是_____、_____和_____。

3. 默认情况下,利用 Data 数据控件可以进行数据的浏览、编辑和修改等操作,如果将 Data 控件的_____属性设置为 False,则只允许浏览数据,不能修改数据。

4. 利用 Data 控件浏览数据时,若当前记录发生改变,则会触发 Data 控件的_____事件;若对数据记录进行了删除或修改后,改变当前记录,则会触发 Data 控件的_____事件。

5. 使用 Data 控件浏览数据并对数据进行了修改,使用_____方法可将修改后的数据写入到数据库中;若要放弃修改,应使用_____方法。

6. 对于记录集 RecordSet 而言,若当前位置位于记录集的第一条记录之前,则_____属性值为 True,若当前位置位于记录集的最后一条记录之后,则_____属性值为 True。

7. 如果在记录集中找到相匹配的记录,则 NoMatch 属性的值为_____。

8. 向记录集中增加一条新记录应使用_____方法,使用_____方法确认所做的添加记录操作。

9. 使用_____方法删除记录集的当前记录;进行删除操作后,应使用_____方法或_____方法移动记录指针,使删除操作生效。

10. 使用_____方法修改记录集的当前记录;进行修改操作后,应使用_____方法使操作生效。

11. SQL 语句"Select 学号,姓名,出生日期,是否团员 From 学生表 Where 是否团员＝－1"中所查询的表名称为_____。

12. SQL 语句"Delete From 成绩表 Where 成绩＜60"的含义是_____。

13. SQL 语句"Update 工资表 Set 总工资＝基本工资 ＊ (1＋0.1)＋奖金"的含义是_____。

14. ADO 数据控件本身不能直接显示记录集中的数据,它必须通过与之_____的控件来实现数据的显示。

15. 要显示报表,可使用 DataReport1 对象的 Show 方法,在某事件过程中加入代码_____即可;要打印报表,可使用 DataReport1 对象的_____方法。

附  录　Visual Basic 常用关键字

关键字又称保留字，它们在语法上有着固定的含义。全部关键字可以从联机帮助文件中找到。

首字母	关　键　字
A	Abs、AddItem、And、Any、As
B	Beep、Byval
C	Call、Case、Chr、Circle、Clear、Close、Cls、Command、Const、Cos、Currency
D	Date、Day、Deftype、Dim、Dir、Do…Loop、DoEvents、Double
E	Else、End、Eof、Eqv、Error、Exit、Exp
F	False、FillAttr、FileCopy、FileLen、For…Next、Format、FreeFile、Function
G	Get、GetAttr、GetData、GetFormat、GetText、Global、GoSub、GoTo
H	Hide、Hour
I	If…Then…Else、Imp、InputBox、Int、Integer
K	Kill
L	Left、Len、Let、Line、LineInput、Load、LoadPicture、Loc、Lock、Lof、Log、Long
M	Mid、Month、Move、MsgBox
N	Name、New、NewPage、Next、Not、Now
O	On、Open、OptionBase、Or
P	Point、Print、PrintForm、Put
Q	QBColor
R	ReDim、Refresh、Rem、RemoveItem、RGB、Right、RmDir、Rnd
S	Scale、Second、Seek、SendKeys、SetAttr、SetDate、SetFocus、SetText、Sgn、Shell、Show、Sin、Single、Space、Spc、Sqr、Static、Step
T	Tab、Tan、TextHeight、TextWidth、Time、Timer、TimeSerial、TimeValue、True、Type
U	UBound、UCase、UnLoad、UnLock
V	Val、Variant、VarType
W	WeekDay、While…Wend、Width、Write

首字母	关 键 字
X	Xor
Y	Year
Z	ZOrder

附录 B 录 Visual Basic 常用系统常量

系统常量	数　值	含　义
vbCr	Chr(13)	回车符
vbCrLf	Chr(13) & Chr(10)	回车符与换行符
vbFormFeed	Chr(12)	换页符；在 Microsoft Windows 中不适用
vbLf	Chr(10)	换行符
vbNewLine	Chr(13) & Chr(10) 或 Chr(10)	平台指定的新行字符；适用于任何平台
vbNullChar	Chr(0)	值为 0 的字符
vbEmpty	0	未初始化（默认）
vbNull	1	不包含任何有效数据
vbBlack	&h00	黑色
vbRed	&hFF	红色
vbGreen	&hFF00	绿色
vbYellow	&hFFFF	黄色
vbBlue	&hFF0000	蓝色
vbMagenta	&hFF00FF	紫色
vbCyan	&hFFFF00	青色
vbWhite	&hFFFFFF	白色
vbOKOnly	0	只显示"确定"按钮
vbOKCancel	1	显示"确定"和"取消"按钮
vbAbortRetryIgnore	2	显示"终止"、"重试"和"忽略"按钮
vbYesNoCancel	3	显示"是"、"否"和"取消"按钮
vbYesNo	4	显示"是"和"否"按钮
vbRetryCancel	5	显示"重试"和"取消"按钮
vbCritical	16	显示临界消息图标
vbQuestion	32	显示警告询问图标

系统常量	数 值	含 义
vbExclamation	48	显示警告消息图标
vbInformation	64	显示提示消息图标
vbDefaultButton1	0	第一个按钮是默认按钮
vbDefaultButton2	256	第二个按钮是默认按钮
vbDefaultButton3	512	第三个按钮是默认按钮
vbDefaultButton4	768	第四个按钮是默认按钮
vbApplicationModal	0	应用程序模式。用户必须响应消息框,才能继续在当前应用程序中工作
vbSystemModal	4096	系统模式。在 Win16 系统中,所有应用程序都将中止,直到用户响应消息框;在 Win32 系统中,此常数提供一个应用程序模式信息框,并总是保留在正在运行的所有其他程序的顶部
vbOK	1	"确定"按钮被单击
vbCancel	2	"取消"按钮被单击
vbAbort	3	"中止"按钮被单击
vbRetry	4	"重试"按钮被单击
vbIgnore	5	"忽略"按钮被单击
vbYes	6	"是"按钮被单击
vbNo	7	"否"按钮被单击

参 考 文 献

1. 邱李华，郭全. Visual Basic 程序设计教程. 北京：人民邮电出版社，2009.
2. 王萍，聂伟强. Visual Basic 6.0 程序设计基础教程. 北京：电子工业出版社，2012.
3. 罗朝盛. Visual Basic 程序设计教程. 4 版. 北京：人民邮电出版社，2013.
4. 李俊. Visual Basic 6.0 程序设计与应用教程. 北京：电子工业出版社，2013.
5. 柳青，李新燕. Visual Basic 6.0 实训教程. 2 版. 北京：高等教育出版社，2014.